Deepen Your Mind

前言

圖神經網路（GNN）是一類基於深度學習的處理圖域資訊的方法。因為圖神經網路具有較好的性能和可解釋性，所以它已成為一種廣泛應用的圖型分析方法。

本書透過介紹一些深度學習實例，從可解釋性角度出發，說明深度學習的原理，然後將圖神經網路與深度學習結合，實現一些圖神經網路的實例。這些實例是在 PyTorch 框架上完成的，具有很高的實用價值。本書中的實例涉及人工智慧的多個應用領域，具體包括影像處理領域、視訊處理領域、文字分析領域、深度學習的可解釋性、零次學習、異質圖型處理領域等。在每個實例中，都會穿插介紹一些進階的最佳化技巧和模型架設方法。

本書具有以下 4 個特色。

（1）**知識系統，逐層遞進**。本書主要介紹圖神經網路的相關知識和基礎原理，內容涵蓋與圖神經網路相關的完整技術堆疊（更多基礎內容可參考《全格局使用 PyTorch－深度學習和圖神經網路基礎篇》），結合實踐，分別講解了圖型、視訊、文字、可解釋性等項目級實戰案例，並列出實現程式。同時，針對圖片分類中常見的樣本不足的問題，介紹了零次學習技術及應用實例。

（2）**緊接前端技術**。本書介紹的知識接近前端技術。在介紹與圖神經網路相關的原理和應用的同時，為了拓寬讀者的知識面，本書引用了與講解的原理相關的論文，並列出這些論文的出處，方便讀者對感興趣的知識進行溯源，並可以自主擴充閱讀。

（3）**配以簡單易懂的圖形，學習更直觀**。在介紹模型結構和原理的同時，本書還提供了大量插圖，用以視覺化模型中的資料流程向、展示模型擬合能力、細緻呈現某種技術的內部原理、直觀化模型的內部結構，幫助讀者快速了解和掌握書中內容。

（4）**理論和實踐結合，並融入作者的經驗和技巧**。本書採用了兩種講解基礎知識的方式：一是先介紹基礎知識原理，再對該基礎知識進行程式實現；二是直接從實例入手，在實現過程中，將相關的基礎知識展開並詳解開發技巧。為了不讓讀者閱讀時感到枯燥，本書將這兩種方式結合使用。同時，在一些重要的基礎知識後面，還會以特殊的樣式列出提示和注意內容。這些提示和注意內容中融合了作者的經驗，希望幫助讀者掃清障礙、解除困惑、抓住重點。

本書作者對書中的原理部分和實戰程式進行了反覆推敲與更改，限於時間和能力，書中存在紕漏在所難免，真誠地希望讀者批評指正。本書編輯聯繫電子郵件：zhangtao@ptpress.com.cn。本書由大蛇智慧網站提供有關內容的技術支援。在閱讀過程中，如有不了解之處，可到討論區 https://bbs.aianaconda.com 提問。

更多書籍資訊請加入 Facebook 社團：

1. 邁向 PyTorch 影像辨識之路。
2. iCoding 程式語言讀書會（Python、JAVA、C、C++、C#、Javascript、大數據、人工智慧等不限）。

李金洪

目錄

01 圖片分類模型

02　機器視覺的進階應用

03　自然語言處理的相關應用

04 神經網路的可解釋性

05 辨識未知分類的方法——零次學習

06 異質圖神經網路

圖片分類模型

圖片分類模型在人工智慧領域應用很廣泛，下面透過實例講解這類模型的技術。

1.1 深度神經網路起源

深度學習的興起源於深度神經網路的崛起。2012 年，由 Hinton(辛頓) 和他的學生 Alex Krizhevsky 開發的深度學習模型 AlexNet，贏得了視覺領域競賽 ILSVRC 2012 的冠軍，其效果大大超過傳統的模型，將深度學習正式推上了「舞台」。之後 ILSVRC 競賽每年都不斷被深度學習「刷榜」。

從 2012 年起，在 ILSVRC 競賽中獲得冠軍的模型如下。

- 2012 年：AlexNet 模型。
- 2013 年：OverFeat 模型。
- 2014 年：GoogLeNet 模型。
- 2015 年：ResNet 模型。

- 2016 年：TIrimps-Soushen 模型。
- 2017 年：SENet 模型。

之後，又出現了很多性能更加出色的模型，如 PNASNet、DenseNet、EfficientNet 等。每種模型背後所用的技術都非常具有借鏡意義。

接下來，我們將從幾個具有代表性的模型入手，詳細講解其內部的技術。

1.2 Inception 系列模型

Inception 系列模型包括 V1、V2、V3、V4 等版本。它主要是針對解決深層網路的以下 3 個問題產生的：

- 訓練資料集有限，參數太多，容易過擬合；
- 網路越大，計算複雜度越大，難以應用；
- 網路越深，梯度越往後傳，越容易消失 (梯度彌散)，難以最佳化模型。

沿著 Inception 模型的進化過程，可以了解到卷積核心的最佳化技術。本節將從 Inception 模型的進化過程入手，說明卷積核心的最佳化技巧。

1.2.1 多分支結構

原始的 Inception 模型採用了多分支結構 (見圖 1-1)，它將 1×1 卷積、3×3 卷積、5×5 卷積及 3×3 最大池化堆疊在一起。這種結構既可以增加網路的寬度，又可以增強網路對不同尺寸的適應性。

Inception 模型包含 3 種不同尺寸的卷積和 1 個最大池化，增強了網路對不同尺寸的適應性，這一部分和 Multi-Scale 的思想類似。早期電腦視覺的研究中，受靈長類神經視覺系統的啟發，研究者使用不同尺寸的濾波器處理不同尺寸的圖片，Inception V1 借鏡了這種思想。Inception 模型可以讓網路的深度和寬度高效率地擴充，提高準確率。

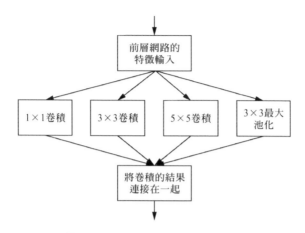

▲ 圖 1-1　Inception 模型的多分支結構

形象的解釋就是：Inception 模型本身如同大網路中的小網路，其結構可以反覆堆疊在一起形成大網路。

1.2.2　全域平均值池化

除了多分支結構，Inception 模型中的另一個亮點是全域平均值池化技術。

全域平均值池化是指在平均池化層中使用同等大小的篩檢程式對特徵進行過濾。一般使用它用來代替深層網路結構中最後的全連接輸出層。這個技術出自 "Network In Network" 論文。

全域平均值池化的具體用法是在卷積處理之後，對每個特徵圖 (Feature Map) 的一整張圖片進行全域平均值池化，生成一個值，即每個特徵圖相當於一個輸出特徵，這個特徵就表示我們輸出類的特徵。如在做 1000 個分類任務時，最後一層的特徵圖個數要選擇 1000，這樣就可以直接得出分類。

在 "Network In Network" 論文中，作者利用其進行 1000 個物體分類，最後設計了一個 4 層的 NIN(Network In Network)+ 全域平均值池化，如下頁圖 1-2 所示。

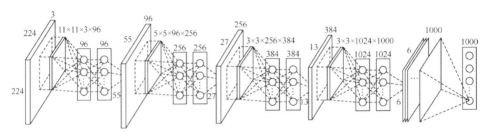

▲ 圖 1-2　NIN+ 全域平均值池化

1.2.3 Inception V1 模型

Inception V1 模型在原有的 Inception 模型上做了一些改進。原因是在 Inception 模型中，卷積核心是針對其上一層的輸出結果進行計算的，這種情況，對 5×5 卷積核心來說，它所需的計算量就會很大，所生成的特徵圖很厚。

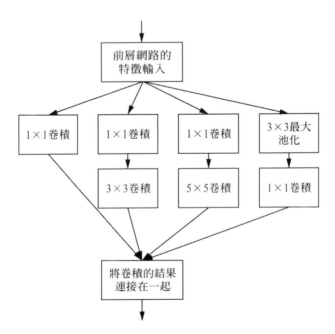

▲ 圖 1-3　Inception V1 模型的網路結構

為了避免這一現象，Inception V1 模型在 3×3 卷積前、5×5 卷積前、3×3 最大池化後分別加上了 1×1 卷積，以造成降低特徵圖厚度的作用 (其中 1×1 卷積主要用來降維)。Inception V1 模型的網路結構如圖 1-3 所示。

如圖 1-3 所示，Inception V1 模型中有 4 個分支。

- 第 1 個分支對輸入進行 1×1 卷積，這其實也是 NIN 中提出的重要結構。1×1 卷積既可以跨通道組織資訊，提高網路的表達能力，又可以對輸出通道升維和降維。
- 第 2 個分支先使用 1×1 卷積，然後使用 3×3 卷積，相當於進行了兩次特徵變換。
- 第 3 個分支類似，先使用 1×1 卷積，然後使用 5×5 卷積。
- 第 4 個分支則是 3×3 最大池化後直接使用 1×1 卷積。

可以發現，4 個分支都使用了 1×1 卷積，有的分支只使用了 1×1 卷積，有的分支使用了 1×1 的卷積後也會再使用其他尺寸卷積。這是因為 1×1 卷積的對比值很高，用很小的計算量就能增加一層特徵變換和非線性化。

最終 Inception V1 模型的 4 個分支透過一個聚合操作合併 (使用 torch.cat 函數在輸出通道數的維度上聚合)。

1.2.4 Inception V2 模型

Inception V2 模型在 Inception V1 模型的基礎上融入了當時的主流技術，在卷積之後加入了 BN 層，使每一層的輸出都歸一化處理，減少了內部協變數移位 (Internal Covariate Shift) 問題；同時還使用梯度截斷的技術，增加了訓練的穩定性。

另外，Inception V2 模型還借鏡了 VGG 模型，用兩個 3×3 卷積替代 Inception V1 模型中的 5×5 卷積，既降低了參數量，又提升了運算速度。Inception V2 模型的網路結構如下頁圖 1-4 所示。

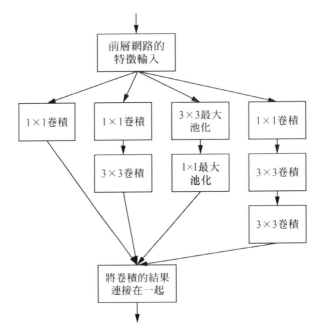

▲ 圖 1-4　Inception V2 模型的網路結構

1.2.5 Inception V3 模型

Inception V3 模型沒有再加入其他的技術，只是將原有的結構進行了調整，一個最重要的改進是分解 (Factorization)，即將圖 1-4 所示的卷積核心變得更小。

具體的計算方法是將 3×3 分解成兩個一維的卷積 (1×3, 3×1)。這種做法是基於線性代數的原理，即一個 $[n,n]$ 的矩陣，可以分解成矩陣 $[n,1]$× 矩陣 $[1,n]$。Inception V3 模型的網路結構如圖 1-5 所示。

這樣做的效果如何呢？下面我們舉一個例子來說明。

假設有 256 個特徵輸入和 256 個特徵輸出，假設 Inception 層只能執行 3×3 卷積，也就是總共要完成 256×256×3×3 次的卷積 (589824 次乘累積加運算)。

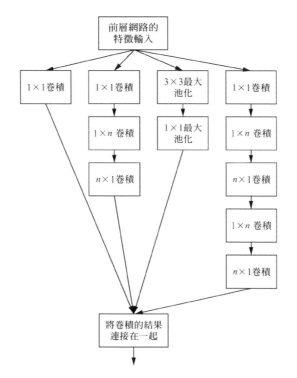

▲ 圖 1-5　Inception V3 模型的網路結構

假設現在需要減少進行卷積運算的特徵的數量，將其變為 64(即 256/4) 個。在這種情況下，首先進行 256 → 64 的特徵的 1×1 卷積，然後在所有 Inception 層的分支上進行 64 次卷積，最後使用一個來自 64 → 256 的特徵的 1×1 卷積。運算的式子如下。

$$256{\times}64 \times 1 {\times} 1 = 16384$$
$$64{\times}64 \times 3 {\times} 3 = 36864$$
$$64{\times}256 \times 1 {\times} 1 = 16384$$

相比之前的 589824 次，現在共有 69632(16384+36864+16384) 次的計算量。

在實際測試中，這種結構在前幾層效果不太好，但對特徵圖大小為 12 ～ 20 的中間層效果明顯，也可以大大增加運算速度。另外，網路輸入從 224×224 變為 299×299，更加精細地設計了 35×35/17×17/8×8 的模組。

1.2.6 Inception V4 模型

Inception V4 模型是在 Inception V3 模型的基礎上結合殘差連接 (Residual Connection) 技術進行結構的最佳化調整，透過二者的結合，獲得了兩個比較出色的網路模型，即 Inception-ResNet V2 與 Inception V4。二者性能差別不大，結構上的區別在於 Inception V4 模型僅是在 Inception V3 模型的基礎上做了更複雜的結構變化 (從 Inception V3 模型的 4 個卷積分支變為 6 個卷積分支等)，但沒有使用殘差連接。

這裡提到了殘差連接，它屬於 ResNet 模型裡面的核心技術，詳細介紹請參考 1.3 節。

1.2.7 Inception-ResNet V2 模型

Inception-ResNet V2 模型主要是在 Inception V3 模型的基礎上，加入了 ResNet 模型的殘差連接，是 Inception V3 模型與 ResNet 模型的結合。Inception V4 模型也是參照 ResNet 模型的原理研發而成的。

有關論文實驗表明：在網路複雜度相近的情況下，Inception-ResNet V2 模型略優於 Inception V4 模型。殘差連接在 Inception 模型中具有提高網路準確率，而且不會增加計算量的作用。透過將 3 個帶有殘差連接的 Inception 模型和一個 Inception V4 模型組合，就可以在 ImageNet 上得到 3.08% 的錯誤率。

1.3 ResNet 模型

在深度學習領域中,模型越深表示擬合能力越強,出現過擬合問題是正常的,訓練誤差越來越大卻是不正常的。但是,逐漸加深的模型會對網路的反向傳播能力提出挑戰。在反向傳播中,每一層的梯度都是在上一層的基礎上計算的。隨著層數越來越多,梯度在多層傳播時會越來越小,直到梯度消失。於是表現的結果就是隨著層數越來越多,訓練誤差會越來越大。

ResNet 模型的動機是要解決網路層次比較深時無法訓練的問題。它借鏡了高速網路 (Highway Network) 模型的思想,設計出了一個殘差連接模組。這種模組可以讓模型的深度達到 152 層。

1.3.1 殘差連接的結構

殘差連接的結構是在標準的前饋卷積神經網路上,加一個直接連接,繞過中間層的連接方式,使得輸入可以直達輸出。殘差連接的結構如圖 1-6 所示。

假設經過兩個神經網路層之後,輸出的 $H(x)$ 如下所示 [$H(x)$ 和 x 之間存在一個函數的關係,如這兩層神經網路組成的是 $H(x)=2x$ 這樣的關係](w 是權重,b 是偏置):

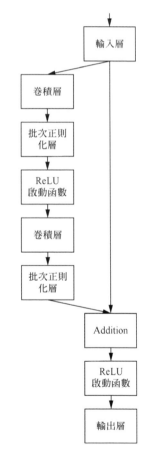

▲ 圖 1-6 殘差連接的結構

```
f(x)=relu(xw+b)
H(x)=relu(f(x)w+b)
```

那麼殘差網路的定義為：

```
H(x)=relu(f(x)w+b)+x
```

1.3.2 殘差連接的原理

如上頁圖 1-6 所示，殘差連接透過將原始的輸入繞過中間的變化直接傳給 Addition，在反向傳播的過程中，誤差傳到輸入層時會得到兩個誤差的加和，一個是左側的多層網路誤差，另一個是右側的原始誤差。左側會隨著層數變多而梯度越來越小，右側則是由 Addition 直接連到輸入層，所以還會保留 Addition 的梯度。這樣輸入層得到的加和後的梯度就沒有那麼小了，可以保證接著將誤差往下傳。

這種方式看似解決了梯度越傳越小的問題，但是殘差連接在正向同樣也造成作用。由於正向的作用，網路結構已經不再是深層的了，而是一個平行的模型，即殘差連接的作用是將網路串列改成平行。這也可以視為什麼 Inception V4 模型結合了殘差網路的原理後，沒有使用殘差連接，反而實現了與 Inception-ResNet V2 模型等同的效果。

1.4 DenseNet 模型

DenseNet 模型於 2017 年被提出，該模型是密集連接的卷積神經網路 (Convolutional Neural Networks, CNN)，每個網路層都會接受前面所有層作為其輸入，也就是說網路每一層的輸入都是前面所有層輸出的聯集。

1.4.1 DenseNet 模型的網路結構

DenseNet 模型的網路結構如圖 1-7 所示。

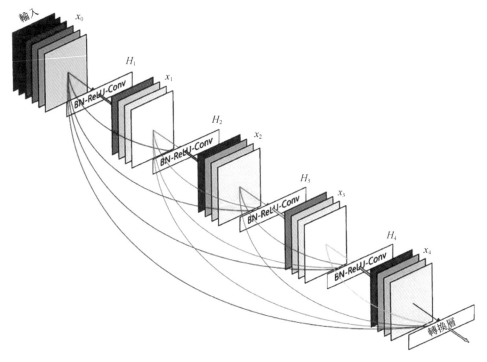

▲ 圖 1-7　DenseNet 模型的網路結構

從圖 1-7 可知，每一個特徵圖都與前面所有層的特徵圖相連，即每一層都會接受前面所有層作為其輸入。對於一個 L 層的網路，DenseNet 模型共包含 $L(L+1)/2$ 個連接。

1.4.2 DenseNet 模型的特點

DenseNet 模型的優勢主要表現在以下幾個方面。

（1）DenseNet 模型的每一層都與前面所有層緊密連接，可以直達最後的誤差訊號，提升梯度的反向傳播，減輕梯度消失的問題，使得網路更容易訓練。

（2）DenseNet 模型透過拼接特徵圖來實現短路連接，從而實現特徵重用，並且採用較小的增長率，每個層所獨有的特徵圖比較小。

（3）增強特徵圖的傳播，前面層的特徵圖直接傳給後面層，可以充分利用不同層級的特徵。

但是 DenseNet 模型也有一些不足。如果實現方式不當的話，DenseNet 模型可能耗費很多 GPU 顯示記憶體，一般顯示卡無法存放更深的 DenseNet 模型，需要經過精心最佳化。

有關 DenseNet 模型的細節，請參考論文 "Densely Connected Convolutional Networks"。

1.4.3 稠密塊

稠密塊 (Dense Block) 是 DenseNet 模型中的特有結構。DenseNet 模型由多個稠密塊堆疊而成。

稠密塊中含有兩個卷積層，這兩個卷積層的卷積核心尺寸各不相同 (分別為 1×1 和 3×3)。每一個稠密塊由 L 個全連接層組成。

全連接僅在一個稠密塊中，不同稠密塊之間是沒有全連接的，即全連接只發生在稠密塊中，如圖 1-8 所示。

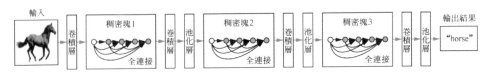

▲ 圖 1-8　全連接只發生在稠密塊中

1.5 PNASNet 模型

PNASNet 模型是 Google 公司的 AutoML 架構自動搜尋所產生的模型。AutoML 架構於 2017 年由 Google 公司的多個部門提出，它使用漸進式網路架構搜尋 (Progressive Neural Architecture Search) 技術，並透過迭代自我學習的方式，來尋找最佳網路結構。即用機器來設計機器學習演算法，使得它能夠更進一步地服務於使用者提供的資料。該模型在 ImageNet 資料集上 Top-1 準確率達到 82.9%，Top-5 準確率達到 96.2%，是目前最好的圖片分類模型之一。

PNASNet 模型最主要的結構是 Normal Cell 和 Reduction Cell(參見 arXiv 網站上編號為 "1712.00559" 的論文)。

在 PNASNet 模型的主要結構中，使用了殘差結構和多分支卷積技術，同時還增加了深度可分離卷積 (Depthwise) 和空洞卷積 (Atrous Convolution) 的處理。

其中，深度可分離卷積是組卷積 (Group Convolution) 的一種特殊形式，所以要了解深度可分離卷積還需先了解組卷積。

1.5.1 組卷積

組卷積是指對原有的輸入資料先分組，再做卷積操作。組卷積不但能夠增強卷積核心之間的對角相關性，而且能夠減少訓練參數，不容易過擬合，類似於正則效果。AlexNet 模型使用了組卷積技術。

1. 組卷積的操作規則

普通卷積和組卷積最大的不同就是卷積核心在不同通道上卷積後的操作。普通卷積是用卷積核心在各個通道上進行卷積求和，所得的每一個特徵圖都會包含之前各個通道上的特徵資訊；而組卷積則是按照分組來進行卷積融合操作，在各個分組之間進行普通卷積後融合，融合生成的特徵圖僅包含其對應分組中所有通道的特徵資訊。普通卷積和組卷積如圖 1-9 所示。

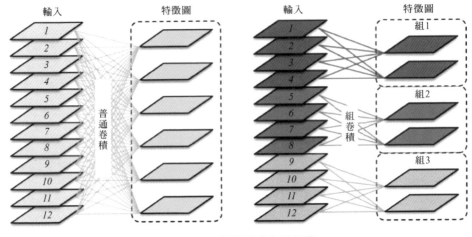

▲ 圖 1-9　普通卷積和組卷積

2. 組卷積的實現

《全格局使用 PyTorch－深度學習和圖神經網路基礎篇》介紹過 2D 卷積類別，其定義如下。

```
torch.nn.Conv2d(in_channels, out_channels, kernel_size, stride=1, adding=0,
dilation=1, groups=1, bias=True, padding_mode='zeros')
```

其中，參數 groups 就是組卷積中分組的個數。當參數 groups=1 時，就是普通卷積的操作；當 groups 大於 1 時，輸入通道和輸出通道必須都是 groups 的整數倍。

範例程式如下：

```
import torch
input1 = torch.ones([1, 12, 5, 5])                          # 定義一個初始資料
groupsconv = torch.nn.Conv2d(12,6,kernel_size=3,groups=3)   # 定義組卷積
conv = torch.nn.Conv2d(12,6,kernel_size=3)                  # 定義普通卷積
```

```
y = groupsconv(input1)      # 使用組卷積
print(y.size())             # 輸出結果的形狀，torch.Size([1, 6, 3, 3])

y = conv(input1)            # 使用普通卷積
print(y.size())             # 輸出結果的形狀，torch.Size([1, 6, 3, 3])

groupsconv.weight.size()    # 查看組卷積的卷積核心形狀，torch.Size([6, 4, 3, 3])
conv.weight.size()          # 查看普通卷積的卷積核心形狀，torch.Size([6,12, 3, 3])
```

在上面的程式中，分別定義了包含 12 個通道的輸入資料、輸出為 6 個通道的組卷積及輸出為 6 個通道的普通卷積。

可以看到，組卷積和普通卷積對輸入資料處理後的形狀都是一樣的，即輸出了 6 個通道的特徵圖。

但是組卷積和普通卷積的卷積核心形狀卻不同。組卷積使用了 6 個 4 通道卷積核心，處理過程如下。

（1）將輸入資料的 12 個通道分成 3 組，每組 4 個通道。

（2）將輸入資料中第 1 組的 4 個通道分別與第 1 個 4 通道卷積核心進行卷積操作。

（3）將 4 個通道的卷積結果加和，得到第 1 個通道的特徵圖。

（4）將輸入資料中第 1 組的 4 個通道分別與第 2 個 4 通道卷積核心進行卷積操作。

（5）將第 (4) 步的結果按照第 (3) 步的方式加和，得到第 2 個通道的特徵圖。

（6）將輸入資料中第 2 組的 4 個通道分別與第 3、4 個 4 通道卷積核心按照第 (2) ～ (5) 步操作，得到第 3、4 個通道的特徵圖。

（7）將輸入資料中第 3 組的 4 個通道分別與第 5、6 個 4 通道卷積核心按照第 (2) ～ (5) 步操作，得到第 5、6 個通道的特徵圖。

最終得到 6 個通道的組卷積結果。

而普通卷積則直接將 12 個通道的卷積核心與 12 個通道的輸入資料做卷積操作，並結果進行加和，得到第 1 個通道的特徵圖。接著重複 5 次這種操作，完成整個卷積過程。

3. 組卷積的優勢和劣勢

組卷積的優勢是可以減少參數量和計算量。在實際應用中，可以選擇組卷積中的組大小來提高 DNN 的分類精度。在 2.4 節的步態辨識模型中也會用組卷積作為深度卷積。

但是，在組卷積中隨意地選擇組大小會導致計算複雜性和資料重用程度之間的不平衡，從而影響計算的效率。

1.5.2 深度可分離卷積

深度可分離卷積是指對每一個輸入的通道分別用不同的卷積核心卷積。它來自 Xception 模型 (參見 arXiv 網站上編號為 "1610.02357" 的論文)。

Xception 模型是 Inception 系列模型的統稱，其使用深度可分離卷積的主要目的是將通道相關性和平面空間維度相關性進行解耦，使得在通道關係和平面空間關係上的卷積操作相互獨立，以達到更好的效果。

在深度可分離卷積中，使用參數 k 來定義每個輸入通道對應的卷積核心個數，其輸出通道數為 k× 輸入通道數。

在實現時，直接將組卷積中的 groups 參數設為與輸入通道 in_channels 相同即可。

範例程式如下。

```python
import torch
input1 = torch.ones([1, 4, 5, 5])          # 定義一個初始資料
conv = torch.nn.Conv2d(4,8,kernel_size=3)  # 定義普通卷積
```

```
depthwise = torch.nn.Conv2d(4,8,kernel_size=3,groups = 4) # 定義 k 為 2 的深度
可分離卷積

y = conv(input1)                  # 使用普通卷積
y_depthwise = depthwise (input1) # 使用深度可分離卷積

print(y.size())                   # 輸出結果的形狀 ,torch.Size([1, 8, 3, 3])
print(y_depthwise.size())         # 輸出結果的形狀 ,torch.Size([1, 8, 3, 3])

depthwise.weight.size()           # 查看深度可分離卷積的卷積核心形狀 ,
                                  # torch.Size([8, 1, 3, 3])
conv.weight.size()        # 查看普通卷積的卷積核心形狀 ,torch.Size([8, 4, 3, 3])
```

在上面程式中，實現了 k 為 2 的深度可分離卷積，在對輸入通道為 4 的
資料進行深度可分離卷積操作時，為其每個通道匹配 2 個 1 通道卷積核
心進行卷積操作。

1.5.3 空洞卷積

空洞卷積也稱為擴張卷積 (Dilated Convolution)，即在卷積層中引入空洞
參數，該參數定義了卷積核心計算資料時各個值的間距。

1. 空洞卷積的原理

空洞的好處是在不做池化操作而導致損失資訊的情況下，加大了卷積的
感受野，讓每個卷積輸出都包含更大範圍的資訊，如下頁圖 1-10 所示。

圖 1-10(a) 所示為 3×3 的 1 空洞卷積，操作的像素值沒有間斷，即空洞或
間距是 0，這和普通的卷積運算一樣。

圖 1-10(b) 所示為 3×3 的 2 空洞卷積，卷積核心大小還是 3×3，但是空洞
是 1。也就是說，對於一個 7×7 的圖型塊，只有圖中 9 個紅色的點和 3×3
的卷積核心進行卷積運算，其餘的區塊不參與運算。也可以視為卷積核

心大小是 7×7，但是只有圖中的 9 個紅色的點的權重不等於 0，其餘點的權重都等於 0。可以看到，雖然卷積核心大小只有 3×3，但是這個卷積的感受野已經增大到 7×7。

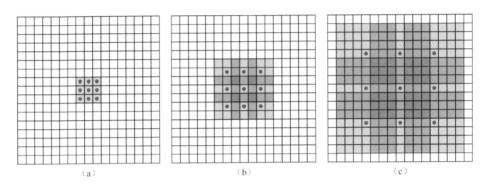

（a）　　　　　　（b）　　　　　　（c）

▲ 圖 1-10　空洞卷積

圖 1-10(c) 所示為 3×3 的 4 空洞卷積，空洞是 3，能達到 15×15 的感受野。比較普通的卷積運算，假設 3 層 3×3 的卷積運算，步進值為 1，只能達到 7×7 的感受野 (7 是由 3-1 的結果再乘以 3 得來)，也就是普通卷積的感受野與層數呈線性關係，而空洞卷積的感受野與層數呈指數級關係。

相關內容請查看論文 "Multi-scale context aggregation by dilated convolutions" (參見 arXiv 網站上編號為 "1511.07122" 的論文)。

2. 空洞卷積的實現

空洞卷積也可以直接透過卷積類別的 dilation 參數來實現。dilation 參數代表卷積核心中每個元素彼此的間隔，預設是 1，代表普通卷積。

範例程式如下。

```
import torch
arr = torch.tensor(range(1,26),dtype=torch.float32)    # 生成 5×5 的模擬資料
arr = arr.reshape([1,1,5,5])                            # 對模擬資料進行變形
# 此時，模擬資料為
```

```
#tensor([[[[ 1.,   2.,   3.,   4.,   5.],
#          [ 6.,   7.,   8.,   9.,  10.],
#          [11.,  12.,  13.,  14.,  15.],
#          [16.,  17.,  18.,  19.,  20.],
#          [21.,  22.,  23.,  24.,  25.]]]])
conv1 = torch.nn.Conv2d(1, 1, 3, stride=1, bias=False, dilation=1)# 普通卷積
conv2 = torch.nn.Conv2d(1, 1, 3, stride=1, bias=False, dilation=2)# 空洞卷積
torch.nn.init.constant_(conv1.weight, 1)        # 對卷積核心 conv1 進行初始化
torch.nn.init.constant_(conv2.weight, 1)        # 對卷積核心 conv2 進行初始化
# 此時，卷積核心 conv1 和 conv2 相同，都為
#tensor([[[[1., 1., 1.],
#          [1., 1., 1.],
#          [1., 1., 1.]]]], requires_grad=True)
out1 = conv1(arr)                               # 卷積操作
# 普通卷積結果 out1 的值為
#tensor([[[[ 63.,  72.,  81.],
#          [108., 117., 126.],
#          [153., 162., 171.]]]], grad_fn=<ThnnConv2DBackward>)
out2 = conv2(arr)                               # 空洞卷積操作
# 空洞卷積結果 out2 的值為
#tensor([[[[117.]]]], grad_fn=<SlowConvDilated2DBackward>)
```

上述程式所實現的過程如圖 1-11 所示。

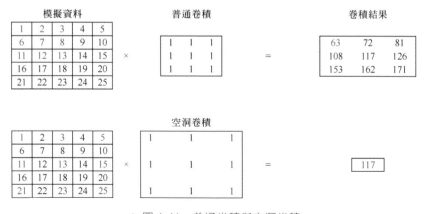

▲ 圖 1-11　普通卷積與空洞卷積

1.6 EfficientNet 模型

EfficientNet 模型是 Google 公司透過機器搜尋得到的模型。該模型的建構步驟如下。

（1）使用強化學習演算法實現的 MnasNet 模型生成基準模型 EfficientNet-B0。

（2）採用複合縮放的方法，在預先設定的記憶體和計算量大小的限制條件下，對 EfficientNet-B0 模型的深度、寬度 (特徵圖的通道數)、圖片尺寸這 3 個維度同時進行縮放。這 3 個維度的縮放比例由網格搜尋得到，最終輸出了 EfficientNet 模型。

◈ 提示

MnasNet 模型是 Google 團隊提出的一種資源約束的終端 CNN 模型的自動神經結構搜尋方法，該方法使用強化學習的想法進行實現。

圖 1-12 是 EfficientNet 模型的調參示意圖。

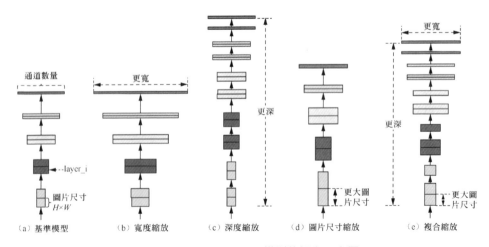

▲ 圖 1-12　EfficientNet 模型的調參示意圖

圖 1-12 有 (a) ～ (e) 共 5 張圖片，其意義如下。

- 圖 1-12(a) 是基準模型。
- 圖 1-12(b) 是在基準模型的基礎上進行寬度縮放，即增加圖片的通道數量。
- 圖 1-12(c) 是在基準模型的基礎上進行深度縮放，即增加網路的層數。
- 圖 1-12(d) 是在基準模型的基礎上對圖片尺寸進行縮放。
- 圖 1-12(e) 是在基準模型的基礎上對圖片的深度、寬度、尺寸同時進行縮放。

EfficientNet 模型在 ImageNet 資料集上 Top-1 準確率達到 84.4%，Top-5 準確率達到 97.1%，但是其大小僅為已知最好深度卷積模型的 1/8.4，而且速度比已知最好深度卷積模型快 6.1 倍。

EfficientNet 模型滿足了在不降低模型準確率的條件下，減少模型的計算量或記憶體需求 (參見 arXiv 網站上編號為 "1905.11946" 的論文)。

1.6.1 MBConv 卷積塊

EfficientNet 模型的內部是透過多個 MBConv 卷積塊實現的，每個 MBConv 卷積塊的結構如圖 1-13 所示。

從下頁圖 1-13 中可以看到，MBConv 卷積塊也使用了類似殘差連接的結構，不同的是在短連接部分使用了 SE 模組，並且將常用的 ReLU 啟動函數換成了 Swish 啟動函數。另外，還使用了 Drop Connect 層來代替傳統的 Dropout 層。

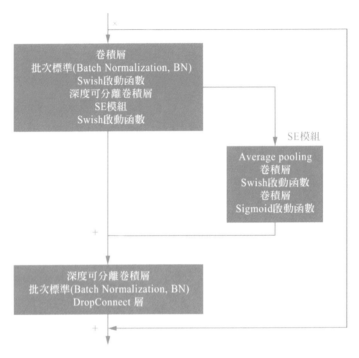

▲ 圖 1-13　MBConv 卷積塊的結構

◈ 提示

在 SE 模組中沒有使用 BN 操作，而且其中的 Sigmoid 啟動函數也沒有被 Swish 啟動函數替換。在其他層中，BN 是放在啟動函數與卷積層之間的（這樣做的原理來自啟動函數與 BN 間的資料分佈關係，詳見《全格局使用 PyTorch - 深度學習和圖神經網路基礎篇》中的相關內容）。

圖 1-13 所示的 DropConnect 層請參考本書 1.6.2 小節。

1.6.2 DropConnect 層

在深度神經網路中，DropConnect 層與 Dropout 層的作用都是防止模型產生過擬合的情況。相比之下，DropConnect 層的效果會更好一些。

DropConnect 層與 Dropout 層不同的地方是在訓練神經網路模型的過程中，它不是對隱藏層節點的輸出進行隨機的捨棄，而是對隱藏層節點的輸入進行隨機的捨棄。DropConnect 層與 Dropout 層的結構如圖 1-14 所示。

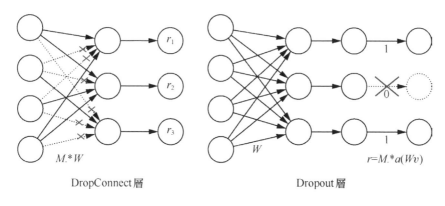

DropConnect 層　　　　　　　　　　　Dropout 層

▲ 圖 1-14　DropConnect 層與 Dropout 層的結構

1.7 實例：使用預訓練模型辨識圖片內容

PyTorch 中提供了許多在 ImageNet 資料集上訓練好的模型，這些模型叫作預訓練模型，可以被直接載入到模型中並進行預測。

本例將使用 ImageNet 資料集上的預訓練模型對圖片進行分類預測。

實例描述

將 ImageNet 資料集上的預訓練模型 ResNet18 載入到記憶體，並使用該模型對圖片進行分類預測。

ImageNet 資料集一共有 1000 個類別，表明該資料集上的預訓練模型最多可以輸出 1000 種不同的分類結果。

預訓練模型都存放在 PyTorch 的 torchvision 函數庫中。torchvision 函數庫是非常強大的 PyTorch 視覺處理函數庫，包括分類、目標檢測、語義分割 (Semantic Segmentation) 等多種電腦視覺任務的預訓練模型，還包括圖片處理、錨點計算等很多基礎工具。

1.7.1 了解 torchvision 函數庫中的預訓練模型

《全格局使用 PyTorch - 深度學習和圖神經網路基礎篇》介紹了 torchvision 函數庫的部分功能，讀者可查看相關內容。在 torchvision 函數庫中，還有一個更為強大的功能就是 models 模組。該模組中封裝了很多與電腦視覺任務有關的成熟模型，可以方便使用者使用。

在 torchvision 函數庫的 models 模組下可以找到 PyTorch 中內建的模型，如作者本機的目錄為：

`D:\ProgramData\Anaconda3\envs\pt15\Lib\site-packages\torchvision\models`

Models 模組中的模型可以分為四大類，具體如圖 1-15 所示。

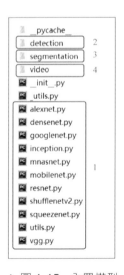

▲ 圖 1-15　內置模型

圖 1-15 所示的標誌為 1 ～ 4 的內建模型詳細介紹如下。

- 1：分類模型，包括 AlexNet、DenseNet、GoogleNet、Inception、MNASNet、MobileNet、ResNet、ShuffleNetv2、SqueezeNet、VGG 等。
- 2：目標檢測模型，包括 Faster R-CNN、Generalized R-CNN、Keypoint R-CNN、Mask R-CNN 等。更多詳細介紹請參考本書第 2 章內容。
- 3：語義分割模型，包括 DeepLabv3、FCN 等。
- 4：視訊處理模型，包括 R3D、MC3、R2Plus1D 等。

本例使用 ResNet 模型進行演示。

1.7.2 程式實現：下載並載入預訓練模型

引入基礎函數庫，並使用 torchvision 函數庫中的 API 下載模型。具體程式如下。

程式檔案：code_01_ResNetModel.py

```
01  from PIL import Image                        # 引入基礎函數庫
02  import matplotlib.pyplot as plt
03  import json
04  import numpy as np
05
06  import torch                                 # 引入 PyTorch 函數庫
07  import torch.nn.functional as F
08  from torchvision import models, transforms   # 引入 torchvision 函數庫
09
10  model = models.resnet18(pretrained=True)     # True 代表要下載模型
11  model = model.eval()
```

第 10 行程式呼叫了 models 模組中的 resnet18 函數。該函數返回一個 ResNet 18 模型。ResNet 18 代表一個具有 18 層的 ResNet 模型。同時，在 ResNet 18 函數的參數中，傳入 pretrained 的值為 True，代表要下載模型。

程式執行後，輸出結果如下。

```
Downloading: "https://download.pytorch.org/models/resnet18-5c106cde.pth" to
C:\Users\ljh\.cache\torch\checkpoints\resnet18-5c106cde.pth
100%|████████████████| 44.7M/44.7M [01:42<00:00, 457kB/s]
```

輸出的結果表明，程式在執行時，系統會從以下網址下載模型。

```
https://download.pytorch.org/models/resnet18-5c106cde.pth
```

下載後的模型檔案會放在使用者資料夾下的 .cache\torch\checkpoints 路徑
中。如以作者本地的環境為例，其下載的路徑如下。

```
C:\Users\ljh\.cache\torch\checkpoints\resnet18-5c106cde.pth
```

如果本機當前的網路不好，也可以事先手動下載好該模型，並將第 10 行
程式傳入的參數 pretrained 的值改為 False。然後使用載入權重的方式，
將模型載入。舉例來說，將第 10 行程式改成以下程式。

```
model = models.resnet18()
model.load_state_dict(torch.load('resnet18-5c106cde.pth'))    # 載入本地模型
```

1.7.3 程式實現：載入標籤並對輸入資料進行前置處理

可以從 S3.amatonaws 官網下載 ImageNet 資料集的標籤。

同時，本書的書附資源中也包含了一個中文標籤檔案「中文標籤 .csv」。
本例將同時載入並顯示這兩個標籤檔案。

使用 torchvision 函數庫中的 API 對輸入資料進行前置處理，步驟如下。

（1）將輸入圖片的尺寸變為 (256, 256)(見第 23 行程式)。
（2）對變形後的圖片沿中心裁剪，得到尺寸為 (224, 224) 的圖片 (見第 24
　　　行程式)。
（3）對裁剪後的圖片進行歸一化前置處理 (見第 26 ～ 30 行程式)。

具體程式如下。

程式檔案：code_01_ResNetModel.py（續）

```
12   labels_path = 'imagenet_class_index.json'     # 處理英文標籤
13   with open(labels_path) as json_data:
14     idx_to_labels = json.load(json_data)
15
16   def getone(onestr):
17     return onestr.replace(',',' ')
18   with open(' 中文標籤 .csv','r+') as f:          # 處理中文標籤
19     zh_labels =list( map(getone,list(f))  )
20     print(len(zh_labels), type(zh_labels), zh_labels[:5])# 顯示輸出中文標籤
21
22   transform = transforms.Compose([              # 對圖片尺寸前置處理
23     transforms.Resize(256),
24     transforms.CenterCrop(224),
25     transforms.ToTensor(),
26     transforms.Normalize(                       # 對圖片歸一化前置處理
27       mean=[0.485, 0.456, 0.406],
28       std=[0.229, 0.224, 0.225]
29   )
30   ])
```

第 26 ～ 30 行程式對圖片按照指定的平均值和方差進行歸一化前置處理。該前置處理方式要與模型實際在訓練過程中的前置處理方式一致。

注意

本例使用的中文標籤總類別為 1001 類，索引值為 0 的類為 None，代表未知分類；英文標籤總類別為 1000 類，沒有 None 類。

因為 PyTorch 中的模型是在英文標籤中訓練的，所以在讀取中文標籤時，還需要將索引值加 1。

1.7.4 程式實現：使用模型進行預測

打開一個圖片檔案，並將其輸入模型進行預測，同時輸出預測結果。具體程式如下。

程式檔案：code_01_ResNetModel.py（續）

```
31   def preimg(img):                              # 定義圖片前置處理函數
32     if img.mode=='RGBA':                        # 相容 RGBA 圖片
33       ch = 4
34       print('ch', ch)
35       a = np.asarray(img)[:, :, :3]
36       img = Image.fromarray(a)
37     return img
38
39   im =preimg( Image.open('book.png') )          # 打開圖片
40   transformed_img = transform(im)               # 調整圖片尺寸
41
42   inputimg = transformed_img.unsqueeze(0)       # 增加批次維度
43
44   output = model(inputimg)                       # 輸入模型
45   output = F.softmax(output,dim=1)              # 獲取結果
46
47   # 從預測結果中取出前 3 名
48   prediction_score, pred_label_idx = torch.topk(output, 3)
49   prediction_score = prediction_score.detach().numpy()[0] # 獲取結果機率
50   pred_label_idx = pred_label_idx.detach().numpy()[0]    # 獲取結果的標籤
ID
51
52   predicted_label = idx_to_labels[str(pred_label_idx[0])][1]    # 取出英文
                                                                  # 標籤名稱
53   predicted_label_zh = zh_labels[pred_label_i  icted_label_zh,
54
55       '預測分數:', prediction_score[0])
```

第 31 ～ 42 行程式所定義的 preimg 函數用於對 4 通道圖片 (RGBA) 進行處理。將 4 通道中代表透明通道的維度 A 去掉，使其變為模型所支援的 3 通道圖片 (RGB)。

程式執行後，輸出結果如下。

預測結果：book_jacket 防塵罩書皮
預測分數：0.27850115

1.7.5 程式實現：預測結果視覺化

將預測結果以圖的方式顯示出來。具體程式如下。

程式檔案：code_01_ResNetModel.py（續）

```
56  # 視覺化處理，創建一個 1 行 2 列的子圖
57  fig, (ax1, ax2) = plt.subplots(1, 2, figsize=(10, 8))
58  fig.sca(ax1)                        # 設定第一個軸是 ax1
59  ax1.imshow(im)                      # 第一個子圖顯示原始要預測的圖片
60
61  # 設定第二個子圖為預測的結果，按機率取出前 3 名
62  barlist = ax2.bar(range(3), [i for i in prediction_score])
63  barlist[0].set_color('g')           # 顏色設定為綠色
64
65  # 預測結果前 3 名的柱狀圖
66  plt.sca(ax2)
67  plt.ylim([0, 1.1])
68
69  # 垂直顯示前 3 名的標籤
70  plt.xticks(range(3), [idx_to_labels[str(i)][1][:15] for i in pred_
    label_idx ], rotation='vertical')
71  fig.subplots_adjust(bottom=0.2)     # 調整第二個子圖的位置
72  plt.show()                          # 顯示圖片
```

程式執行後，輸出結果如圖 1-16 所示。

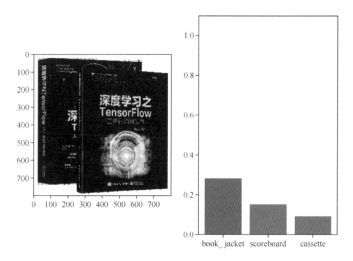

▲ 圖 1-16　ResNet 18 模型的預測結果

在實際應用時，還可以根據模型的規模、精度需求來挑選更為合適的模型。讀者也可以嘗試使用 1.7.1 小節所介紹的其他分類模型，具體做法和本例中的 ResNet18 模型完全一致。

1.8　實例：使用遷移學習辨識多種鳥類

在實際開發中，常會使用遷移學習 (Transfer Learning) 將預訓練模型中的特徵提取能力轉移到自己的模型中。本例將詳細介紹遷移學習。

實例描述

使用遷移學習對預訓練模型進行微調 (Fine Tuning)，讓其學習鳥類資料集，實現對多種鳥類進行辨識。

在本例開始之前，需要先了解遷移學習和微調的相關知識。

1.8.1 什麼是遷移學習

遷移學習是指把在一個任務上訓練完成的模型進行簡單的修改，再用另一個任務的資料繼續訓練，使之能夠完成新的任務。

如在 ImageNet 資料集上訓練過的 ResNet 模型，原任務是用來進行圖片分類的，可以對它進行修改，使之用在目標定位任務上。

遷移學習是機器學習的分支，按照學習方式可以分為基於樣本的遷移、基於特徵的遷移、基於模型的遷移，以及基於關係的遷移。

1. 遷移學習的初衷

遷移學習的初衷是節省人工標注樣本的時間，讓模型可以透過一個已有的標記資料領域向未標記資料領域進行遷移，從而訓練出適用於該領域的模型。直接對目標域從頭開始學習成本太高，故而我們轉向運用已有的相關知識來輔助儘快地學習新知識。

使用遷移學習的好處如下。

- 對於資料集本身很小 (幾千張圖片) 的情況，從頭開始訓練具有幾千萬個參數的大型神經網路是不現實的，因為越大的模型對資料量的要求越大，過擬合無法避免。這時候如果還想用大型神經網路的超強特徵提取能力，只能靠微調已經訓練好的模型。
- 可以降低訓練成本。如果使用匯出特徵向量的方法進行遷移學習，後期的訓練成本非常低。
- 前人花很大精力訓練出來的模型在大機率上會比你自己從零開始訓練的模型要強大，沒有必要重複「造輪子」。

將已經訓練好的模型用在其他圖片分類任務中的遷移學習，也常常叫作對已有模型的微調。

2. 遷移學習與微調的關係

遷移學習和微調並沒有嚴格的區分，二者的含義可以相互交換，只不過後者似乎更常用於形容遷移學習的後期微調。我個人的了解，微調應該是遷移學習中的一部分，即微調只能説是一個技巧。

1.8.2 樣本介紹：鳥類資料集 CUB-200

鳥類資料集 CUB-200(Caltech-UCSD Birds-200-2010) 來自加州理工學院。

該資料集涵蓋 200 種鳥類 (這些鳥類主要來自北美)，共計 6033 張圖片，並伴有邊界框、粗略分割、屬性相關註釋標注。本例只需要完成對圖片的分類任務，不會用到這些標注。

該資料集可以從其官網上進行下載，下載之後，可以使用以下命令進行解壓縮。

```
tar  zxvf  images.tgz -C ./data/      # 事先需要在本地建立好 data 資料夾
```

下載並解壓縮後，在本地路徑的 data 資料夾的 images 資料夾裡，會看到按類組織的資料集圖片，一個類就是一個資料夾，資料夾名就是類名。CUB-200 資料集範例如圖 1-17 所示。

▲ 圖 1-17　CUB-200 資料集範例

1.8.3 程式實現：用 **torch.utils.data** 介面封裝資料集

定義 load_data 函數實現對資料集中圖片檔案名稱和標籤的載入，並使用 torch.utils.data 介面將其封裝成程式可用的資料集類別 OwnDataset。

1. 實現 load_data 函數載入圖片檔案名稱和標籤

load_data 函數完成了對資料集中圖片檔案名稱和標籤的載入。該函數可以實現兩層資料夾的巢狀結構結構。其中，外層結構使用 load_data 函數進行遍歷，內層結構使用 load_dir 函數進行遍歷。

> ◈ 提示
>
> 在本例中，CUB-200 資料集的外層結構只有一個資料夾，邏輯相對簡單，也可以直接使用 load_dir 函數進行實現。load_data 函數遍歷外層資料夾，依次呼叫 load_dir 函數進行載入，這種結構具有更好的通用性，它可以適用於大多數資料集的樣本載入過程。

具體程式如下。

程式檔案：code_02_FinetuneResNet.py

```
01   import glob
02   import os
03   import numpy as np                    # 引入基礎函數庫
04   from PIL import Image
05   import matplotlib.pyplot as plt    #plt 用於顯示圖片
06
07   import torch
08   import torch.nn as nn
09   import torch.optim as optim
10   from torch.optim import lr_scheduler
11   from torch.utils.data import Dataset, DataLoader
12
```

```
13   import torchvision
14   import torchvision.models as models
15   from torchvision.transforms import ToPILImage
16   import torchvision.transforms as transforms
17
18   def load_dir(directory, labstart=0):# 獲取所有 directory 中的所有圖片和標籤
19     # 返回 path 指定的資料夾所包含的檔案或資料夾的名稱串列
20     strlabels = os.listdir(directory)
21     # 對標籤進行排序，以便訓練和驗證按照相同的順序進行
22     strlabels.sort()
23     # 創建檔案標籤串列
24     file_labels = []
25     for i, label in enumerate(strlabels):
26       jpg_names = glob.glob(os.path.join(directory, label, "*.jpg"))
27       # 加入串列
28       file_labels.extend(zip( jpg_names, [i+labstart]*len(jpg_names))  )
29     return file_labels, strlabels
30
31   def load_data(dataset_path):          # 定義函數載入圖片檔案名稱和標籤
32     sub_dir= sorted(os.listdir(dataset_path) ) #跳過子資料夾
33     start =1                              # 第 0 類是 none
34     tfile_labels,tstrlabels=[],['none']
35     for i in sub_dir:
36       directory = os.path.join(dataset_path, i)
37       if os.path.isdir(directory )==False:    # 只處理資料夾中的資料
38         print(directory)
39         continue
40       file_labels,strlabels = load_dir(directory , labstart = start )
41       tfile_labels.extend(file_labels)
42       tstrlabels.extend(strlabels)
43       start  = len(strlabels)
44     # 把資料路徑和標籤解壓縮
45     filenames, labels=zip(*tfile_labels)
46     return filenames, labels,tstrlabels
```

第 22 行和第 32 行程式分別對子資料夾進行了排序。這種操作非常重要。因為資料夾的順序與標籤的序號是強連結的,在不同的作業系統中,載入資料夾的順序可能不同。這種目錄不同的情況會導致在不同的作業系統中,模型的標籤出現串位的現象。所以需要對資料夾進行排序,保證其順序的一致性。

第 34 行程式,在製作標籤時,人為地在前面增加了一個序號為 0 的 none 類。這是一個訓練圖文類模型的技巧,為了區分模型輸出值是 0 和預測值是 0 這兩種情況。

2. 實現自訂資料集類別 OwnDataset

在 PyTorch 中,提供了一個 torch.utils.data 介面,可以用來對資料集進行封裝。在實現時,只需要繼承 torch.utils.data.Dataset 類別,並多載其 __getitem__ 方法。

在使用時,框架會向 __getitem__ 方法傳入索引 index,在 __getitem__ 方法內部,根據指定 index 載入資料,並返回即可。具體程式如下。

程式檔案:code_02_FinetuneResNet.py(續)

```
47  def default_loader(path):            # 定義函數載入圖片
48    return Image.open(path).convert('RGB')
49
50  class OwnDataset(Dataset):
51    def __init__(self, img_dir, labels, indexlist = None,  # 初始化
52                 transform=transforms.ToTensor(),
53                 loader=default_loader, cache=True):
54      self.labels = labels           # 存放標籤
55      self.img_dir = img_dir         # 樣本圖片檔案名稱
56      self.transform = transform     # 前置處理方法
57      self.loader = loader           # 載入方法
58      self.cache = cache             # 快取標識
59      if indexlist is None:          # 要載入的資料序列
```

```
60          self.indexlist = list(range(len(self.img_dir)))
61      else:
62          self.indexlist = indexlist
63      self.data = [None] * len(self.indexlist) # 存放樣本圖片
64
65  def __getitem__(self, idx):          # 載入指定索引資料
66      if self.data[idx] is None:       # 第一次載入
67          data = self.loader(self.img_dir[self.indexlist[idx]])
68          if self.transform:
69              data = self.transform(data)
70      else:
71          data = self.data[idx]
72      if self.cache:                   # 儲存到快取裡
73          self.data[idx] = data
74      return data, self.labels[self.indexlist[idx]]
75
76  def __len__(self):                   # 計算資料集長度
77      return len(self.indexlist)
```

第 50 行程式所定義的 OwnDataset 類別，程式的重複使用性比較強。讀者在載入自己的資料集時也可以直接使用。

3. 測試資料集

在完成資料集的製作之後，撰寫程式測試。

OwnDataset 類別所定義的資料集，其使用方法與 PyTorch 中的內建資料集的使用方法完全一致。配合 DataLoader 介面即可生成可以進行訓練或測試的批次資料。具體程式如下。

程式檔案：code_02_FinetuneResNet.py（續）

```
78  data_transform = {                          # 定義資料的前置處理方法
79      'train': transforms.Compose([
80          transforms.RandomResizedCrop(224),
```

```
81      transforms.RandomHorizontalFlip(),
82      transforms.ToTensor(),
83      transforms.Normalize([0.485, 0.456, 0.406], [0.229, 0.224, 0.225])
84    ]),
85    'val': transforms.Compose([
86      transforms.Resize(256),
87      transforms.CenterCrop(224),
88      transforms.ToTensor(),
89      transforms.Normalize([0.485, 0.456, 0.406], [0.229, 0.224, 0.225])
90    ]),
91  }
92  def Reduction_img(tensor, mean, std):    # 還原圖片，用於顯示
93      dtype = tensor.dtype
94      mean = torch.as_tensor(mean, dtype=dtype, device=tensor.device)
95      std = torch.as_tensor(std, dtype=dtype, device=tensor.device)
96      tensor.mul_(std[:, None, None]).add_(mean[:, None, None])# 還原操作
97  dataset_path = r'./data/'              # 載入資料集路徑
98  filenames, labels, classes = load_data(dataset_path)
99
100 # 打亂陣列順序
101 np.random.seed(0)
102 label_shuffle_index = np.random.permutation( len(labels)   )
103 label_train_num = (len(labels)//10) *8   # 劃分訓練資料集和測試資料集
104 train_list =  label_shuffle_index[0:label_train_num]
105 test_list =   label_shuffle_index[label_train_num: ]
106
107 train_dataset=OwnDataset(filenames,      # 實例化訓練資料集
108                          labels,train_list,data_transform['train'])
109 val_dataset=OwnDataset(filenames,        # 實例化測試資料集
110                          labels, test_list,data_transform['val'])
111
112 # 實例化批次資料
113 train_loader =DataLoader(dataset=train_dataset,
114                          batch_size=32, shuffle=True)
```

```
115 val_loader=DataLoader(dataset=val_dataset, batch_size=32, shuffle=False)
116
117 sample = iter(train_loader)                    # 獲取一批次資料，進行測試
118 images, labels = sample.next()
119 print('樣本形狀:', np.shape(images))
120 print('標籤個數:', len(classes))
121 mulimgs = torchvision.utils.make_grid(images[:10], nrow=10)# 拼接多張圖片
122 Reduction_img(mulimgs, [0.485, 0.456, 0.406], [0.229, 0.224, 0.225])
123 _img= ToPILImage() ( mulimgs )                 # 將張量轉化為圖片
124 plt.axis('off')
125 plt.imshow(_img)
126 plt.show()                                     # 顯示
127 print(', '.join(
128       '%5s' % classes[labels[j]] for j in range(len(images[:10]))))
```

第 92 行程式定義了 Reduction_img 函數，實現了圖片歸一化的逆操作。該函數主要用於顯示資料集中的原始圖片。

> ◈ 提示
>
> 第 96 行程式使用了一個張量物件擴充維度的新方法對平均值和方差進行維度擴充，再參與計算。其維度變化過程如下：
>
> ```
> std = torch.tensor([0.485, 0.456, 0.406])
> std.size()                  #torch.Size([3])
> std = a[:, None, None]      # 擴充維度
> std.size()                  #torch.Size([3, 1, 1])
> ```

第 98 行程式呼叫了 load_data 函數對資料集中圖片檔案名稱和標籤進行載入，其返回的物件 classes 中包含全部的類名。

第 101 ～ 105 行程式對資料檔案串列的序號進行亂數劃分，分為測試資料集和訓練資料集兩個索引串列。該索引串列會傳入 OwnDataset 類別做成指定的資料集。

> ◈ 提示
>
> 第 101 行程式設定了隨機數種子，這種做法可以保證每次生成的隨機數相同。在訓練過程中，如果停止後，再次恢復，可以保證兩次執行時期得到一樣的測試資料和訓練資料。

程式執行後，輸出結果如下：

樣本形狀 :torch.Size([32, 3, 224, 224])
標籤個數 :201

同時輸出資料集中的 10 張圖片，如圖 1-18 所示。

▲ 圖 1-18　輸出資料集中的 10 張圖片

圖 1-18 所示的圖片所對應的標籤如下。

004.Groove_billed_Ani,002.Laysan_Albatross,004.Groove_billed_Ani,004.
Groove_billed_Ani,001.Black_footed_Albatross,005.Crested_Auklet,001.Black_
footed_Albatross,001.Black_footed_Albatross,005.Crested_Auklet,005.Crested_
Auklet

1.8.4　程式實現：獲取並改造 ResNet 模型

獲取 ResNet 模型，並載入預訓練模型的權重。將其最後一層 (輸出層) 去掉，換成一個全新的全連接層，該全連接層的輸出節點數與本例分類數 (201 類) 相同。具體程式如下。

程式檔案：code_02_FinetuneResNet.py（續）

```
129 #指定裝置
130 device = torch.device("cuda:0"if torch.cuda.is_available() else "cpu")
131 print(device)
```

```
132
133 def get_ResNet(classes,pretrained=True,loadfile = None):
134    ResNet=models.resnet101(pretrained) # 自動下載官方的預訓練模型
135    if loadfile!= None:
136       ResNet.load_state_dict(torch.load( loadfile))# 載入本地模型
137
138    # 將所有的參數層進行凍結
139    for param in ResNet.parameters():
140       param.requires_grad = False
141    # 輸出全連接層的資訊
142    print(ResNet.fc)
143    x = ResNet.fc.in_features              # 獲取全連接層的輸入
144    ResNet.fc = nn.Linear(x, len(classes)) # 定義一個新的全連接層
145    print(ResNet.fc)                       # 最後輸出新的模型
146    return ResNet
147
148 ResNet=get_ResNet(classes)                # 實例化模型
149 ResNet.to(device)
```

第 133 行程式定義了 get_ResNet 函數，來獲取預訓練模型。該函數既可以指定 pretrained=True 來實現自動下載預訓練模型，也可以指定 loadfile 來從本地路徑載入預訓練模型。

第 139、140 行程式設定模型除最後一層以外都不可以進行訓練，使模型只針對最後一層進行微調。

程式執行後，輸出結果如下。

```
Downloading: "https://download.pytorch.org/models/resnet101-5d3b4d8f.pth"
to /root/.cache/torch/checkpoints/resnet101-5d3b4d8f.pth
100%|██████████████████████████████████████████████████████|
170M/170M [02:44<00:00, 1.09MB/s]
Linear(in_features=512, out_features=1000, bias=True)
Linear(in_features=512, out_features=201, bias=True)
```

輸出結果的最後兩行為遷移學習模型的輸出層。其中倒數第二行是原始模型的輸出層，最後一行是改造後模型的輸出層，可以看到模型的輸出維數從 1000 變成了 201。

1.8.5 程式實現：微調模型最後一層

定義損失函數、訓練函數及測試函數，對模型的最後一層進行微調。具體程式如下。

程式檔案：code_02_FinetuneResNet.py（續）

```
150 criterion = nn.CrossEntropyLoss()    # 定義損失函數
151 # 指定新加的全連接層的學習率
152 optimizer = torch.optim.Adam([ {'params':ResNet.fc.parameters()}],
153 lr=0.001)
154 def train(model, device, train_loader, epoch, optimizer):# 定義訓練函數
155    model.train()
156    allloss = []
157    for batch_idx, data in enumerate(train_loader):
158      x,y= data
159      x=x.to(device)
160      y=y.to(device)
161      optimizer.zero_grad()
162      y_hat= model(x)
163      loss = criterion(y_hat, y)
164      loss.backward()
165      allloss.append(loss.item())
166      optimizer.step()
167    print (                                # 輸出訓練結果
168      'Train Epoch: {}\t Loss: {:.6f}'.format(epoch,np.mean(allloss)  ))
169
170 def test(model, device, val_loader):     # 定義測試函數
171    model.eval()
```

```
172    test_loss = []
173    correct = []
174    with torch.no_grad():
175      for i, data in enumerate(val_loader):
176        x, y= data
177        x=x.to(device)
178        y=y.to(device)
179        y_hat = model(x)
180        test_loss.append( criterion(y_hat, y).item())    # 收集損失函數
181        pred = y_hat.max(1, keepdim=True)[1]             # 獲取預測結果
182        correct.append(                                  # 收集準確度
183              pred.eq(y.view_as(pred)).sum().item()/pred.shape[0] )
184    print(                                               # 輸出測試結果
185      '\nTest: Average loss: {:.4f}, Accuracy: ({:.0f}%)\n'.format(
186      np.mean(test_loss), np.mean(correct)*100 ))
187 if __name__ == '__main__':
188    firstmodepth = './finetuneRes101_1.pth'              # 定義模型檔案
189
190    if os.path.exists(firstmodepth) ==False:
191      print("_____訓練最後一層_____")
192      for epoch in range(1, 2):                # 迭代訓練 2 次
193        train(ResNet, device, train_loader,epoch,optimizer )
194        test(ResNet, device, val_loader )
195      # 儲存模型
196      torch.save(ResNet.state_dict(), firstmodepth)
```

第 174 行程式使用了 torch.no_grad 方法，使模型在執行時期不進行梯度追蹤。這種做法可以減少模型執行時期對記憶體的佔用。

1.8.6 程式實現：使用學習率衰減對模型進行全域微調

遷移學習一般都會使用兩個步驟進行訓練。

（1）固定預訓練模型的特徵提取部分，只對最後一層進行訓練，使其快速收斂。

（2）使用較小的學習率，對全部模型進行訓練，並對每層的權重進行細微的調節。

第 (1) 步已經在 1.8.5 小節完成，下面進行第 (2) 步的全域訓練。將模型的每層權重都設為可訓練，並定義帶有學習率衰減的最佳化器。具體程式如下。

程式檔案：code_02_FinetuneResNet.py（續）

```
197    secondmodepth = './finetuneRes101_2.pth'
198    optimizer2=optim.SGD(ResNet.parameters(),lr=0.001, momentum=0.9)
199    exp_lr_scheduler = lr_scheduler.StepLR(optimizer2,
200                     step_size=2, gamma=0.9)
201    for param in ResNet.parameters():    # 將所有的參數層設為可以訓練
202      param.requires_grad = True
203
204    if os.path.exists(secondmodepth) :
205      ResNet.load_state_dict(torch.load( secondmodepth))    # 載入本地模型
206    else:
207      ResNet.load_state_dict(torch.load(firstmodepth))     # 載入本地模型
208    print("_____ 全部訓練 _____")
209    for epoch in range(1, 100):
210      train(ResNet, device, train_loader, epoch, optimizer2 )
211      if optimizer2.state_dict()['param_groups'][0]['lr']>0.00001:
212        exp_lr_scheduler.step()
213        print("___lr:" ,
214            optimizer2.state_dict()['param_groups'][0]['lr'] )
215    test(ResNet, device, val_loader )
216    # 儲存模型
217    torch.save(ResNet.state_dict(), secondmodepth)
```

第 198 行程式定義了帶有學習率衰減的 SGD 最佳化器。該最佳化器常用來對模型進行手動微調。有實驗表明，使用經過手動調節的 SGD 最佳化器，在訓練模型的後期效果優於 Adam 最佳化器。

◈ 提示

本例只使用了一種學習率衰減方法和比較簡單的最佳化器技巧。關於更多的學習率衰減方法和最佳化器技巧，讀者可查閱《全格局使用 PyTorch - 深度學習和圖神經網路基礎篇》這本書。

由於學習率衰減會在訓練過程中不斷地變小，為了防止學習率過小，最終無法進行權重調節，需要對其設定最小值。當學習率低於該值時，停止對學習率衰減的操作 (見第 211 行程式)。

程式執行後，輸出結果如下。

```
......
Train Epoch: 99    Loss: 2.438665
Test set: Average loss: 1.4251, Accuracy: (100%)
Train Epoch: 100   Loss: 1.179534
Test set: Average loss: 1.0959, Accuracy: (100%)
```

由於本例中的樣本比較小，且 CUB-200 資料集本質上與 ImageNet 資料集中的樣本有重疊，因此訓練效果比較好。實際上，如果使用其他資料集，所得到的效果會比這個略差。

1.8.7 擴充實例：使用隨機資料增強方法訓練模型

在目前分類效果最好的 EfficientNet 系列模型中，EfficientNet-B7 版本的模型就是使用隨機資料增強 (RandAugment) 方法訓練而成的。RandAugment 方法也是目前主流的資料增強方法，用 RandAugment 方法進行訓練，會使模型的精度得到提升。

RandAugment 方法是一種新的資料增強方法,它比自動資料增強 (AutoAugment) 方法更簡單、更好用。它可以在原有的訓練框架中,直接對 AutoAugment 方法進行替換。

> ◈ 提示
> AutoAugment 方法包含 30 多個參數,可以對圖片資料進行各種變換 (參見 arXiv 網站上編號為 "1805.09501" 的論文)。

RandAugment 方法是在 AutoAugment 方法的基礎之上,將 30 多個參數進行策略級的最佳化管理,使這 30 多個參數被簡化成兩個參數:圖片的 N 次變換和每次變換的強度 M。其中每次變換的強度 M,設定值為 0 ~ 10 (只取整數),表示使原有圖片增強失真 (Augmentation Distortion) 的大小。

RandAugment 方法以結果為導向,使資料增強過程更加「針對使用者」。在減少 AutoAugment 的運算消耗的同時,又使增強的效果變得可控。詳細內容可以參考相關論文 (參見 arXiv 網站上編號為 "1909.13719" 的論文)。

1. 程式獲取

在 GitHub 上可以搜到很多有關 RandAugment 方法的實現程式。本例中使用的 RandAugment 方法的實現程式來自:

```
https://github.com/heartInsert/randaugment
```

該專案中只有一個程式檔案 Rand_Augment.py,將其下載後,直接引入程式即可使用。

2. 程式應用

RandAugment 方法需要載入模型的資料前置處理環節,在 1.8.3 小節的第 78 行程式前,引入 RandAugment 方法的程式檔案,然後在前置處理方法中加入呼叫方法。具體程式如下。

程式檔案：code_02_FinetuneResNet.py（部分）

```
01   from Rand_Augment import Rand_Augment      # 新加程式：引入 RandAugment 方法
02   data_transform = {
03     'train': transforms.Compose([
04       Rand_Augment(), # 新加程式：使用 RandAugment 方法
05       transforms.RandomResizedCrop(224),
06       transforms.RandomHorizontalFlip(),
07       transforms.ToTensor(),
08       transforms.Normalize([0.485, 0.456, 0.406], [0.229, 0.224, 0.225])
09     ]),
```

第 04 行程式使用了 RandAugment 方法的預設參數。該程式加入後，可以使用類似 1.8.3 小節中測試資料集的方法，查看效果，如圖 1-19 所示。

▲ 圖 1-19　資料增強後的圖片

比較圖 1-18 和圖 1-19 可以發現，圖 1-19 中的圖片多了很多隨機旋轉的操作。RandAugment 方法是一個通用方法。在圖片分類訓練中使用 RandAugment 方法，可以使模型達到更好的精度。

1.8.8　擴充：分類模型中常用的 3 種損失函數

在分類模型中，常用的損失函數有 3 種，具體如下。

- BCELoss 用於單標籤二分類或多標籤二分類，即一個樣本可以有多個分類，彼此不互斥。輸出和目標的維度是 (batch,C)，batch 是樣本數量，C 是類別數量。每個 C 值代表屬於一類標籤的機率。

- BCEWithLogitsLoss 也用於單標籤二分類或多標籤二分類，它相當於 Sigmoid 與 BCELoss 的結合，即對網路輸出的結果先做一次 Sigmoid 將其值域變為 [0, 1]，再對其與標籤之間做 BCELoss。當網路最後一層使用 nn.Sigmoid 時，就用 BCELoss；當網路最後一層不使用 nn.Sigmoid 時，就用 BCEWithLogitsLoss。

- CrossEntropyLoss 用於多類別分類，輸出和目標的維度是 (batch,C)，batch 是樣本數量，C 是類別數量，每一個 C 之間是互斥的，相互連結的，對於每一個 batch 的 C 個值，一起求每個 C 的 softmax，所以每個 batch 的所有 C 個值之和是 1，哪個值大，代表其屬於哪一類。如果用於二分類，那輸出和目標的維度是 (batch,2)。

1.8.9 擴充實例：樣本均衡

當訓練樣本不均衡時，可以採用過取樣、欠取樣、資料增強等手段來避免過擬合。

1. 使用權重取樣類別

《全格局使用 PyTorch - 深度學習和圖神經網路基礎篇》，介紹過取樣器 Sampler 類別。Sampler 類別中有一個衍生的權重取樣類別 WeightedRandomSampler，這個類別能夠在載入資料時，按照指定的機率進行隨機順序取樣。

權重取樣類別 WeightedRandomSampler 有 3 個實例化參數，具體如下。

- weights：用於指定每一個類別在取樣過程中得到的權重大小 (不要求綜合為 1)，權重越大的樣本被選中的機率越大。

- num_samples：用於指定待選取的樣本數目，待選取的樣本數目一般小於全部的樣本數目。

- replacement：用於指定是否能重複選取某一個樣本，預設為 True，即允許在一個 epoch 中重複選取某一個樣本。如果設為 False，當某一類的樣本被全部選取完，但其樣本數目仍未達到 num_samples 時，sampler 將不會再從該類別中選取樣本，此時可能導致 weights 參數故障。

在實例化權重取樣類別 WeightedRandomSampler 之後，將其傳入 DataLoader 類別即可。將 1.8.3 小節的第 113、114 行程式修改以下程式。

程式檔案：code_02_FinetuneResNet.py（部分）

```
01  from torch.utils.data.sampler import WeightedRandomSampler
02  import collections
03  from operator import itemgetter
04  trainlabel = list(itemgetter(*train_list)(labels))    # 獲得訓練標籤
05  obj = collections.Counter(trainlabel)          # 統計每個標籤的樣本數目
06  total = len(trainlabel)                # 計算總樣本數目
07  weights = [total-obj[i] for i in trainlabel]  # 為每個樣本定義權重
08  # 定義取樣器
09  train_sampler = WeightedRandomSampler(weights, total, replacement=True)
10  train_loader =DataLoader(dataset=train_dataset, # 定義資料集載入器
11                       batch_size=32, sampler=train_sampler)
```

第 07 行程式為每個訓練樣本分配一個取樣權重，每個樣本的權重值為訓練樣本的總數減去該類別樣本數目。

注意

在 DataLoader 類別中，使用了取樣器 Sampler 類別就不能使用 shuffle 參數。

有關 PyTorch 中其他種類的取樣器介紹，請參考《全格局使用 PyTorch - 深度學習和圖神經網路基礎篇》。

---

2. 權重取樣的影響

透過取樣的方式進行樣本均衡，只是一種輔助手段，它也會引入一些新的問題。

- 過取樣：重複正比例資料，實際上沒有為模型引入更多資料，過分強調正比例資料，會放大正比例雜訊對模型的影響。
- 欠取樣：捨棄大量資料，和過取樣一樣會存在過擬合的問題。

在條件允許的情況下，還是推薦將所收集的樣本儘量趨於均衡。

3. 透過權重損失控制樣本均衡

在多標籤非互斥的分類任務 (一個物件可以被預測出多種分類) 中，還可以使用 BCEWithLogitsLoss 函數，在計算損失時為每個類別分配不同的權重。這種方式可以使模型對每個類別的預測能力達到均衡。舉例來說，多分類的個數是 6，則可以使用類似的程式指定每個分類的權重：

```
pos_weight = torch.ones([6])        #為每個分類指定權重為 1
criterion = torch.nn.BCEWithLogitsLoss(pos_weight=pos_weight)
```

1.9 從深度卷積模型中提取視覺特徵

在 1.8 節中的實例，透過替換預訓練模型輸出層的方式，實現對其他圖片的分類任務。這種遷移學習本質上是借助了預訓練模型對圖片處理後的視覺特徵。

預訓練模型對圖片處理後的視覺特徵，在深度學習任務中有著非常大的作用。在許多深度學習模型中，都有它的應用。如目標檢測、語義分割，甚至是圖型與文字的混合處理模型等，遷移學習只是其中的應用之一。

在很多模型的架設場景中，都涉及從預訓練模型中提取出其對圖片處理後的視覺特徵。在 PyTorch 中，一共有兩種方式可以實現視覺特徵的提取：鉤子函數、重組結構。

1.9.1 使用鉤子函數的方式提取視覺特徵

《全格局使用 PyTorch - 深度學習和圖神經網路基礎篇》介紹過模型的正 / 反向鉤子函數以及對應的實例。透過註冊鉤子函數，可以在模型的計算過程中插入需要執行的任意程式部分。

在視覺特徵提取過程中，可以根據模型的結構，將正向鉤子函數註冊到指定的層中。然後透過讀取該層的輸入或輸出資料，將視覺特徵提取出來。具體做法如下。

1. 找到目標層

我們既可以透過模型的原始程式，找到指定的目標層；也可以透過 print 函數將模型物件輸出，並從中選取要註冊鉤子函數的目標層。

在 code_02_FinetuneResNet.py 程式檔案的基礎上續寫程式。在該程式檔案的最後一行加入以下程式，輸出模型內容。

```
print(ResNet)
```

程式執行後，輸出結果如下。

```
    ......
  (bn3): BatchNorm2d(2048, eps=1e-05, momentum=0.1, affine=True, track_
running_stats=True)
      (relu): ReLU(inplace=True)
    )
  )
  (avgpool): AdaptiveAvgPool2d(output_size=(1, 1))
  (fc): Linear(in_features=2048, out_features=200, bias=True)  )
```

輸出結果的最後一行是模型的輸出層，它的輸入是 2048，輸出是 200。

輸出結果的倒數第二行是模型的全域池化層 avgpool，它會輸出圖片最終的視覺特徵，也是需要提取特徵的目標層。

2. 註冊正向鉤子函數

透過註冊鉤子函數，可以將全域池化層 avgpool 之前或之後的視覺特徵提取出來。在 code_02_FinetuneResNet.py 程式檔案之後增加以下程式。

```
sample = iter(val_loader)          # 借用驗證資料集的資料
images, _ = sample.next()
x=images.to(device)                # 準備輸入模型的資料

in_list= []                        # 存放輸入目標層的特徵
out_list= []                       # 存放輸出目標層的特徵
def hook(module, input, output):
    print("in",len(input))         # 輸入項是傳入該層的參數，元組類型。輸出 :1
    for val in input:              # 獲取每個輸入項
        print("input val:",val.size())# 輸出輸入特徵的形狀 :([2, 2048, 7, 7])
    for i in range(input[0].size(0)): # 按照批次個數，一個一個儲存特徵
        in_list.append(input[0][i].cpu().numpy()) # 儲存單張圖片的特徵
        print("in",input[0][i].cpu().numpy().shape)# 輸出特徵形狀 :(2048, 7, 7)
    print("out",len(output))            # 輸出項直接是具體的特徵張量，輸出 :2
    for i in range(output.size(0)):     # 按照批次個數，一個一個儲存特徵
        out_list.append(output[i].cpu().numpy())   # 儲存單張圖片的特徵
        print("out",output[i].cpu().numpy().shape) # 輸出特徵的形狀 :
                                                    #(2048, 1, 1)
ResNet.avgpool.register_forward_hook(hook)          # 註冊正向鉤子函數
with torch.no_grad():
    y_hat = ResNet(x)                               # 呼叫模型進行預測
```

程式執行後，模型會自動呼叫鉤子函數 hook，並輸出以下結果。

```
in 1
input val: torch.Size([2, 2048, 7, 7])
in (2048, 7, 7)
```

```
in (2048, 7, 7)
out 2
out (2048, 1, 1)
out (2048, 1, 1)
```

需要注意的是，鉤子函數的輸入項和輸出項內容定義並不一致。輸入項是一個元組，元組中的元素個數與該層的輸入參數個數一致，每個元素才是真正的特徵資料；而輸出項直接就是該層處理後的特徵資料。

> ◈ 提示
>
> 在 4.6.3 小節，還有一個更進階的視覺特徵提取方式：使用註冊鉤子函數的方式提取視覺特徵。

1.9.2 使用重組結構的方式提取視覺特徵

重組結構的方式是指按照模型各個網路層進行重新組合，得到一個只能輸出視覺特徵的新模型。該方式是借助模型的 children 方法實現的。詳細的內容請參考《全格局使用 PyTorch - 深度學習和圖神經網路基礎篇》。

該方式實現起來比較簡單，只需要一行程式 (該程式加在 1.9.1 小節的程式之後，可以直接執行)：

```
ResNet2 = nn.Sequential(*list(ResNet.children())[:-1])
```

該程式的含義是將 ResNet 模型中的每個網路層物件轉化成串列，然後去掉串列的最後一項，並將其重新組合成模型。

> ◈ 提示
>
> 完整的應用實例可以參考本書第 5 章的實例。

使用重組結構的方式提取視覺特徵要比使用鉤子函數的方式簡單一些。但是沒有鉤子函數方式靈活，因為它只能獲取模型的輸出特徵。

機器視覺的進階應用

機器視覺是人工智慧研究的方向，其目標是透過演算法讓機器能夠對圖像資料進行處理。本章將具體介紹機器視覺領域中的一些進階應用。

2.1 基於圖片內容的處理任務

基於圖片內容的處理任務，主要包括目標檢測、圖片分割兩大任務。二者的特點比較如下。

目標檢測任務的精度相對較高，主要是以檢測框的方式，找出圖片中目標物體所在的座標。目標檢測任務的模型運算量相對較小，速度相對較快。

圖片分割任務的精度相對較低，主要是以像素點集合的方式，找出圖片中目標物體邊緣的具體像素點。圖片分割任務的模型運算量相對較大，速度相對較慢。

在實際應用中，會根據硬體的條件、精度的要求、執行速度的要求等因素來權衡該使用哪種模型。

2.1.1 目標檢測任務

目標檢測任務是視覺處理中的常見任務。該任務要求模型能檢測出圖片中特定的目標物體，並獲得這一目標物體的類別資訊和位置資訊。

在目標檢測任務中，模型的輸出是一個串列，串列的每一項用一個陣列列出檢測出的目標物體的類別和位置 (常用檢測框的座標表示)。

實現目標檢測任務的模型，大致可以分為以下兩類。

- 單階段 (1-stage) 檢測模型：直接從圖片獲得預測結果，也被稱為 Region-free 方法。相關的模型有 YOLO、SSD、RetinaNet 等。
- 兩階段 (2-stage) 檢測模型：先檢測包含實物的區域，再對該區域內的實物進行分類辨識。相關的模型有 R-CNN、Faster R-CNN、Mask R-CNN 等。

在實際應用中，兩階段檢測模型在檢測框方面表現出的精度更高一些，而單階段檢測模型在分類方面表現出的精度更高一些。

2.1.2 圖片分割任務

圖片分割是指對圖中的每個像素點進行分類，適用於對像素了解要求較高的場景 (如在無人駕駛中對道路和非道路進行分割)。

圖片分割包括語義分割和實例分割 (Instance Segmentation)，具體如下。

- 語義分割：能將圖片中具有不同語義的部分分開。
- 實例分割：能描述出目標物體的輪廓 (比檢測框更為精細)。

目標檢測、語義分割、實例分割的區別如圖 2-1 所示。

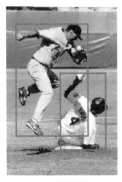  

(a) 目標檢測　　　　　　(b) 語義分割　　　　　　(c) 實例分割

▲ 圖 2-1　目標檢測、語義分割、實例分割的區別

圖 2-1(a) 所示為目標檢測的結果，該任務是在原圖上找到目標物體的檢測框。圖 2-1(b) 所示為語義分割的結果，該任務是在原圖上找到目標物體所在的像素點。圖 2-1(c) 所示為實例分割的結果，該任務是在語義分割的基礎上辨識出單一的具體個體。

圖片分割任務需要對圖片內容進行更高精度的辨識，其模型大多都是兩階段檢測模型。

2.1.3 非極大值抑制演算法

在目標檢測任務中，通常模型會從一張圖片中檢測出很多個結果，其中很有可能會出現重複物體 (中心和大小略有不同) 的情況。為了確保檢測結果的唯一性，需要使用非極大值抑制 (Non-Max Suppression, NMS) 演算法對檢測結果進行去重。

非極大值抑制演算法的實現過程很簡單，具體如下。

（1）從所有檢測框中找到置信度較大 (置信度大於某個設定值) 的檢測框。
（2）逐一計算其與剩餘檢測框的區域面積的重疊率 (IOU)。

（3）按照 IOU 設定值過濾。如果 IOU 大於一定設定值 (IOU 過高)，則將
　　　該檢測框剔除。

（4）對剩餘的檢測框重複上述過程，直到處理完所有的檢測框。

在整個過程中，用到的置信度設定值與 IOU 設定值需要提前指定。

◈ 提示

IOU(Intersection Over Union) 的意思是交並比，即面積的重疊率。

2.1.4 Mask R-CNN 模型

Mask R-CNN 模型屬於兩階段檢測模型，即該模型會先檢測包含實物的區
域，再對該區域內的實物進行分類辨識。

1. 檢測實物區域的步驟

檢測實物區域的具體步驟如下。

（1）按照非極大值抑制演算法將一張圖片分成多個子框。這些子框被稱
　　　作錨點 (Anchor)，錨點是不同尺寸的檢測框，彼此間存在部分重疊。

（2）在圖片中為具體實物標注座標 (所屬的位置區域)。

（3）根據實物標注的座標與錨點區域的 IOU 計算出哪些錨點屬於前景、
　　　哪些錨點屬於背景 (IOU 高的就是前景，IOU 低的就是背景，其餘的
　　　就忽略)。

（4）根據第 (3) 步結果中屬於前景的錨點座標和第 (2) 步結果中實物標注
　　　的座標，計算出二者的相對位移和長寬的縮放比例。

最終，檢測區域的任務會被轉化成一堆錨點的分類 (前景和背景) 和回歸
任務 (偏移和縮放)。如圖 2-2 所示，每張圖片都會將其自身標注的資訊
轉化為與錨點對應的標籤，讓模型對已有的錨點進行訓練或辨識。

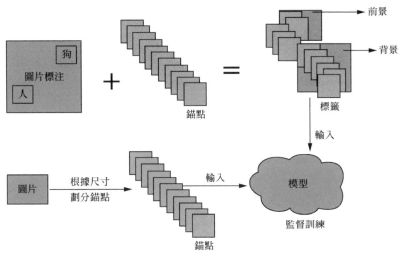

▲ 圖 2-2　區域檢測

在 Mask R-CNN 模型中，實現區域檢測功能的網路被稱作區域生成網路 (Region Proposal Network, RPN)。

在實際處理過程中，會從 RPN 的輸出結果中選取前景機率較高的一定數量的錨點作為感興趣區域 (Region Of Interest, ROI)，送到第 2 階段的網路中進行計算。

2. Mask R-CNN 模型的完整步驟

Mask R-CNN 模型可以拆分成以下 5 個步驟。

（1）提取主特徵：這部分的模型又被稱作骨幹網路。它用來從圖片中提取出一些不同尺寸的重要特徵，通常用於一些預訓練好的模型 (如 VGG 模型、Inception 模型、ResNet 模型等)。這些獲得的特徵資料被稱作特徵圖。

（2）特徵融合：用特徵金字塔網路 (Feature Pyramid Network, FPN) 整合骨幹網路中不同尺寸的特徵。最終的特徵資訊用於後面的 RPN 和最終的分類器 (classifier) 網路的計算。

（3）提取 ROI：主要透過 RPN 來實現。RPN 的作用是，在許多錨點中計算出前景和背景的預測值，並計算出基於錨點的偏移，然後對前景機率較大的 ROI 用非極大值抑制演算法去重，並從最終結果中取出指定個數的 ROI 用於後續網路的計算。

（4）ROI 池化：用區域對齊 (ROI Align) 的方式實現。將第 (2) 步的結果當作圖片，按照 ROI 中的區域框位置從圖中取出對應的內容，並將形狀統一成指定大小，用於後面的計算。

（5）最終檢測：對第 (4) 步的結果依次進行分類、設定矩形座標、實物像素分割處理，得到最終結果。

Mask R-CNN 模型的架構如圖 2-3 所示。

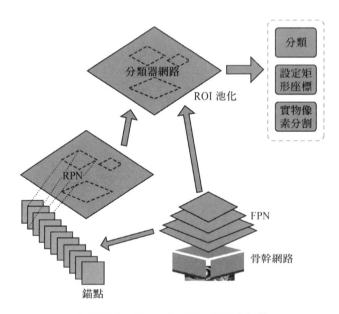

▲ 圖 2-3　Mask R-CNN 模型的架構

2.2 實例：使用 Mask R-CNN 模型進行目標檢測與語義分割

1.7.1 節介紹過 PyTorch 中有關語義分割的內建模型，一般來講，能夠實現語義分割任務的模型都具有目標檢測的功能。本例以 Mask R-CNN 模型為例，來介紹該內建模型的使用。

實例描述

將 COCO 2017 資料集上的預訓練模型 maskrcnn_resnet50_fpn_coco 載入到記憶體，並使用該模型對圖片進行目標檢測。

2.2.1 程式實現：了解 PyTorch 中目標檢測的內建模型

在 torchvision 函數庫下的 models\detection 目錄中，找到 __init__.py 檔案。該檔案中存放著可以匯出的 PyTorch 內建的目標檢測模型。具體內容如下。

程式檔案：__init__.py（部分）

```
87   from .faster_rcnn import *
88   from .mask_rcnn import *
89   from .keypoint_rcnn import *
```

這 3 行程式列出了 PyTorch 中所提供的 3 個內建目標檢測模型：Faster R-CNN、Mask R-CNN、Keypoint R-CNN。它們的原始程式分別在 faster_rcnn.py、mask_rcnn.py 和 keypoint_rcnn.py 檔案中。每個檔案中都會包含該內建模型所對應的預訓練模型的下載網址。以 mask_rcnn.py 為例，在該檔案中可以找到預訓練模型 maskrcnn_resnet50_fpn_coco 及其對應的下載網址。

2.2.2 程式實現：使用 PyTorch 中目標檢測的內建模型

PyTorch 中的內建模型使用的介面是完全統一的。Mask R-CNN 模型的呼叫方式與 1.7 節的實例完全一致。主要程式如下。

程式檔案：code_03_maskrcnn_resnet50.py（部分）

```python
01  # 載入模型
02  model = torchvision.models.detection.maskrcnn_resnet50_fpn(
03  pretrained=True)
04  model.eval()
05
06  def get_prediction(img_path, threshold):  # 定義模型，並根據設定值過濾結果
07      img = Image.open(img_path)
08      transform = T.Compose([T.ToTensor()])
09      img = transform(img)
10      pred = model([img])                        # 呼叫模型
11      print('pred')
12      print(pred)
13      pred_score = list(pred[0]['scores'].detach().numpy())
14      pred_t = [pred_score.index(x) for x in pred_score if x>threshold][-1]
15      print("masks>0.5")
16      print(pred[0]['masks']>0.5)
17      masks = (pred[0]['masks']>0.5).squeeze().detach().cpu().numpy()
18      print("this is masks")
19      print(masks)
20      pred_class = [COCO_INSTANCE_CATEGORY_NAMES[i] for i in list(pred[0]
      ['labels'].numpy())]
21      pred_boxes = [[(i[0], i[1]), (i[2], i[3])] for i in list(pred[0]
      ['boxes'].detach().numpy())]
22      masks = masks[:pred_t+1]
23      pred_boxes = pred_boxes[:pred_t+1]
24      pred_class = pred_class[:pred_t+1]
25      return masks, pred_boxes, pred_class
26
```

```
27  def instance_segmentation_api(img_path, threshold=0.5,
28                        rect_th=3, text_size=3, text_th=3):
29    masks, boxes, pred_cls = get_prediction(img_path, threshold) # 呼叫模型
30    img = cv2.imread(img_path)
31    img = cv2.cvtColor(img, cv2.COLOR_BGR2RGB)
32    for i in range(len(masks)):
33      rgb_mask, randcol = random_colour_masks(masks[i]) # 為隱藏區填充
                                               # 隨機顏色
34      img = cv2.addWeighted(img, 1, rgb_mask, 0.5, 0)
35      cv2.rectangle(img, boxes[i][0], boxes[i][1],
36                color= randcol, thickness=rect_th)
37      cv2.putText(img,pred_cls[i], boxes[i][0],
38                cv2.FONT_HERSHEY_SIMPLEX, text_size, randcol,
39                thickness=text_th)
40    plt.figure(figsize=(20, 30))
41    plt.imshow(img)
42    plt.xticks([])
43    plt.yticks([])
44    plt.show()
45
46  instance_segmentation_api('./horse.jpg') # 呼叫模型，並顯示結果
```

第 06 行程式中，透過 get_prediction 函數實現模型的呼叫過程。該過程與 1.7 節的實例一致。Mask R-CNN 模型會返回一個字典物件，該字典物件中包含以下 key 值。

- boxes：每個目標的邊框資訊。
- labels：每個目標的分類資訊。
- scores：每個目標的分類分值。
- masks：每個目標的像素隱藏 (Mask)。

第 33 行程式呼叫了 random_colour_masks 函數，使用隨機顏色為模型的隱藏區進行填充。可以參考配套程式中的 random_colour_masks 函數實現。

第 46 行程式將圖片輸入介面函數 instance_segmentation_api，進行目標檢測。

Mask R-CNN 模型的預測結果如圖 2-4 所示。其中，圖 2-4(a) 所示為輸入圖片，圖 2-4(b) 所示為輸出結果。

（a）輸入圖片   （b）輸出結果

▲ 圖 2-4　Mask R-CNN 模型的預測結果

2.2.3 擴充實例：使用內建的預訓練模型進行語義分割

語義分割是指可以對圖片內容基於像素等級的分類預測。這種模型可以找到圖片中更為精確的物體。本例將介紹語義分割的內建模型的使用。

實例描述

將 COCO 2017 資料集上的預訓練模型 deeplabv3_resnet101_coco 載入到記憶體，並使用該模型對圖片進行語義分割。

1. 了解 PyTorch 中語義分割的內建模型

在 torchvision 函數庫下的 models\segmentation 目錄中，找到 segmentation.

py 檔案。該檔案中存放著 PyTorch 內建的語義分割模型。該程式檔案的第 08 ～ 16 行程式如下。

程式檔案：segmentation.py（部分）

```
08  __all__ = ['fcn_resnet50', 'fcn_resnet101', 'deeplabv3_resnet50',
    'deeplabv3_resnet101']#PyTorch 支援的內建模型
09
10  # 預訓練模型的下載網址
11  model_urls = {
12    'fcn_resnet50_coco': None,
13    'fcn_resnet101_coco': 'https://download.pytorch.org/models/fcn_
      resnet101_coco-7ecb50ca.pth',
14    'deeplabv3_resnet50_coco': None,
15    'deeplabv3_resnet101_coco': 'https://download.pytorch.org/models/
      deeplabv3_resnet101_coco-586e9e4e.pth',
16  }
```

第 08 行程式列出了目前 PyTorch 支援的 4 種內建模型。

第 11 ～ 16 行程式列出了每種內建模型所對應的預訓練模型的下載網址。可以看到目前只有 fcn_resnet101_coco 和 deeplabv3_resnet101_coco 模型有對應的預訓練模型。

fcn_resnet101_coco 和 deeplabv3_resnet101_coco 模型是從 COCO 2017 訓練資料集中的子集訓練得到的，支援 21 個 (語義) 類別。這些類別與其序號的對應關係如下。

```
0= 背景 (background)，1= 飛機 (aeroplane)，2= 自行車 (bicycle)，3= 鳥 (bird)，4=
船 (boat)，5= 瓶子 (bottle)，6= 公共汽車 (bus)，7= 汽車 (car)，8= 貓 (cat)，9= 椅
子 (chair)，10= 牛 (cow)，11= 餐桌 (dining table)，12= 狗 (dog)，13= 馬 (horse)，
14= 摩托車 (motorbike)，15= 人 (person)，16= 盆栽 (potted plant)，17= 綿羊
(sheep)，18= 沙發 (sofa)，19= 火車 (train)，20= 電視 / 監視器 (tv/monitor)
```

2. 使用 PyTorch 中語義分割的內建模型

PyTorch 中的內建模型使用的介面是完全統一的。語義分割模型的呼叫方式與 Mask R-CNN 模型的呼叫方式完全一致。下面以 deeplabv3_resnet101 模型為例，介紹其具體程式 (code_04_deeplabv3.py)。

程式檔案：code_04_deeplabv3.py

```python
01  import torch
02  import matplotlib.pyplot as plt
03  from PIL import Image
04  import numpy as np
05  from torchvision import models
06  from torchvision import transforms
07
08  # 獲取模型，如果本地快取沒有，則會自動下載
09  model = models.segmentation.deeplabv3_resnet101(pretrained=True)
10  model = model.eval()
11
12  # 在將圖片資料登錄網路之前，需要對圖片進行前置處理
13  transform = transforms.Compose([
14  transforms.Resize(256),          # 將圖片尺寸調整為 256×256
15  transforms.CenterCrop(224),      # 中心裁剪成 224×224
16  transforms.ToTensor(),           # 轉換成張量並歸一化到 [0, 1]
17  transforms.Normalize(            # 使用平均值、方差標準化
18    mean=[0.485, 0.456, 0.406],
19    std=[0.229, 0.224, 0.225]
20        )
21  ])
22  def preimg(img):                 # 定義圖片前置處理函數
23    if img.mode=='RGBA':           # 相容 RGBA 圖片
24      ch = 4
25      print('ch', ch)
26      a = np.asarray(img)[:, :, :3]
```

```
27      img = Image.fromarray(a)
28    return img
29
30  # 載入要預測的圖片
31  img = Image.open('./horse.jpg\)
32  plt.imshow(img)
33  plt.axis('off')
34  plt.show()                        # 顯示載入圖片
35  im =preimg( img )
36  # 對輸入資料進行維度擴充，成為 NCHW
37  inputimg = transform(im).unsqueeze(0)
38
39  # 顯示用 transform 轉化後的圖片
40  tt = np.transpose(inputimg.detach().numpy()[0], (1, 2, 0))
41  plt.imshow(tt)
42  plt.show()
43
44  output = model(inputimg)           # 將圖片輸入模型
45  print(" 輸出結果的形狀 ", output['out'].shape) # 輸出 [1, 21, 224, 224]
46  # 去掉批次維度，提取結果，形狀為 (21, 224, 224)
47  output = torch.argmax(output['out'].squeeze(),
48                        dim=0).detach().cpu().numpy()
49  resultclass = set(list(output.flat))
50  print(" 所發現的分類 :", resultclass)
51  def decode_segmap(image, nc=21):     # 定義函數，根據不同分類進行區域染色
52    label_colors = np.array([(0, 0, 0),      # 定義每個分類對應的顏色
53        (128, 0, 0), (0, 128, 0), (128, 128, 0), (0, 0, 128), (128, 0, 128),
54        (0, 128, 128), (128, 128, 128), (64, 0, 0), (192, 0, 0), (64, 128, 0),
55  (192, 128, 0), (64, 0, 128), (192, 0, 128), (64, 128, 128), (192, 128, 128),
56     (0, 64, 0), (128, 64, 0), (0, 192, 0), (128, 192, 0), (0, 64, 128)])
57   r = np.zeros_like(image).astype(np.uint8)   # 初始化 RGB
58   g = np.zeros_like(image).astype(np.uint8)
59   b = np.zeros_like(image).astype(np.uint8)
60
```

```
61   for l in range(0, nc):              # 根據預測結果進行染色
62      idx = image == l
63      r[idx] = label_colors[l, 0]
64      g[idx] = label_colors[l, 1]
65      b[idx] = label_colors[l, 2]
66
67   return np.stack([r, g, b], axis=2)  # 返回結果
68
69   rgb = decode_segmap(output)         # 呼叫函數對預測結果染色
70   img = Image.fromarray(rgb)
71   plt.axis('off')                     # 顯示模型的視覺化結果
72   plt.imshow(img)
```

deeplabv3_resnet101 模型的骨幹網路使用了 ResNet101 模型進行特徵提取，並對提取後的特徵使用 DeepLabv3 模型進行特徵處理，從而得到每個像素點的分類結果。

第 09 行程式呼叫內建模型，並使用預訓練權重進行初始化，其內部過程與 1.7.2 節一致。

第 13 ～ 21 行程式對輸入圖片進行前置處理，這部分與 1.7.3 節一致。

第 31 行程式將圖片輸入模型，進行預測。模型預測的輸出是一個 OrderedDict 結構。deeplabv3_resnet101 模型的圖片輸入尺寸是 [224,224]，輸出形狀是 [1,21,224,224]，21 代表 20+1(背景) 個類別。

第 47 行程式使用 argmax 函數在每個像素點的 21 個分類中選出機率值最大的索引，作為預測結果。

第 51 行程式定義了 decode_segmap 函數，對圖片中的每個像素點根據其所屬類別進行染色。不同的類別顯示不同的顏色。

程式執行後，輸出結果如下。

輸出結果的形狀 `torch.Size([1, 21, 224, 224])`
所發現的分類 : `{0, 13, 15}`

在輸出結果的最後一行可以看到，模型從圖中辨識出了兩個類別的內容。索引值 13 和 15 分別對應分類名稱「馬」和「人」。

同時，模型又輸出了圖片預測結果，如圖 2-5 所示。

(a) 原始圖片　　　　(b) 經過前置處理後的圖片　　　　(c) 語義分割後的圖片

▲ 圖 2-5　deeplabv3_resnet101 模型的預測結果

圖 2-5(a) ～ (c) 所示分別是原始圖片、經過前置處理後的圖片以及語義分割後的圖片。可以看到，模型成功的將人和馬辨識出來，並以不同的顏色來顯示。

2.3 基於視訊內容的處理任務

對視訊內容進行處理，也是機器視覺領域中的主要應用場景。與圖片內容處理不同，目前視訊內容處理的主要任務大多還是以人為主的，如基於人體的行為辨識、行人再辨識、人物追蹤、步態辨識等。

由於視訊內容可以被拆分成多張靜態圖片，因此基於視訊內容的處理任務是靜態圖片處理的高維處理任務。

在具體實現時，視訊內容的處理方法也根據實際任務的不同而差別很大。當前處理方法以光流、循環神經網路 (Recurrent Neural Network, RNN)、點雲、3D 卷積為主。

本節將透過一個完整的步態辨識實例，詳細講解視訊內容處理的想法與實現。

2.4 實例：用 GaitSet 模型分析人走路的姿態，並進行身份辨識

根據人走路的姿態進行身份辨識的任務叫作步態辨識。它屬於基於人體生物特徵進行辨識的範圍，在智慧視訊監控領域具有很高的實用價值。它可以繞過被辨識人的偽裝，直接根據其走路的姿態來辨識人物身份。

實例描述

撰寫模型對人走路的姿態進行分析，從而判斷出這個人是誰。

步態辨識系統的輸入不再是單張圖片，而是一段視訊。但在實際處理中，會將視訊按照一定的時間間隔進行取樣，變成一組圖片進行處理。

2.4.1 步態辨識的做法和想法

步態辨識的本質還是步態特徵的距離匹配，對人在多拍攝角度、多行走條件下進行特徵提取，得到基於個體的步態特徵，再用該特徵與其他個體進行比較，從而辨識出該個體的具體身份。步態辨識的主體想法如圖 2-6 所示。

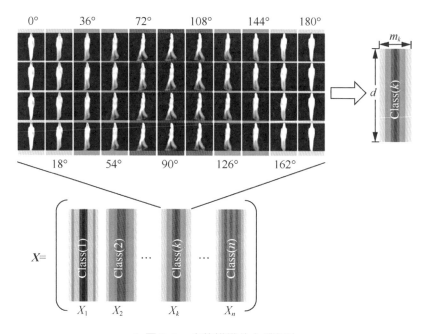

▲ 圖 2-6　步態辨識的主體想法

在步態辨識中，需要將一組圖片作為一個樣本。這比普通的圖片處理要複雜一些，因為在普通的圖片處理中，是用一張圖片代表一個樣本。然而從神經網路的角度來看，步態辨識的一組圖片也只是在代表圖片 [H, W, C] 的基礎之上，多出一個張數的維度而已。

在模型的實現上，主要分為以下 3 種方式。

- 整體處理：將輸入資料當作一個完整的 3D 圖片資料，來計算輸入資料在三維空間裡所表現的整體特徵。如對整體的輸入資料做 3D 卷積。

- 分散處理：將輸入資料當作由多張圖片組成的序列資料，先對單張圖片進行特徵處理，再對序列資料特徵進行處理。

- 混合處理：先對單張圖片進行基於人形特徵的前置處理 (如提取人形輪廓資料、人的姿態資料)，再將前置處理後的資料當作原始輸入，進行二次處理 (可以使用整體處理或分散處理)。

在這 3 種方式中，混合處理模式更為細緻，也更為靈活。在分散處理的過程中，又可以分為重視序列順序關係 (如基於慣性的步態辨識) 和不重視序列順序關係兩種做法。

本例將實現一個 GaitSet 模型，用來進行步態辨識。該模型的具體介紹見 2.4.2 節。

2.4.2　GaitSet 模型

GaitSet 模型屬於混合處理方式，該模型的二次處理部分使用了分散處理。具體詳情如下。

1. 前置處理部分

GaitSet 模型的前置處理部分，需要對視訊中抽離的圖片進行基於人物辨識的語義分割，得到基於人形的黑白輪廓圖，如圖 2-7 所示。

▲ 圖 2-7　黑白輪廓圖

圖 2-7 所示為 CASIA-B 資料集 (見 2.4.6 節) 中的部分樣本。

使用輪廓圖的好處是，直接可以將其看作單通道圖片。這樣基於人的多幀圖片，就可以被當作多通道圖片進行處理，即其形狀可以描述為 [批次個數 , 幀數 , 高度 , 寬度]。這與 RGB 形式的多通道圖片 (形狀為 [批次個數 , 通道數 , 高度 , 寬度]) 非常類似。

2. 特徵處理部分

GaitSet 模型採用分散處理，對每一張圖片計算特徵，再對多個特徵做聚合處理。其核心部分可以分為以下兩個部分。

- 多層全流程管線 (Multilayer Global Pipeline, MGP)：是一個類似 FPN 結構的網路模型，透過兩個分支進行下取樣處理，並在每次下取樣之後進行特徵融合。詳見 2.4.3 節。
- 水平金字塔池化 (Horizontal Pyramid Matching, HPM)：按照不同的水平尺度對特徵資料進行池化，並將池化結果匯集起來，從而豐富資料的鑑別特徵。

在訓練時，會將模型計算出的特徵用三元損失 (Triplet Loss) 進行最佳化，使其計算出的特徵與同類別特徵距離更近，與非同類別特徵距離更遠。

在使用時，具體步驟如下。

（1）對人物視訊進行抽幀取樣。
（2）對取樣資料進行處理，生成輪廓圖。
（3）將多張輪廓圖輸入模型得到特徵。
（4）將該特徵與資料庫中已有的特徵進行比較，找到與其距離最近的特徵，從而辨識出人物身份。

完整的 GaitSet 模型的流程如圖 2-8 所示。

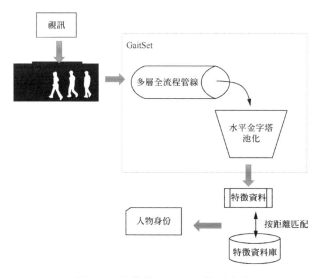

▲ 圖 2-8　完整的 GaitSet 模型的流程

本例在實現時，基本按照 GaitSet 模型論文中描述的結構進行開發，同時也對論文中的細節部分做了最佳化 (參見 arXiv 網站上編號為 "1811.06186" 的論文)。

2.4.3 多層全流程管線

多層全流程管線主要分為兩個分支：一個是主分支，另一個是輔助分支。

- 主分支用於對從視訊分離出來的多幀資料，基於全部圖片的特徵進行處理。採用「兩次卷積＋一次下取樣」操作進行特徵計算與降維處理。
- 輔助分支用於對從視訊分離出來的多幀資料，基於幀的特徵進行處理。輔助分支與主分支的處理同步，並對每次下取樣後的資料進行特徵提取，將提取後的幀特徵融合到主分支的特徵處理結果裡。

多層全流程管線的處理過程如圖 2-9 所示。

圖 2-9 所示的處理過程如下。

（1）在主分支中，對每一幀資料進行卷積處理。

（2）在主分支中，對卷積處理的結果進行下取樣處理。

（3）將下取樣結果分為兩份，一份用於主分支，另一份用於輔助分支。

（4）在主分支中，對下取樣結果進行基於幀特徵的提取。

（5）在主分支中，對第 (4) 步的結果做卷積操作。

（6）在輔助分支中，繼續對下取樣結果做卷積操作。

（7）在輔助分支的卷積操作之後，進行一次下取樣，並對下取樣結果進行基於幀特徵的提取。

（8）在主分支中，也同步做一次下取樣。

（9）將第 (6) 和 (7) 步的結果融合起來。

（10）繼續重複第 (5) ～ (9) 步的步驟。重複次數與網路規模和輸入尺寸有關。

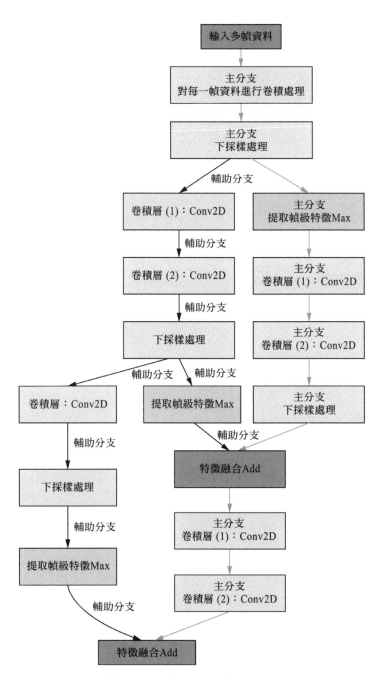

▲ 圖 2-9　多層全流程管線的處理過程

其中第 (4) 和 (7) 步基於幀的特徵提取部分使用了多特徵集合池化 (Set Pooling) 方法。經過測試發現直接使用取最大值池化的方法效果更好，而且該方法更為簡單。

第 (9) 步融合特徵的方式使用的是直接相加，也可以用 cat 函數將其拼接在一起。在本例中，使用的是簡單相加。

卷積神經網路的不同層能夠辨識不同的特徵，透過深層卷積的組合，可以增大模型在圖片中的了解區域。同時在主管道中，融合了從不同層提取的幀級特徵，使得模型計算的特徵中含有更豐富的整體特徵。

2.4.4 水平金字塔池化

水平金字塔池化是來自行人再辨識 (Person Re-Identification) 任務中的一種技術。它充分地利用了行人的不同局部空間資訊，使得在重要部件遺失的情況下，仍能正確辨識出候選行人，增強了行人辨識的穩固性 (參見 arXiv 網站上編號為 "1811.06186" 的論文)。

1. 行人再辨識任務

行人再辨識任務是從圖片或視訊序列中找到特定行人的任務。該任務屬於圖型檢索任務中的一種，常常與行人檢測、行人追蹤任務一起被應用在智慧視訊監控、智慧安保等領域。

2. HPM 模型的做法和原理

HPM 模型的做法是將圖片按照不同的水平尺度分成多個部分，然後將每個部分的全域平均池化和全域最大池化特徵融合到一起。HPM 模型的結構如圖 2-10 所示。

這種做法相當於引入了多尺度的局部資訊互助作用來緩解不對齊引起的離群值問題。其中每個局部的資訊透過全域平均池化與全域最大池化策略結合得出。全域平均池化可以感知空間條的全域資訊，並將背景上下文考慮進去。全域最大池化的目標是提取最具判別性的資訊並忽略無關資訊 (如背景、衣服等)。結合兩種池化得到的融合特徵更具有判別能力。

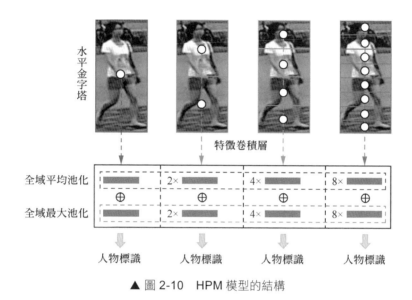

▲ 圖 2-10　HPM 模型的結構

在步態辨識實例中，使用了 HPM 模型作為整個網路的最後部分，對全連接層的特徵進行最佳化，提升了特徵的整體鑑別性。

2.4.5　三元損失

三元損失是根據 3 張圖片組成的三元組 (Triplet) 計算而得的損失 (Loss)。三元損失常用於基於樣本特徵進行匹配的模型中，如人臉辨識、步態辨識、行人再辨識等任務的模型中。

在每次提取特徵時，同步輸入與該樣本相同類別和不同類別的兩個樣本。利用監督學習，讓該樣本特徵與相同類別的樣本特徵間的差異越來越小，與不同類別的樣本特徵間的差異越來越大，如下頁圖 2-11 所示。

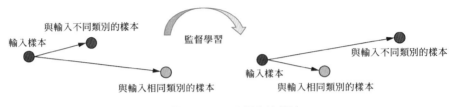

▲ 圖 2-11　三元損失演算法

從圖 2-11 中可以看到，透過監督學習，可以讓輸入樣本經過網路計算之後的特徵與相同類別的樣本特徵距離更近，與不同類別的樣本特徵距離更遠。

使用三元損失訓練的模型，其相同類別的特徵會更加相似。這解決了樣本特徵指向不明確的問題。

1. 三元損失的使用

在使用三元損失時，常會直接將一批次的輸入資料進行內部兩兩交換，並從中分出正向樣本 (類內距離) 和負向樣本 (類間距離)。這種方式可以保證與其他損失計算的介面統一，而又不需要額外開發選取正 / 負樣本的功能。

2. 三元損失中的間隔——margin

在計算損失時，需要讓正向樣本盡可能小，並且讓負向樣本盡可能大。其損失值如下。

$$\text{loss}_{\text{triplet}} = \text{dis}_p - \text{dis}_n \qquad (2\text{-}1)$$

其中 dis_p 代表正向樣本，dis_n 代表負向樣本。而訓練過程就是要讓二者的差 losstriplet 盡可能小。

但在實際訓練過程中，使用式 (2-1) 有可能會使 dis_p 與 dis_n 同時變小。於是在裡面加一個間隔，使得 losstriplet 在保持一定距離的情況下不斷變小。最佳化後的公式如下。

$$\text{loss}_{\text{triplet}} = \text{dis}_p - \text{dis}_n + \text{margin} \qquad (2\text{-}2)$$

在實際訓練過程中，margin 是一個常數，常設定值為 0.2。同時會為 $\text{loss}_{\text{triplet}}$ 加一個 ReLU 啟動函數，即只對大於 0 的 $\text{loss}_{\text{triplet}}$ 做最佳化。對於小於等於 0 的 $\text{loss}_{\text{triplet}}$，將其視為符合間隔距離，不再最佳化。

3. 三元損失的模式──hard 與 full

hard 與 full 是三元損失的兩種模式。預設是 full 模式，即對所有的正向樣本和負向樣本進行損失值的計算。

hard 模式與 full 模式不同，hard 模式只對最小的正向樣本和最大的負向樣本進行損失值的計算，意在最佳化特徵並使其指向偏離最大的樣本。採用 hard 模式，運算量會更小。

2.4.6 樣本介紹：CASIA-B 資料集

本例使用的是前置處理後的 CASIA-B 資料集，資料集下載網址如下。

`http://www.cbsr.ia.ac.cn/china/Gait%20Databases%20CH.asp`

該資料集是一個大規模的、多角度的步態資料庫。其中包括 124 個人，每個人有 11 個角度 (0°, 18°, 36°, …, 180°)，在 3 種行走條件 (普通、穿大衣、攜帶包裹) 下擷取。CASIA-B 資料集如圖 2-12 所示。

▲ 圖 2-12 CASIA-B 資料集

CASIA-B 資料集有視訊和輪廓兩種形式。本例直接使用輪廓資料集進行訓練，如圖 2-13(a) 所示。

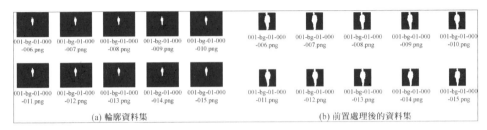

(a) 輪廓資料集　　　　　　　　　　(b) 前置處理後的資料集

▲ 圖 2-13　CASIA-B 的輪廓資料集

在本例中，對 CASIA-B 的輪廓資料集做二次處理，將圖片中人物的頂端和底部背景去掉，方便模型的訓練。前置處理後的資料集如圖 2-13(b) 所示。

前置處理後的資料集在書附資源 perdata.tar.gz 檔案中。資料集的目錄結構如圖 2-14 所示。

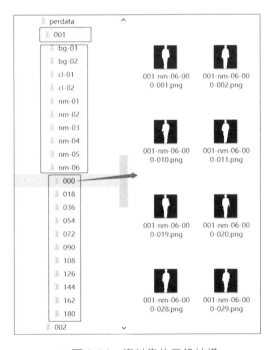

▲ 圖 2-14　資料集的目錄結構

從圖 2-14 中可以看到，從上到索引注了 3 個框，分別代表人物、行走條件和拍攝角度 3 部分。最深層的資料夾是以拍攝角度命名的，該資料夾中存放的是從行走視訊抽樣並處理後的圖片。

3 種行走條件的具體分類如下。

- 普通：資料夾 bg-01、bg-02。
- 穿大衣：資料夾 cl-01、cl-02。
- 攜帶包裹：資料夾 nm-01、nm-02、nm-03、nm-04、nm-05、nm-06。

2.4.7 程式實現：用 torch.utils.data 介面封裝資料集

定義 load_data 函數載入前置處理後的 CASIA-B 輪廓資料集，並使用 torch.utils.data 介面將其封裝成程式可用的資料集物件。

1. 實現 load_data 函數封裝資料集

load_data 函數完成了整體資料集的封裝，主要分為以下 3 個步驟。

（1）以人物作為標籤，將完整的資料集分為兩部分，分別用於訓練和測試。
（2）分別根據訓練集和測試集中的人物標籤遍歷資料夾，獲得對應的圖片檔案名稱。
（3）用 torch.utils.data 介面將圖片檔案名稱轉化為資料集，使其能夠將圖片載入並返回。

具體程式如下。

程式檔案：code_05_ DataLoader.py

```
01   import numpy as np# 引入基礎函數庫
02   import os
03   import torch.utils.data as tordata
```

```
04   from PIL import Image
05   from tqdm import tqdm
06   import random
07
08   # 定義函數，載入資料夾的檔案名稱
09   def load_data(dataset_path, imgresize, label_train_num, label_shuffle ):
10
11     label_str= sorted(os.listdir(dataset_path) )# 以人物為標籤
12     # 將不完整的樣本忽略，只載入完整樣本
13     removelist = ['005', '026', '037', '079', '109', '088', '068', '048']
14     for removename in removelist:
15       if removename in label_str:
16         label_str.remove(removename)
17
18     print("label_str:", label_str)
19     label_index = np.arange( len(label_str) )# 序列陣列
20
21     if label_shuffle:
22       np.random.seed(0)
23       # 打亂陣列順序
24       label_shuffle_index = np.random.permutation( len(label_str)  )
25       train_list =  label_shuffle_index[0:label_train_num]
26       test_list =   label_shuffle_index[label_train_num: ]
27     else:
28       train_list =  label_index[0:label_train_num]
29       test_list =   label_index[label_train_num: ]
30
31     print(train_list, test_list)
32     # 載入人物串列中的圖片檔案名稱
33     data_seq_dir, data_label, meta_data = load_dir(dataset_path,
34                                             train_list, label_str)
35     test_data_seq_dir, test_data_label, test_meta_data=load_dir(
36                               dataset_path, test_list, label_str)
37     # 將圖片檔案名稱轉化為資料集
```

```
38    train_source = DataSet(data_seq_dir,data_label,meta_data,imgresize)
39    # 測試資料不快取
40    test_source = DataSet(test_data_seq_dir,test_data_label,
41                          test_meta_data,imgresize,False)
42
43    return train_source, test_source
```

第 13 行程式對資料集中樣本不完整的人物標籤進行過濾，留下可用樣本。程式中不完整的人物標籤可以透過呼叫 load_dir 函數來尋找（詳見後文）。

第 19 ～ 29 行程式根據亂數標識來處理樣本標籤順序，並將其分為訓練集和測試集。

第 33、35 行程式呼叫 load_dir 函數，將標籤串列所對應的圖片檔案名稱載入。

第 38、40 行程式呼叫自訂類別 DataSet，返回 PyTorch 支持的資料集物件，且只對訓練集進行快取處理，測試集不做快取處理。

2. 實現 load_dir 函數載入圖片檔案名稱

在 load_dir 函數中，透過資料夾的逐級遍歷，將標籤串列中每個人物的圖片檔案名稱載入。該函數返回 3 個串列物件：圖片檔案名稱、圖片檔案名稱對應的標籤索引、圖片檔案名稱對應的中繼資料 (人物、行走條件、拍攝角度)。

具體程式如下。

程式檔案：code_05_ DataLoader.py（續）

```
44  def load_dir( dataset_path, label_index, label_str):
45    data_seq_dir, data_label, meta_data= [], [], []
46    for i_label in label_index:      # 獲取樣本個體
```

```
47              # 拼接目錄
48              label_path = os.path.join(dataset_path, label_str[i_label])
49              # 獲取樣本類型，如普通、穿大衣、攜帶包裹
50              for _seq_type in sorted(os.listdir(label_path)):
51                  seq_type_path = os.path.join(label_path, _seq_type)# 拼接目錄
52                  for _view in sorted(os.listdir(seq_type_path)):  # 獲取拍攝角度
53                      _seq_dir = os.path.join(seq_type_path, _view)  # 拼接圖片目錄
54                      if len( os.listdir(_seq_dir))>0:      # 有圖片
55                          data_seq_dir.append(_seq_dir)       # 圖片目錄
56                          data_label.append( i_label )        # 圖片檔案名稱對應的標籤
57                          meta_data.append((label_str[i_label], _seq_type, _view) )
58                      else:
59                          print("No files:", _seq_dir)        # 輸出樣本不完整的標籤
60      return  data_seq_dir, data_label, meta_data    # 返回結果
```

第 59 行程式用於輸出資料集中樣本不完整的標籤。當發現某個標籤資料夾中沒有圖片時，會將該標籤輸出。在使用時，可以先用 load_dir 函數將整個資料集遍歷一遍，並根據輸出的樣本不完整的標籤，回填到第 13 行程式。

3. 實現自訂資料集類別 DataSet

PyTorch 提供了一個 torch.utils.data 介面，可以用來對資料集進行封裝。在實現時，只需要繼承 torch.utils.data.Dataset 類別，並多載其 __getitem__ 方法。在使用時，框架會向 __getitem__ 方法傳入索引 index。在 __getitem__ 內部，根據指定 index 載入資料。具體程式如下。

程式檔案：code_05_ DataLoader.py（續）

```
61  class DataSet(tordata.Dataset):
62    def __init__(self, data_seq_dir, data_label,      # 初始化
63                  meta_data, imgresize, cache=True):
64      self.data_seq_dir = data_seq_dir                # 圖片檔案名稱
65      self.data = [None] * len(self.data_seq_dir)     # 存放圖片
```

```
66        self.cache = cache                          # 快取標識
67        self.meta_data = meta_data                  # 資料的詮譯資訊
68        self.data_label = np.asarray(data_label)    # 存放標籤
69        self.imgresize = int(imgresize)             # 載入的圖片大小
70        self.cut_padding = int(float(imgresize)/64*10)  # 指定圖片裁剪的大小
71
72    def load_all_data(self):                        # 載入所有資料
73        for i in tqdm (range(len(self.data_seq_dir)) ):
74            self.__getitem__(i)
75
76    def __loader__(self, path):                     # 讀取圖片並裁剪
77        frame_imgs = self.img2xarray( path)/ 255.0
78        # 將圖片橫軸方向的前 10 列和後 10 列去掉
79        frame_imgs = frame_imgs[:, :, self.cut_padding:-self.cut_padding]
80        return frame_imgs
81
82    def __getitem__(self, index):                   # 載入指定索引資料
83        if self.data[index] is None:                # 第一次載入
84            data = self.__loader__(self.data_seq_dir[index])
85        else:
86            data = self.data[index]
87        if self.cache:                              # 儲存到快取裡
88            self.data[index] = data
89        return data, self.meta_data[index], self.data_label[index]
90
91    def img2xarray(self, flie_path):                # 讀取指定路徑的資料
92        frame_list = []                             # 存放圖片資料
93        imgs = sorted(list(os.listdir(flie_path)))
94
95        for _img in imgs:                           # 讀取圖片，放到陣列裡
96            _img_path = os.path.join(flie_path, _img)
97            if os.path.isfile(_img_path):
98                img =np.asarray(Image.open(img_path).resize(
99                            (self.imgresize, self.imgresize)  ) )
```

```
100            if len( img.shape)==3:                    # 載入前置處理後的圖片
101                frame_list.append(img[..., 0])
102            else:
103                frame_list.append(img)
104
105        return np.asarray( frame_list, dtype=np.float ) #[ 幀數，高度，寬度 ]
106
107    def __len__(self):                               # 計算資料集長度
108        return len(self.data_seq_dir)
```

第 76 行程式對載入的資料進行裁剪。

4. 測試資料集

在完成資料集的製作之後，撰寫程式測試。將樣本資料夾 perdata 放到目前的目錄下，並撰寫程式生成資料集物件。

從資料集物件中取出一筆資料，並顯示該資料的詳細內容。具體程式如下。

程式檔案：code_06_train.py

```
01   import os                                    # 載入基礎函數庫
02   import numpy as np
03   from datetime import datetime
04   import sys
05   from functools import partial
06   import matplotlib.pyplot as plt              # plt 用於顯示圖片
07
08   import torchvision
09   import torch.nn as nn                        # 載入 PyTorch 函數庫
10   import torch
11   import torch.utils.data as tordata
12   from ranger import *
13
14   from code_05_DataLoader import load_data     # 載入本專案模組
```

```
15
16   # 輸出當前版本
17   print("torch v:", torch.__version__, " cuda v:", torch.version.cuda)
18
19   pathstr = 'perdata'
20   label_train_num = 70                    # 訓練資料集的個數，剩下是測試資料集
21
22   dataconf= {
23     'dataset_path': pathstr,
24     'imgresize': '64',
25     'label_train_num': label_train_num、# 訓練資料集的個數，剩下是測試資料集
26     'label_shuffle': True,
27   }
28   print(" 載入訓練資料 ...")
29   train_source, test_source = load_data(**dataconf) # 一次全載入
30   print(" 訓練資料集長度 :", len(train_source)) #label_num* type10* view11
31
32   # 顯示資料集裡的標籤
33   train_label_set = set(train_source.data_label)
34   print(" 資料集裡的標籤 :", train_label_set)
35
36   # 獲取一筆資料
37   dataimg, matedata,labelimg = train_source.__getitem__(4)
38   / print(" 樣本資料形狀 :", dataimg.shape,
39           " 資料的詮譯資訊 :", matedata,
40           " 資料標籤索引 :", labelimg)
41
42   plt.imshow(dataimg[0])                   # 顯示單張圖片
43   plt.axis('off')                         # 不顯示座標軸
44   plt.show()
45
46   def imshow(img):                        # 定義函數，顯示多張圖片
47     print(" 圖片形狀 :", np.shape(img))
48     npimg = img.numpy()
```

```
49     plt.axis('off')
50     plt.imshow(np.transpose(npimg, (1, 2, 0)))
51
52     # 顯示多張圖片
53     imshow(torchvision.utils.make_grid(torch.from_numpy(dataimg[-10:]).un
       squeeze(1), nrow=10))
```

第 29 行程式呼叫 load_data 函數，分別生成訓練和測試資料集物件。

第 37 行程式從資料集中獲取一筆資料，並顯示其詳細資訊。

程式執行後，輸出結果如下。

```
    torch v: 1.5.0  cuda v: 10.1
    載入訓練資料 ...
  label_str: ['001', '002', '003', '004', '006', '007', '008', '009',
'010', '011', '012', '013', '014', '015', '016', '017', '018', '019',
'020', '021', '022', '023', '024', '025', '027', '028', '029', '030',
'031', '032', '033', '034', '035', '036', '038', '039', '040', '041',
'042', '043', '044', '045', '046', '047', '049', '050', '051', '052',
'053', '054', '055', '056', '057', '058', '059', '060', '061', '062',
'063', '064', '065', '066', '067', '069', '070', '071', '072', '073',
'074', '075', '076', '077', '078', '080', '081', '082', '083', '084',
'085', '086', '087', '089', '090', '091', '092', '093', '094', '095',
'096', '097', '098', '099', '100', '101', '102', '103', '104', '105',
'106', '107', '108', '110', '111', '112', '113', '114','115', '116', '117',
'118', '119', '120', '121', '122', '123', '124']
    訓練資料集長度 :7700
    資料集裡的標籤 : {0, 1, 2, 3, 4, 5, 6, 7, 8, 10, 11, 13, 15, 16, 17, 18,
22, 23, 24, 26, 27, 28, 30, 33, 34, 35, 38, 40, 41, 42, 43, 45, 48, 50, 51,
52, 53, 54, 55, 56, 59, 60, 61, 62, 63, 66, 68, 71, 73, 74, 76, 78, 84, 86,
90, 91, 92, 93, 94,95, 96, 97, 100, 101, 104, 106, 107, 108, 111, 115}
    樣本資料形狀 :(70, 64, 44)，資料的詮譯資訊 :('012', 'bg-01', '072')，資料
標籤索引 :10
```

從輸出結果可以看出，訓練資料集長度為 7700，該資料集由 70 個標籤組成，每個標籤中有 10 個行走條件，每個行走條件中又包含 11 個角度。

輸出結果的最後一行，顯示了資料集中的一筆資料，該資料一共有 70 幀圖片，每幀圖片的大小為 [64,44]。單張圖片資料如圖 2-15 所示。

▲ 圖 2-15　單張圖片資料

圖 2-15 所示為 70 幀資料中的第一幀資料。將其最後 10 幀資料取出，並視覺化 (見第 46 ～ 53 行程式)，其結果如圖 2-16 所示。

▲ 圖 2-16　多張圖片資料

2.4.8　程式實現：用 torch.utils.data.sampler 類別創建含多標籤批次資料的取樣器

步態辨識模型需要透過三元損失進行訓練。在 2.4.5 節介紹過，三元損失可以輔助模型特徵提取的取向，使相同標籤的特徵距離更近，不同標籤的特徵距離更遠。

由於三元損失需要輸入的批次資料中，要包含不同標籤 (這樣才可以使用矩陣方式進行正 / 負樣本的取樣)，需要額外對資料集進行處理。這裡使用自訂取樣器完成含有不同標籤資料的取樣功能。

1. 實現自訂取樣器

可以直接繼承 torch.utils.data.sampler 類別，實現自訂取樣器。torch.utils.data.sampler 類別需要配合 torch.utils.data.DataLoader 模組一起使用。

torch.utils.data.DataLoader 是 PyTorch 中的資料集處理介面。它會根據 torch.utils.data.sampler 類別的取樣索引，在資料來源中取出指定的資料，並放到 collate_fn 中進行二次處理，最終返回所需的批次資料。

可透過程式實現自訂取樣器 TripletSampler 類別，來從資料集中選取不同標籤的索引，並將其返回。再將兩個 collate_fn 函數 collate_fn_for_train、collate_fn_for_test 分別用於對訓練資料和測試資料的二次處理。具體程式如下。

程式檔案：code_05_ DataLoader.py（續）

```
109 class TripletSampler(tordata.sampler.Sampler):  # 定義取樣器
110   def __init__(self, dataset, batch_size):
111     self.dataset = dataset              # 獲得資料集
112     self.batch_size = batch_size        # 獲得批次參數，形狀為 ( 標籤個數，
                                            # 樣本個數 )
113
114     self.label_set = list( set(dataset.data_label)) # 標籤集合
115
116   def __iter__(self):                   # 實現取樣的設定值過程
117     while (True):
118       sample_indices = []
119       # 隨機取出指定個數的標籤
120       label_list = random.sample( self.label_set , self.batch_size[0])
121       # 在每個標籤中取出指定個數的樣本
122       for _label in label_list:         # 按照標籤個數迴圈
123         data_index = np.where(self.dataset.data_label==_label)[0]
124         index =  np.random.choice(data_index,
125                               self.batch_size[1], replace=False)
```

```
126          sample_indices += _index.tolist()
127       yield np.asarray(sample_indices)  # 以生成器的形式返回
128
129   def __len__(self):
130     return len(self.dataset)              # 計算長度
131
132 def collate_fn_for_train( batch, frame_num): # 用於訓練資料的取樣器處理函數
133   batch_data, batch_label, batch_meta = [], [], []
134   batch_size = len(batch)                  # 獲得資料的筆數
135   for i in range(batch_size):              # 依次對每筆資料進行處理
136     batch_label.append(batch[i][2])    # 增加資料的標籤
137     batch_meta.append(batch[i][1])        # 增加資料的詮譯資訊
138     data = batch[i][0]                    # 獲取該資料的幀樣本資訊
139     if data.shape[0] < frame_num:        # 如果幀數少，隨機加入幾個
140       # 複製幀，用於幀數很少的情況
141       multy = (frame_num-data.shape[0])//data.shape[0]+1
142       # 額外隨機加入的幀的個數
143       choicenum = (frame_num-data.shape[0])%data.shape[0]
144       choice_index =np.random.choice( data.shape[0] ,
145                              choicenum, replace=False)
146       choice_index = list(
147             range(0, data.shape[0]))*multy+ choice_index.tolist()
148     else:                                # 隨機取出指定個數的幀
149       choice_index =np.random.choice( data.shape[0] ,
150           frame_num, replace=False)
151
152     batch_data.append( data[choice_index]  )# 增加指定個數的幀資料
153   # 重新組合成用於訓練的樣本資料
154   batch = [np.asarray(batch_data), batch_meta, batch_label]
155   return batch
156
157 def collate_fn_for_test( batch, frame_num):# 用於測試資料的取樣器處理函數
158   batch_size = len(batch)                # 獲得資料的筆數
159   batch_frames = np.zeros(batch_size, np.int)
```

```
160    batch_data, batch_label, batch_meta = [], [], []
161    for i in range(batch_size):              # 依次對每筆資料進行處理
162      batch_label.append(batch[i][2])        # 增加資料的標籤
163      batch_meta.append(batch[i][1])         # 增加資料的詮譯資訊
164      data = batch[i][0]                     # 獲取該資料的幀樣本資訊
165      if data.shape[0] < frame_num:          # 如果幀數少，隨機加入幾個
166        print(batch_meta,data.shape[0] )
167        multy = (frame_num-data.shape[0])//data.shape[0]+1
168        choicenum = (frame_num-data.shape[0])%data.shape[0]
169        choice_index =np.random.choice( data.shape[0] ,
170                                       choicenum, replace=False)
171        choice_index = list(
172              range(0, data.shape[0]))*multy+ choice_index.tolist()
173        data = np.asarray(data[choice_index])
174      batch_frames[i] = data.shape[0]# 保證所有的幀數都大於等於 frame_num
175      batch_data.append( data )
176    max_frame = np.max(batch_frames)  # 獲取最大的幀數
177    # 對其他幀進行補 0 對齊
178    batch_data = np.asarray([ np.pad(batch_data[i],
179            ((0, max_frame - batch_data[i].shape[0]), (0, 0), (0, 0)),
180            'constant', constant_values=0)
181              for i in range(batch_size)])
182    # 重新組合成用於訓練的樣本資料
183    batch = [batch_data, batch_meta, batch_label]
184    return batch
```

第 109 ～ 130 行程式是取樣器 TripletSampler 類別的實現，在該類別的初始化函數中，支援兩個參數傳入：資料集與批次參數。其中批次參數包含兩個維度的批次大小，分別是標籤個數與樣本個數。

在取樣器 TripletSampler 類別的 __iter__ 方法中，從資料集中隨機取出指定個數的標籤，並在每個標籤中取出指定個數的樣本，最終以生成器的形式返回。

第 132、157 行程式分別定義了兩個 collate_fn 函數。

collate_fn_for_train：用於生成訓練資料的取樣器處理函數。該函數會對取樣器傳入的批次資料進行重組，並對每筆資料按照指定幀數 frame_num 進行取出。同時也要保證每筆資料的幀數都大於等於幀數 frame_num。如果幀數小於 frame_num，則為其增加重複幀。

collate_fn_for_test：用於生成測試資料的取樣器處理函數。該函數會對取樣器傳入的批次資料進行重組，並按照批次資料中最大幀數進行補 0 對齊。同時也要保證每筆資料的幀數都大於等於幀數 frame_num。如果幀數小於 frame_num，則為其增加重複幀。

2. 測試取樣器

在 2.4.7 小節測試資料集的程式的基礎上，增加測試取樣器的功能。具體程式如下。

程式檔案：code_06_train.py（續）

```
54  from code_05_DataLoader import TripletSampler, collate_fn_for_train
55
56  batch_size = (4, 8)      # 定義批次（取 4 個標籤，每個標籤 8 筆資料）
57  frame_num = 32           # 定義幀數
58
59  num_workers = torch.cuda.device_count() # 設定取樣器的執行緒數
60  print( "cuda.device_count", num_workers )
61  if num_workers<=1:       # 如果只有一個 GPU 或沒有 GPU，則使用主執行緒
62    num_workers =0
63  print( "num_workers", num_workers )
64
65  # 實例化取樣器
66  triplet_sampler = TripletSampler(train_source, batch_size)
67  # 初始化取樣器的處理函數
68  collate_train = partial(collate_fn_for_train, frame_num=frame_num)
```

```
69   # 定義資料載入器：每次迭代，按照取樣器的索引在 train_source 中取出資料
70   train_loader = tordata.DataLoader( dataset=train_source,
71     batch_sampler=triplet_sampler, collate_fn=collate_train,
72     num_workers=num_workers)
73
74   # 從資料載入器中取出一筆資料
75   batch_data, batch_meta, batch_label = next(iter(train_loader))
76   print(len(batch_data), batch_data.shape )   # 輸出該資料的詳細資訊
77   print(batch_label)                          # 輸出該資料的標籤
```

第 66 行程式實例化取樣器，得到物件 triplet_sampler。

第 68 行程式用偏函數的方法對取樣器的處理函數進行初始化。

第 70 ～ 72 行程式將物件 triplet_sampler 和取樣器的處理函數 collate_train 傳入 tordata DataLoader，得到一個可用於訓練的資料載入器物件 train_loader。期間，也對資料載入器額外啟動處理程序的數量進行了設定。如果額外啟動處理程序的數量 num_workers 是 0，則在載入資料時不額外啟動其他處理程序。

第 75 ～ 77 行程式從資料載入器中取出一筆資料，並輸出該資料的詳細資訊和標籤。

程式執行後，輸出結果如下。

```
cuda.device_count 1
num_workers 0
32 (32, 32, 64, 44)
[40, 40, 40, 40, 40, 40, 40, 40, 10, 10, 10, 10, 10, 10, 10, 10, 5, 5, 5,
5, 5, 5, 5, 5, 55, 55, 55, 55, 55, 55, 55, 55]
```

輸出結果一共包含 5 行內容，具體解釋如下。

■ 第 1 行：當前 GPU 的數量。

- 第 2 行：資料載入器額外啟動處理程序的數量。
- 第 3 行：該批次資料的總長度 32(4 個標籤，每個標籤 8 筆資料)，每筆資料的形狀為 (32, 32, 64, 44)。
- 第 4、5 行：該批次資料的標籤。

> **注意**
>
> 在設定資料載入器額外啟動處理程序的數量時，最好要與 GPU 數量匹配，即一個處理程序服務於一個 GPU。如果額外啟動處理程序的數量遠遠大於 GPU 數量，則性能瓶頸主要會卡在 GPU 執行的地方，起不到提升效率的作用。

2.4.9 程式實現：架設 GaitSet 模型

GaitSet 模型的定義分為兩部分：Basic Convzol(基礎卷積) 類別和 GaitSetNet 類別。

1. 定義基礎卷積類別

定義一個基礎卷積類別，對原始卷積函數進行封裝。在卷積結束後，用 Mish 啟動函數和批次正則化處理對特徵進行二次處理。具體程式如下。

程式檔案：code_07_gaitset.py

```
01  import torch                               # 載入 PyTorch 函數庫
02  import torch.nn as nn
03  import torch.autograd as autograd
04  import torch.nn.functional as F
05
06  class BasicConv2d(nn.Module):               # 定義基礎卷積類別
07      def __init__(self, in_channels, out_channels, kernel_size, **kwargs):
08          super(BasicConv2d, self).__init__()
```

```
09        self.conv = nn.Conv2d(in_channels, out_channels, kernel_size,
10                               bias=False, **kwargs)     # 卷積操作
11        self.BatchNorm = nn.BatchNorm2d(out_channels )  #BN 操作
12
13      def forward(self, x):                            # 定義前向傳播方法
14        x = self.conv(x)
15        x =x *( torch.tanh(F.softplus(x)))             # 實現 Mish 啟動函數
16        return self.BatchNorm (x)                      # 返回卷積結果
```

由於 PyTorch 中沒有現成的 Mish 啟動函數，在第 15 行程式中，手動實現了 Mish 啟動函數，並進行呼叫。

2. 定義 GaitSetNet 類別的結構

定義 GaitSetNet 類別，實現 GaitSet 模型的結構架設，具體步驟如下。

（1）實現 3 個 MGP。

（2）對 MGP 的結果進行 HPM 處理。

其中每層 MGP 的結構是由兩個卷積層加一次下取樣組成的。在主分支下取樣之後，與輔助分支所提取的幀級特徵加和，傳入下一個 MGP 中。具體程式如下：

程式檔案：code_07_gaitset.py（續）

```
17   class GaitSetNet(nn.Module):          # 定義 GaitSetNet 類別
18     def __init__(self, hidden_dim, frame_num):
19       super(GaitSetNet, self).__init__()
20       self.hidden_dim = hidden_dim      # 輸出的特徵維度
21       # 定義 MGP 部分
22       cnls = [1, 32, 64, 128]           # 定義卷積層通道數量
23       self.set_layer1 = BasicConv2d(cnls[0], cnls[1], 5, padding=2)
24       self.set_layer2 = BasicConv2d(cnls[1], cnls[1], 3, padding=1)
25       self.set_layer1_down = BasicConv2d(cnls[1], cnls[1], 2, stride = 2)
26
```

```
27    self.set_layer3 = BasicConv2d(cnls[1], cnls[2], 3, padding=1)
28    self.set_layer4 = BasicConv2d(cnls[2], cnls[2], 3, padding=1)
29    self.set_layer2_down = BasicConv2d(cnls[2], cnls[2], 2, stride = 2)
30    self.gl_layer2_down = BasicConv2d(cnls[2], cnls[2], 2, stride = 2)
31
32    self.set_layer5 = BasicConv2d(cnls[2], cnls[3], 3, padding=1)
33    self.set_layer6 = BasicConv2d(cnls[3], cnls[3], 3, padding=1)
34
35    self.gl_layer1 = BasicConv2d(cnls[1], cnls[2], 3, padding=1)
36    self.gl_layer2 = BasicConv2d(cnls[2], cnls[2], 3, padding=1)
37    self.gl_layer3 = BasicConv2d(cnls[2], cnls[3], 3, padding=1)
38    self.gl_layer4 = BasicConv2d(cnls[3], cnls[3], 3, padding=1)
39
40    self.bin_num = [1, 2, 4, 8, 16]        # 定義 HPM 部分
41    self.fc_bin = nn.ParameterList([
42      nn.Parameter(
43        nn.init.xavier_uniform_(
44          torch.zeros(sum(self.bin_num) * 2, 128, hidden_dim)))])
45
46  def frame_max(self, x, n):              # 用最大特徵方法提取幀級特徵
47    return torch.max(x.view(n, -1, x.shape[1], x.shape[2], x.shape[3]),
48                     1)[0]                # 取 max 後的值
49
50  def forward(self, xinput):              # 定義前向傳播方法
51    n= xinput.size()[0]                   # 形狀為 [ 批次個數，幀數，高度，寬度 ]
52    x = xinput.reshape(-1, 1, xinput.shape[-2], xinput.shape[-1])
53    del xinput                            # 刪除不用的變數
54    #MGP 第一層
55    x = self.set_layer1(x)
56    x = self.set_layer2(x)
57    x = self.set_layer1_down(x)
58    gl = self.gl_layer1(self.frame_max(x,n))  # 將每一層的幀取最大值
59    #MGP 第二層
60    gl = self.gl_layer2(gl)
```

```
61      gl = self.gl_layer2_down(gl)
62      x = self.set_layer3(x)
63      x = self.set_layer4(x)
64      x = self.set_layer2_down(x)
65      gl = self.gl_layer3(gl + self.frame_max(x,n))
66      # MGP 第三層
67      gl = self.gl_layer4(gl)
68      x = self.set_layer5(x)
69      x = self.set_layer6(x)
70      x = self.frame_max(x,n)
71      gl = gl + x
72
73      feature = list()                    # 用於存放 HPM 特徵
74      n, c, h, w = gl.size()
75      for num_bin in self.bin_num:        # HPM 處理
76        z = x.view(n, c, num_bin, -1)
77        z = z.mean(3) + z.max(3)[0]
78        feature.append(z)
79        z = gl.view(n, c, num_bin, -1)
80        z = z.mean(3) + z.max(3)[0]
81        feature.append(z)
82      # 對 HPM 特徵中的特徵維度進行轉化
83      feature = torch.cat(feature, 2).permute(2, 0, 1).contiguous()
84      feature = feature.matmul(self.fc_bin[0])
85      feature = feature.permute(1, 0, 2).contiguous()
86
87      return feature                      # 返回結果
```

第 25、29、30 行程式為下取樣操作。該下取樣操作是透過步進值為 2 的 2×2 卷積實現的。

第 46 行程式實現了提取幀級特徵的方法。該方法呼叫了 torch.max 函數，從形狀為 [批次個數 , 幀數 , 通道數 , 高度 , 寬度] 的特徵中，沿著幀

維度，提取最大值，最終得到形狀為 [批次個數 , 通道數 , 高度 , 寬度] 的
特徵提取幀級特徵的過程，如圖 2-17 所示。

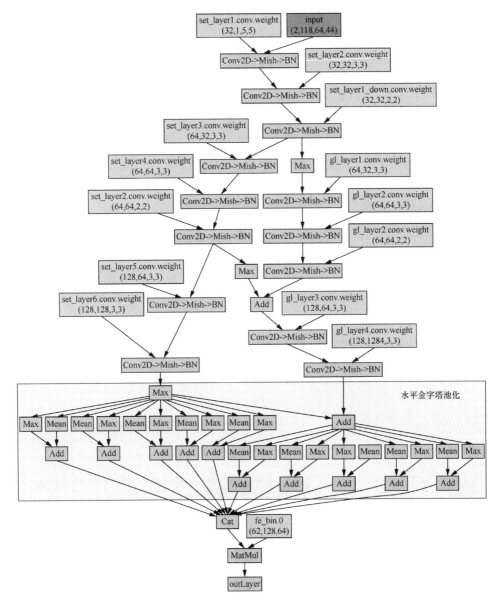

▲ 圖 2-17　提取幀級特徵的過程

torch.max 函數會返回兩個值，一個是最大值，另一個是最大值的索引。這裡直接取最大值，所以在第 48 行程式的最後加了一個 [0]。

第 73 ～ 81 行程式在 HPM 處理中，按照定義的特徵尺度 self.bin_num，將輸入特徵分成不同尺度，並對每個尺度的特徵進行平均值和最大化計算，從而組合成新的特徵，放到串列 feature 中。

第 83 ～ 85 行程式將每個特徵維度由 128 轉化為指定的輸出的特徵維度 hidden_dim。因為輸入資料是三維的，無法直接使用全連接 API，所以使用矩陣相乘的方式實現三維資料按照最後一個維度進行全連接的效果。

2.4.10 程式實現：自訂三元損失類別

定義三元損失 (TripletLoss) 類別，實現三元損失的計算。具體步驟如下。

（1）對輸入樣本中的標籤進行每兩個一組自由組合，生成標籤矩陣。
（2）從標籤矩陣中得到正 / 負樣本對的隱藏。
（3）對輸入樣本中的特徵進行每兩個一組自由組合，生成特徵矩陣。
（4）計算出特徵矩陣的歐氏距離。
（5）按照正 / 負樣本對的隱藏，對帶有距離的特徵矩陣進行提取，得到正 / 負兩種標籤的距離。
（6）將正 / 負兩種標籤的距離相減，再減去間隔值，得到三元損失。

具體程式如下。

程式檔案：code_07_gaitset.py（續）

```
88   class TripletLoss(nn.Module):                      # 定義三元損失類別
89     def __init__(self, batch_size, hard_or_full, margin):# 初始化
90       super(TripletLoss, self).__init__()
91       self.batch_size = batch_size
92       self.margin = margin                           # 正 / 負樣本的三元損失間隔
93       self.hard_or_full = hard_or_full               # 三元損失方式
```

```
94
95    def forward(self, feature, label):          # 定義前向傳播方法
96      n, m, d = feature.size()                  # 形狀為 [n, m, d]
97      # 生成標籤矩陣，並從中找出正 / 負樣本對的隱藏。輸出形狀 [n, m, m] 並展開
98      hp_mask = (label.unsqueeze(1) == label.unsqueeze(2)).view(-1)
99      hn_mask = (label.unsqueeze(1) != label.unsqueeze(2)).view(-1)
100
101     dist = self.batch_dist(feature)           # 計算出特徵矩陣的距離
102     mean_dist = dist.mean(1).mean(1)          # 計算所有的平均距離
103     dist = dist.view(-1)
104
105     # 計算三元損失的 hard 模式
106     hard_hp_dist = torch.max(torch.masked_select(dist, hp_mask).
107 view(n,m, -1), 2)[0]                           # 找到距離最大的那個樣本
108     hard_hn_dist = torch.min(torch.masked_select(dist, hn_mask).
109 view(n, m, -1), 2)[0]                          # 找到距離最小的那個樣本
110     hard_loss_metric = F.relu(
111                        self.margin + hard_hp_dist - hard_hn_dist
112                        ).view(n, -1)           # 讓正 / 負間隔最小化，到 0 為止
113     # 對三元損失取平均值，得到最終的 hard 模式 loss[n]
114     hard_loss_metric_mean = torch.mean(hard_loss_metric, 1)
115
116     # 計算三元損失的 full 模式
117     full_hp_dist = torch.masked_select(dist, hp_mask).view(n, m,
118            -1, 1) # 按照隱藏得到所有正向樣本距離 [n, m，正樣本個數 , 1]
119     full_hn_dist = torch.masked_select(dist, hn_mask).view(n, m,
120            1, -1) # 按照隱藏得到所有負向樣本距離 [n, m, 1，負樣本個數 ]
121     full_loss_metric = F.relu(
122                        self.margin + full_hp_dist - full_hn_dist
123                        ).view(n, -1)           # 讓正 / 負間隔最小化，到 0 為止
124     # 計算 [n] 中每個三元損失的和
125     full_loss_metric_sum = full_loss_metric.sum(1)
126     # 計算 [n] 中每個三元損失的個數 ( 去掉矩陣對角線以及符合條件的三元損失 )
127     full_loss_num = (full_loss_metric != 0).sum(1).float()
```

```
128        # 計算平均值
129        full_loss_metric_mean = full_loss_metric_sum / full_loss_num
130        full_loss_metric_mean[full_loss_num == 0] = 0    # 將無效值設為 0
131
132     return full_loss_metric_mean, hard_loss_metric_mean, mean_dist,
        full_loss_num
133
134     def batch_dist(self, x):              # 計算特徵矩陣的距離
135        x2 = torch.sum(x ** 2, 2)          # 平方和
136        # 計算特徵矩陣的距離
137        dist = x2.unsqueeze(2) + x2.unsqueeze(2).transpose(1, 2) - 2 *
    torch.matmul(x, x.transpose(1, 2))
138        dist = torch.sqrt(F.relu(dist))          # 對結果進行開平方
139        return dist
140
141 def ts2var( x):
142     return autograd.Variable(x).cuda()
143
144 def np2var(x):
145     return ts2var(torch.from_numpy(x))
```

第 95 行程式定義了三元損失的計算方法——前向傳播方法，該方法接收的參數 feature 為模型根據輸入樣本所計算出來的特徵。該參數的形狀為 $[n, m, d]$，具體含義如下。

- n：HPM 處理時的尺度個數 62。
- m：樣本個數 32。
- d：維度 256。

在計算過程中，將三元損失看作 n 份，用矩陣的方式對每份 m 個樣本、d 維度特徵做三元損失計算，最後將這 n 份平均。

第 105 ～ 114 行程式實現了 hard 模式的三元損失計算。

第 116 ～ 130 行程式實現了 full 模式的三元損失計算。

2.4.11 程式實現：訓練模型並儲存模型權重檔案

實例化模型類別，並遍歷資料載入器，進行訓練。具體程式如下。

程式檔案：code_06_train.py（續）

```
78   from code_07_gaitset import GaitSetNet, TripletLoss, np2var
79   hidden_dim =  256                       # 定義樣本的輸出維度
80   encoder = GaitSetNet(hidden_dim, frame_num).float()
81   encoder = nn.DataParallel(encoder)      # 使用多卡平行訓練
82   encoder.cuda()                          # 將模型轉儲到 GPU
83   encoder.train()                         # 設定模型為訓練模式
84
85   optimizer = Ranger(encoder.parameters(), lr=0.004)# 定義 Ranger 最佳化器
86
87   TripletLossmode = 'full'                # 設定三元損失的模式
88   triplet_loss = TripletLoss( int( np.prod( batch_size) ),
     TripletLossmode, mar gin=0.2)          # 實例化三元損失
89   triplet_loss = nn.DataParallel(triplet_loss)     # 使用多卡平行訓練
90   triplet_loss.cuda()                     # 將模型轉儲到 GPU
91
92   ckp = 'checkpoint'                      # 設定模型檔案名稱
93   os.makedirs(ckp, exist_ok=True)
94   save_name = '_'.join(map(str, [hidden_dim, int(np.prod( batch_size  )),
95   frame_num, 'full']))
96
97   ckpfiles= sorted(os.listdir(ckp) )      # 載入預訓練模型
98   if len(ckpfiles)>1:
99      modecpk =os.path.join(ckp, ckpfiles[-2]  )
100     optcpk = os.path.join(ckp, ckpfiles[-1]  )
101     encoder.module.load_state_dict(torch.load(modecpk)) # 載入模型檔案
102     optimizer.load_state_dict(torch.load(optcpk))
103     print("load cpk !!! ", modecpk)
104
105 # 定義訓練參數
```

```
106 hard_loss_metric, full_loss_metric, full_loss_num , dist_list = [], [],
    [], []
107 mean_dist = 0.01
108 restore_iter = 0
109 total_iter=10000                        # 迭代次數
110 lastloss = 65535                        # 初始的損失值
111 trainloss = []
112
113 _time1 = datetime.now()                 # 計算迭代時間
114 for batch_data, batch_meta, batch_label in train_loader:
115     restore_iter += 1
116     optimizer.zero_grad()                   # 梯度歸零
117
118     batch_data =np2var(batch_data).float()# 將 DoubleTensor 變為 FloatTensor
119     feature = encoder(batch_data)           # 計算樣本特徵
120     target_label = np2var(np.array(batch_label)).long()  # 將標籤轉為張量
121     # 對特徵結果進行變形，形狀變為 [62, 32, 256]
122     triplet_feature = feature.permute(1, 0, 2).contiguous()
123     triplet_label = target_label.unsqueeze(0).repeat(    # 複製 62 份標籤
124     triplet_feature.size(0), 1)
125
126     # 計算三元損失
127     (full_loss_metric_, hard_loss_metric_, mean_dist_, full_loss_num_
128     )= triplet_loss(triplet_feature, triplet_label)
129
130     if triplet_loss.module.hard_or_full == 'full':      # 提取損失值
131         loss = full_loss_metric_.mean()
132     else:
133         loss = hard_loss_metric_.mean()
134
135     trainloss.append(loss.data.cpu().numpy())            # 儲存損失值
136     hard_loss_metric.append(hard_loss_metric_.mean().data.cpu().numpy())
137     full_loss_metric.append(full_loss_metric_.mean().data.cpu().numpy())
138     full_loss_num.append(full_loss_num_.mean().data.cpu().numpy())
```

```
139    dist_list.append(mean_dist_.mean().data.cpu().numpy())
140
141    if  loss> 1e-9: #如果損失值過小，則不參與反向傳播
142      loss.backward()
143      optimizer.step()
144    else:
145      print("loss is very small", loss )
146
147    if restore_iter % 1000 == 0:
148      print("restore_iter 1000 time:", datetime.now() - _time1)
149      _time1 = datetime.now()
150
151    if restore_iter % 100 == 0:              # 輸出訓練結果
152
153      print('iter {}:'.format(restore_iter), end='')
154      print(', hard_loss_metric={0:.8f}'.format(np.mean(
155                                    hard_loss_metric)), end='')
156      print(', full_loss_metric={0:.8f}'.format(np.mean(
157                                    full_loss_metric)), end='')
158      print(', full_loss_num={0:.8f}'.format(
159      np.mean(full_loss_num)), end='')
160      print(', mean_dist={0:.8f}'.format(np.mean(dist_list)), end='')
161      print(', lr=%f' % optimizer.param_groups[0]['lr'], end='')
162      print(', hard or full%r' % TripletLossmode )
163
164      if lastloss>np.mean(trainloss):        # 儲存最佳模型
165        print("lastloss:", lastloss, " loss:", np.mean(trainloss),
166                        "need save!")
167        lastloss = np.mean(trainloss)
168        modecpk = os.path.join(ckp,
169                '{}-{:0>5}-encoder.pt'.format( save_name, restore_iter))
170        optcpk = os.path.join(ckp,
171                '{}-{:0>5}-optimizer.pt'.format(save_name,
172                                        restore_iter))
```

```
173         torch.save(encoder.module.state_dict(),modecpk)
174         torch.save(optimizer.state_dict(), optcpk)
175     else:
176         print("lastloss:", lastloss, " loss:", np.mean(trainloss),
            "don't save")
177
178     sys.stdout.flush()
179     hard_loss_metric.clear()
180     full_loss_metric.clear()
181     full_loss_num.clear()
182     dist_list.clear()
183     trainloss.clear()
184
185  if restore_iter == total_iter: # 如果滿足迭代次數，則訓練結束
186     break
```

在第 173 行程式中，一定要用 encoder 物件的 module 中的參數進行儲存。否則模型參數的名字中會含有 "module" 字串，使其不能被非平行的模型載入。

程式執行後，會在本地目錄的 checkpoint 資料夾下找到模型檔案，如圖 2-18 所示。

名字	大小
256_32_32_full-00200-optimizer.pt	30,878 KB
256_32_32_full-03800-encoder.pt	10,310 KB
256_32_32_full-03800-optimizer.pt	30,878 KB
256_32_32_full-03900-encoder.pt	10,310 KB
256_32_32_full-03900-optimizer.pt	30,878 KB
256_32_32_full-04800-encoder.pt	10,310 KB
256_32_32_full-04800-optimizer.pt	30,878 KB
256_32_32_full-05100-encoder.pt	10,310 KB
256_32_32_full-05100-optimizer.pt	30,878 KB
256_32_32_full-05300-encoder.pt	10,310 KB
256_32_32_full-05300-optimizer.pt	30,878 KB
256_32_32_full-05500-encoder.pt	10,310 KB
256_32_32_full-05500-optimizer.pt	30,878 KB
256_32_32_full-08500-encoder.pt	10,310 KB
256_32_32_full-08500-optimizer.pt	30,878 KB

▲ 圖 2-18　模型檔案

從圖 2-18 中可以看到，模型的每次迭代都會生成兩個檔案。

- 以 encoder.pt 結尾的檔案：模型自身的權重。
- 以 optimizer.pt 結尾的檔案：模型訓練時的最佳化器權重。

雖然模型訓練的迭代次數設定為 10000 次，但是模型在 8500 次訓練之後再也沒有得到最佳的三元損失。

◈ 提示

本例僅為了演示，訓練過程中的輸入批次和迭代次數都偏低，同時模型結構也有提升空間。如果想訓練出精度更高的模型，在最佳化模型結構之後，還需要將迭代次數加大。

2.4.12 程式實現：測試模型

為了測試模型辨識步態的效果不依賴於拍攝角度和行走條件，可以多角度辨識人物步態，分別取 3 組行走條件 (普通、穿大衣、攜帶包裹) 的樣本輸入模型，查看該模型所計算出的特徵與其他行走條件的匹配程度。

實例化模型類別，並使用 torch.utils.data.sampler 取樣器介面中的 SequentialSampler 取樣器按指定批次和順序從資料集中提取資料，輸入模型進行測試。具體程式如下。

程式檔案：code_08_test.py

```
01   import os                        # 載入基礎函數庫
02   import numpy as np
03   from datetime import datetime
04   from functools import partial
05   from tqdm import tqdm
06
07   import torch.nn as nn            # 載入 PyTorch 函數庫
```

```
08  import torch.nn.functional as F
09  import torch
10  import torch.utils.data as tordata
11
12  from code_05_DataLoader import load_data, collate_fn_for_test
13  from code_07_gaitset import GaitSetNet, np2var
14
15  print("torch v:", torch.__version__, " cuda v:", torch.version.cuda)
16
17  pathstr = 'perdata'
18  label_train_num = 70          # 訓練資料集的個數，剩下是測試資料集
19  batch_size = (8, 16)
20  frame_num = 30
21  hidden_dim =  256
22
23  # 設定處理處理程序
24  num_workers = torch.cuda.device_count()
25  print( "cuda.device_count",num_workers )
26  if num_workers<=1:            # 如果只有一個 GPU 或沒有 GPU，則使用主執行緒
27    num_workers =0
28  print("num_workers", num_workers )
29
30  dataconf= {                            # 初始化資料集參數
31    'dataset_path': pathstr,
32    'imgresize': '64',
33    'label_train_num': label_train_num, # 訓練資料集的個數，剩下是測試資料集
34    'label_shuffle': True,
35  }
36  train_source, test_source = load_data(**dataconf) # 生成資料集
37
38  sampler_batch_size =4                  # 定義取樣批次
39  # 初始化取樣資料的二次處理函數
40  collate_train = partial(collate_fn_for_test, frame_num=frame_num)
41  # 定義資料載入器：每次迭代，按照取樣器的索引在 test_source 中取出資料
```

```
42  test_loader = tordata.DataLoader(    # 定義資料載入器
43              dataset=test_source,
44              batch_size=sampler_batch_size,
45              sampler=tordata.sampler.SequentialSampler(test_source),
46              collate_fn=collate_train,
47              num_workers=num_workers)
48
49  # 實例化模型
50  encoder = GaitSetNet(hidden_dim, frame_num).float()
51  encoder = nn.DataParallel(encoder)
52  encoder.cuda()
53  encoder.eval()
54
55  ckp = 'checkpoint'                      # 設定模型檔案路徑
56  save_name = '_'.join(map(str, [hidden_dim, int(np.prod( batch_size  )),
57          frame_num,'full']))
58  ckpfiles= sorted(os.listdir(ckp) )         # 載入模型
59  if len(ckpfiles)>1:
60      modecpk =os.path.join(ckp, ckpfiles[-2]  )
61      encoder.module.load_state_dict(torch.load(modecpk))  # 載入模型檔案
62      print("load cpk !!! ", modecpk)
63  else:
64      print("No  cpk!!!")
65
66  def cuda_dist(x, y):                     # 計算距離
67      x = torch.from_numpy(x).cuda()
68      y = torch.from_numpy(y).cuda()
69      dist = torch.sum(x ** 2, 1).unsqueeze(1) + torch.sum(y ** 2,
70          1).unsqueeze(1).transpose(0, 1) - 2 * torch.matmul(x,
          y.transpose(0, 1))
71      dist = torch.sqrt(F.relu(dist))
72      return dist
73
74  def de_diag(acc, each_angle=False):       # 計算與其他拍攝角度相關的準確率
```

```
75    result = np.sum(acc - np.diag(np.diag(acc)), 1) / 10.0
76    if not each_angle:
77       result = np.mean(result)
78    return result
79
80 def evaluation(data):                          # 評估模型函數
81    feature, meta, label = data
82    view, seq_type = [], []
83    for i in meta:
84       view.append(i[2] )
85       seq_type.append(i[1])
86
87    label = np.array(label)
88    view_list = list(set(view))
89    view_list.sort()
90    view_num = len(view_list)
91    # 定義擷取資料的行走條件
92    probe_seq = [['nm-05', 'nm-06'], ['bg-01', 'bg-02'], ['cl-01', 'cl-02']]
93    # 定義比較資料的行走條件
94    gallery_seq = [['nm-01', 'nm-02', 'nm-03', 'nm-04']]
95
96    num_rank = 5                                 # 取前 5 個距離最近的資料
97    acc = np.zeros([len(probe_seq), view_num, view_num, num_rank])
98    for (p, probe_s) in enumerate(probe_seq): # 依次將擷取資料與比較資料相比
99       for gallery_s in gallery_seq:
100         for (v1, probe_view) in enumerate(view_list):   # 遍歷所有角度
101            for (v2, gallery_view) in enumerate(view_list):
102               gseq_mask = np.isin(seq_type, gallery_s) & np.isin(view,
    [gallery_view])
103               gallery_x = feature[gseq_mask, :]          # 取出樣本特徵
104               gallery_y = label[gseq_mask]               # 取出標籤
105
106        pseq_mask = np.isin(seq_type, probe_s) & np.isin(view, [probe_view])
107               probe_x = feature[pseq_mask, :]            # 取出樣本特徵
```

```
108                 probe_y = label[pseq_mask]              # 取出標籤
109
110             if len(probe_x)>0 and len(gallery_x)>0:
111                 dist = cuda_dist(probe_x, gallery_x)# 計算特徵之間的距離
112                 # 對距離按照由小到大排序，返回排序後的索引
113                 idx = dist.sort(1)[1].cpu().numpy()
114                 rank_data = np.round(      # 分別計算前 5 個結果的準確率
115                   np.sum(np.cumsum(
116 np.reshape(probe_y, [-1, 1]) == gallery_y[idx[:, 0:num_rank]], 1) > 0,
117                             0) * 100 / dist.shape[0], 2)
118                 acc[p, v1, v2, 0:len(rank_data)] = rank_data
119
120    return acc
121
122 print('test_loader', len(test_loader))
123 time = datetime.now()
124 print(' 開始評估模型 ...')
125
126 feature_list = list()
127 view_list = list()
128 seq_type_list = list()
129 label_list = list()
130 batch_meta_list = []
131
132 with torch.no_grad():
133   for i  x in  tqdm (enumerate(test_loader)):            # 遍歷測試集
134     batch_data  batch_meta  batch_label = x
135     batch_data =np2var(batch_data).float()#[2, 212, 64, 44]
136
137     feature = encoder(batch_data)                     # 將資料登錄模型
138     feature_list.append(feature.view(feature.shape[0],# 儲存特徵結果
139                     -1).data.cpu().numpy())
140     batch_meta_list += batch_meta
141     label_list += batch_label                     # 儲存樣本對應的標籤
```

```
142  # 將樣本特徵、標籤以及對應的詮譯資訊組合起來
143  test = (np.concatenate(feature_list, 0), batch_meta_list, label_list)
144  acc = evaluation(test)       # 對組合資料進行評估
145  print(' 評估完成．耗時 :', datetime.now() - time)
146
147  for i in range(1):            # 計算第 1 個的準確率
148      print('===Rank-%d 準確率 ===' % (i + 1))
149      print(' 攜帶包裹 : %.3f, \t 普通 : %.3f, \t 穿大衣 : %.3f' % (
150          np.mean(acc[0, :, :, i]),
151          np.mean(acc[1, :, :, i]),
152          np.mean(acc[2, :, :, i])))
153  for i in range(1):            # 計算第 1 個的準確率 ( 除去自身的行走條件 )
154      print('===Rank-%d 準確率 ( 除去自身的行走條件 )===' % (i + 1))
155      print(' 攜帶包裹 : %.3f, \t 普通 : %.3f, \t 穿大衣 : %.3f' % (
156          de_diag(acc[0, :, :, i]),
157          de_diag(acc[1, :, :, i]),
158          de_diag(acc[2, :, :, i])))
159
160  np.set_printoptions(precision=2, floatmode='fixed')  # 設定輸出精度
161  for i in range(1):           # 顯示多拍攝角度的詳細評估結果
162      print('===Rank-%d 的每個拍攝角度的準確率 ( 除去自身的行走條件 )===' %
          (i + 1))
163      print(' 攜帶包裹 :', de_diag(acc[0, :, :, i], True))
164      print(' 普通 :', de_diag(acc[1, :, :, i], True))
165      print(' 穿大衣 :', de_diag(acc[2, :, :, i], True))
```

第 92、94 行程式分別定義擷取資料和比較資料的行走條件。

第 110 ～ 117 行程式在獲取指定條件的樣本特徵後，按照擷取資料特徵與比較資料特徵之間的距離大小匹配對應的標籤，並計算其準確率。具體步驟如下。

（1）計算擷取資料特徵與比較資料特徵之間的距離。

（2）對距離進行排序，返回最小的前 5 個排序索引。

（3）按照索引從比較資料中取出前 5 個標籤，並與擷取資料中的標籤做
　　比較。

（4）將比較結果的正確數量累加起來，使每個樣本對應 5 個記錄，分別代
　　表前 5 個結果中的辨識正確個數。如 [True,True,True,False,False]，
　　累加後結果為 [1,2,3,3,3]，表明離擷取資料最近的前 3 個樣本特徵中
　　辨識出來 3 個正確結果，前 5 個樣本特徵中辨識出來 3 個正確結果。

（5）將累加結果與 0 比較，並判斷每個排名中大於 0 的個數。

（6）將排名 1 ～ 5 的辨識正確個數分別除以擷取樣本個數，再乘以 100，
　　便得到每個排名的準確率。

第 114 ～ 117 行程式實現步驟 (3) ～ (6)。這段程式較長，不易於了解，
可以將其拆成子句，在 Spyder 中逐步查看實現過程，如圖 2-19 所示。

```
In [9]: idx
Out[9]:
array([[1, 0, 3, 2, 7, 5, 6, 4],
       [1, 3, 0, 2, 7, 5, 6, 4],
       [4, 7, 5, 6, 1, 3, 0, 2],
       [4, 7, 5, 6, 1, 3, 0, 2]], dtype=int64)

In [10]: np.reshape(probe_y, [-1, 1]) == gallery_y[idx[:, 0:num_rank]]
Out[10]:
array([[ True,  True,  True,  True, False],
       [ True,  True,  True,  True, False],
       [ True,  True,  True,  True, False],
       [ True,  True,  True,  True, False]])

In [11]: np.cumsum(np.reshape(probe_y, [-1, 1]) == gallery_y[idx[:, 0:num_rank]], 1)
Out[11]:
array([[1, 2, 3, 4, 4],
       [1, 2, 3, 4, 4],
       [1, 2, 3, 4, 4],
       [1, 2, 3, 4, 4]], dtype=int32)

In [12]: np.cumsum(np.reshape(probe_y, [-1, 1]) == gallery_y[idx[:, 0:num_rank]], 1) > 0
Out[12]:
array([[ True,  True,  True,  True,  True],
       [ True,  True,  True,  True,  True],
       [ True,  True,  True,  True,  True],
       [ True,  True,  True,  True,  True]])

In [13]: np.sum(np.cumsum(np.reshape(probe_y, [-1, 1]) == gallery_y[idx[:, 0:num_rank]], 1) > 0,
    ...:        0)
Out[13]: array([4, 4, 4, 4, 4])

In [14]: dist.shape[0]
Out[14]: 4

In [15]: np.round(
    ...:        np.sum(np.cumsum(np.reshape(probe_y, [-1, 1]) == gallery_y[idx[:, 0:num_rank]], 1) > 0,
    ...:               0) * 100 / dist.shape[0], 2)
Out[15]: array([100.00, 100.00, 100.00, 100.00, 100.00])
```

▲ 圖 2-19　在 Spyder 中逐步查看實現過程

第 132 行程式，在遍歷資料集前加入了 with torch.no_grad() 敘述。該敘述可以使模型在執行時期，不額外創建梯度相關的記憶體。

注意

在顯示記憶體不足的情況下，使用 with torch.no_grad() 敘述非常重要，它可以節省系統資源。雖然在實例化模型時，使用了模型的 eval 方法來設定模型的使用方式 (見第 53 行程式)，但這僅是修改模型中具有狀態分支的處理流程 (如 dropout 或 BN 等)，並不會省去創建顯示記憶體存放梯度的負擔。

程式執行後，輸出結果如下。

```
開始評估模型 ...
評估完成 . 耗時 : 0:01:40.119899
===Rank-1 準確率 ===
攜帶包裹：87.145,     普通：80.731,     穿大衣：52.380
===Rank-1 準確率 ( 除去自身的行走條件 )===
攜帶包裹：85.919,     普通：78.982,     穿大衣：50.672
===Rank-1 的每個拍攝角度的準確率 ( 除去自身的行走條件 )===
攜帶包裹 :[77.72 89.35 91.52 88.81 85.33 82.39 86.96 90.55 90.87 87.61 74.02]
普通 : [67.83 81.96 84.67 84.67 81.30 77.61 81.52 83.26 83.48 76.74 65.76]
穿大衣 : [47.50 54.89 57.17 55.32 53.26 51.95 50.22 51.52 54.24 43.59 37.72]
```

由於訓練模型階段的迭代次數較少，因此準確率不是太高。在實際使用時，還需要增加訓練的迭代次數。

2.4.13 擴充實例：用深度卷積和最大池化最佳化模型

在 2.4.9 小節的 GaitSet 模型中，在 HPM 特徵轉化時，使用了矩陣相乘的方式來實現基於多維資料最後一個維度的全連接操作。其實這個處理也可以了解成一個全尺度的深度卷積過程，即 2.4.9 小節的第 41 ～ 44 行程式可以寫成如下。

程式檔案：code_07_gaitset.py（部分）

```
41    self.gl_layerall = nn.Conv1d(sum(self.bin_num) * 2,
42                     sum(self.bin_num) * 2*hidden_dim, 128,
43                     bias=False, groups =sum(self.bin_num) * 2 )
44    # 利用組卷積的分組數等於輸入通道數的方式，可以實現深度卷積
```

同時再修改 2.4.9 小節的第 83 ～ 85 行程式，改變其呼叫方式，具體如下：

程式檔案：code_07_gaitset.py（部分）

```
83    feature = torch.cat(feature, 2).permute(0, 2, 1).contiguous()
84    feature =self.gl_layerall(feature )
85    return feature.reshape(n, sum(self.bin_num) * 2, -1 )
```

該方式與矩陣相乘的方式完全一樣，但是會有更好的擴充性。如將一維卷積的卷積核心縮小一半，就可以節省更多的模型參數，同時基於 HPM 特徵再次卷積也可以使模型的泛化能力更強。例如 2.4.9 小節的第 41 ～ 44 行程式可以寫成如下。

程式檔案：code_07_gaitset.py（部分）

```
41    self.gl_layerall = nn.Conv1d(sum(self.bin_num) * 2,
42                     sum(self.bin_num) * 2*hidden_dim//2, 128//2,
43                     bias=False, groups =sum(self.bin_num) * 2 )
44    # 利用組卷積的分組數等於輸入通道數的方式，可以實現深度卷積
```

將一維卷積的輸出通道數和卷積核心分別除以 2，則深度卷積的輸出通道數沒有任何變化。基於這種泛化性處理，可以將 GaitSet 模型整體輸出維度降低，這樣仍然可以得到很好的擬合效果。

將 2.4.11 小節的第 79 行程式的 hidden_dim 參數由 256 改成 32 之後，對
模型進行 80000 次迭代訓練，測試效果如下。

```
===Rank-1 準確率 ===
攜帶包裹：92.248,      普通：87.478,      穿大衣：55.956
===Rank-1 準確率（除去自身的行走條件）===
攜帶包裹：91.482,      普通：86.265,      穿大衣：54.299
===Rank-1 的每個拍攝角度的準確率（除去自身的行走條件）===
攜帶包裹：[88.15 94.24 95.98 92.93 90.65 88.48 89.02 93.59 95.76 93.91 83.59]
普通：[82.07 88.70 91.52 89.67 87.61 85.11 87.61 88.70 88.91 83.70 75.33]
穿大衣：[53.26 57.83 58.04 58.04 54.78 55.33 59.89 56.85 56.63 43.48 43.15]
```

經過修改後的模型權重檔案由 10.31KB 降到了 7.81KB，模型輸出的特徵
也由 61×256 降到了 61×32，大大增加了其應用部署方面的優勢。

另外，經過測試，我取樣的操作過程中，直接使用步進值為 2 的池化操
作會比本例中所使用的下取樣操作 (步進值為 2、卷積核心為 2 的卷積操
作) 效果更好。有興趣的讀者，可以自行嘗試。

2.4.14 擴充實例：視訊取樣並提取輪廓

本例實現了步態辨識的核心辨識部分。作為一個完整的步態辨識功能，
還需要在其前端實現資料的前置處理工作──視訊取樣並提取輪廓。

視訊取樣可以有很多種方式，基於視訊的取樣軟體也各種各樣，比較常
用的函數庫有 OpenCV。該函數庫可以將圖片從視訊資料和攝影機的擷取
資料中提取出來。

提取圖片中的人物輪廓亦有很多種方式，直接使用 2.2.3 小節的例子也可
以實現。修改 2.2.3 小節程式檔案 code_04_deeplabv3.py 的第 51 行程式的
decode_segmap 函數，只對分類為人的像素設定值即可。具體程式如下。

```
def decode_segmap(image, nc=21):
  r = np.zeros_like(image).astype(np.uint8)  # 將背景設為黑色
  r[image == 15] = 255                      # 將像素點分類為 " 人 " 的像素點設定成白色
  return r                                  # 由於是灰階圖，只用一個通道即可
```

同時在儲存模型時，使用灰階圖儲存。在 2.2.3 小節程式檔案 code_04_
deeplabv3.py 中增加以下程式即可。

```
plt.imsave('silhouette.jpg', img, cmap='gray')
```

經過修改後的程式便具有提取輪廓功能。執行後的效果如圖 2-20 所示。

▲ 圖 2-20　執行後的效果

2.4.15　步態辨識模型的局限性

從圖 2-20 中可以看出，如果被檢測人穿特別大的長裙會掩蓋住腿部的行
走特徵。另外，如果多人並排走，也會使步態辨識功能故障。因此，在
辨識行人方面，步態辨識可以作為一個輔助手段。

在人流密集的環境下或是故意穿著超長大衣、超大長裙的情況下，都會
存在嚴重的遮擋關係。這種場景不適合部署步態辨識模型來辨識人物。

2.5 偵錯技巧

在開發人工智慧相關模型的過程中，單純掌握模型的結構和原理是遠遠不夠的，還需要有紮實的程式設計能力和偵錯技巧。下面以 2.4 節的程式為例，詳細介紹在使用 PyTorch 進行開發的過程中經常遇到的問題及其解決方式。

2.5.1 解決顯示記憶體過滿損失值為 0 問題

如果讀者嘗試將 2.4.9 小節的模型或是 2.4.13 小節的模型的迭代次數調大，則會發現在訓練過程中，會出現梯度消失 (損失值為 0) 的現象。這說明 2.4 節的程式中存在一個隱含的錯誤。下面將針對這個問題進行詳細的分析並解決。

1. 現象描述

隨著模型精度越來越高 (損失值越來越小)，部分批次資料訓練的損失值為 0，同時程式所佔用的顯示記憶體明顯增大。如果在正常訓練時，顯示記憶體佔用率已經很高，則會出現顯示記憶體不足的錯誤，引起訓練終止。

(a) 沒有出現損失值為 0 時的顯示記憶體佔用

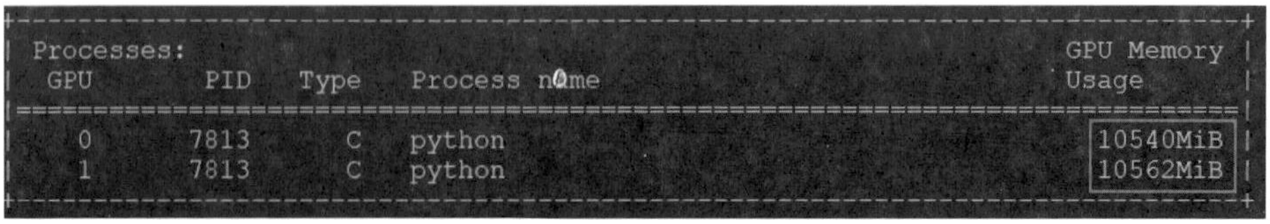

(b) 出現損失值為 0 時的顯示記憶體佔用

▲ 圖 2-21　訓練中的顯示記憶體情況

以 2.4.13 小節的模型為例，在沒有出現損失值為 0 的情況下，所佔用的顯示記憶體一直為 7058 和 7050 MiB(見圖 2-21(a))；直到出現損失值為 0 的情況後，佔用的顯示記憶體變為了 10540 和 10562 MiB(見圖 2-21(b))，並且維持不變。

2. 原因解釋

（1）損失值為 0

部分批次的損失值為 0 是正常現象。這是因為模型對樣本特徵計算已經基本達到設定的標識，即部分樣本特徵符合三元損失的要求 (負向樣本大於正向樣本與間隔之和)，這種情況不需要再對損失值求梯度，所以該損失值為 0。

（2）顯示記憶體增長

這個問題與 PyTorch 最佳化器的實現機制有關。正常訓練中，每次正向傳播時，系統會自動開關一部分顯示記憶體存放每個張量的求導位址，其存取關係是與最佳化器的呼叫步驟緊耦合的。

在 2.4.11 小節訓練程式的第 141 行程式中可以看到，當損失值為 0 時，並沒有進行最佳化器的呼叫。這會導致下次進行模型正向傳播時，系統又會開關一部分顯示記憶體。這就是顯示記憶體增長的原因。

但在顯示記憶體充足的情況下，這種現象並不影響訓練。因為 PyTorch 中也做了安全處理，使得顯示記憶體增長只膨脹一次，並不會無限膨脹。

3. 控制顯示記憶體增長的方法

若要控制顯示記憶體增長，只需要讓正向傳播的次數與反向傳播的次數匹配即可，即將 2.4.11 小節訓練程式的第 141 ～ 145 程式直接改成以下程式。

```
loss.backward()
optimizer.step()
```

這種訓練方式表明無論損失值多大都要呼叫最佳化器進行反向傳播。

但在實際執行中會產生無法對純量求梯度的錯誤，這是因為在 2.4.10 小節的第 130 行程式中為三元損失的損失值賦了 0。這是一個非常隱含的錯誤，也是需要特別小心的地方。在正向計算時，每個張量都有一個函數位址，該位址指向生成自己的那個函數，該位址會在反向求導時使用。直接賦 0 之後，缺失了求導位址資訊，使得反向求導不能進行。

將 2.4.10 小節的第 129、130 行程式改成以下程式。

```
        full_loss_metric_mean = full_loss_metric_sum[
full_loss_metric_sum!=0]/full_loss_num[full_loss_num != 0]
        if len(full_loss_num[full_loss_num == 0])==len(full_loss_num):
            full_loss_metric_mean = torch.mean(full_loss_metric, 1)
```

第 129 行程式對 62 份三元損失中不為 0 的損失值求平均值。

第 131 行程式針對 62 份三元損失全為 0 的情況，直接對所有損失值求平均值 (其實該值也是 0，只不過這種寫法使張量儲存了完整的求導位址)。

這樣再次訓練模型，就不會出現顯示記憶體增長的情況了；而最佳化器在對損失值為 0 的情況下的反向傳播，所計算的梯度也是 0，不會對參數有任何影響。

2.5.2 追蹤 PyTorch 顯示記憶體並尋找顯示記憶體洩露點

PyTorch 對顯示記憶體的處理並不是太友善，尤其在訓練偏大規模的模型時，常會因為顯示記憶體佔滿而終止訓練。

為了更進一步地了解 PyTorch 顯示記憶體的分配和回收，以及更方便地找出顯示記憶體佔滿的原因，可以使用 Pytorch-Memory-Utils 工具來追蹤顯示記憶體的變化情況。

1. 獲取 Pytorch-Memory-Utils 工具的方式

Pytorch-Memory-Utils 工具的下載網址如下。

```
https://github.com/Oldpan/Pytorch-Memory-Utils
```

直接將程式檔案 gpu_mem_track.py 下載到本地即可。

在使用前需要先安裝 PyNVML，具體命令如下。

```
pip install nvidia-ml-py3
```

2. Pytorch-Memory-Utils 工具的使用方法

Pytorch-Memory-Utils 工具的使用方法非常簡單，具體步驟如下。

（1）在程式開始部分引入模組。

```
from gpu_mem_track import  MemTracker
```

（2）對模組進行初始化。

```
frame = inspect.currentframe()        # 定義 frame
gpu_tracker = MemTracker(frame)        # 定義 GPU 追蹤器
```

（3）在程式中，想要查看顯示記憶體，呼叫 gpu_tracker 的 track 方法，
輸出顯示記憶體的詳細日誌即可。

```
gpu_tracker.track()
```

在程式執行時期，系統會根據當前執行的時間生成一個 .txt 檔案 (如
02-Dec-19-13:50:35-gpu_mem_track.txt)，裡面記錄著顯示記憶體的詳細
資訊，如下頁圖 2-22 所示。

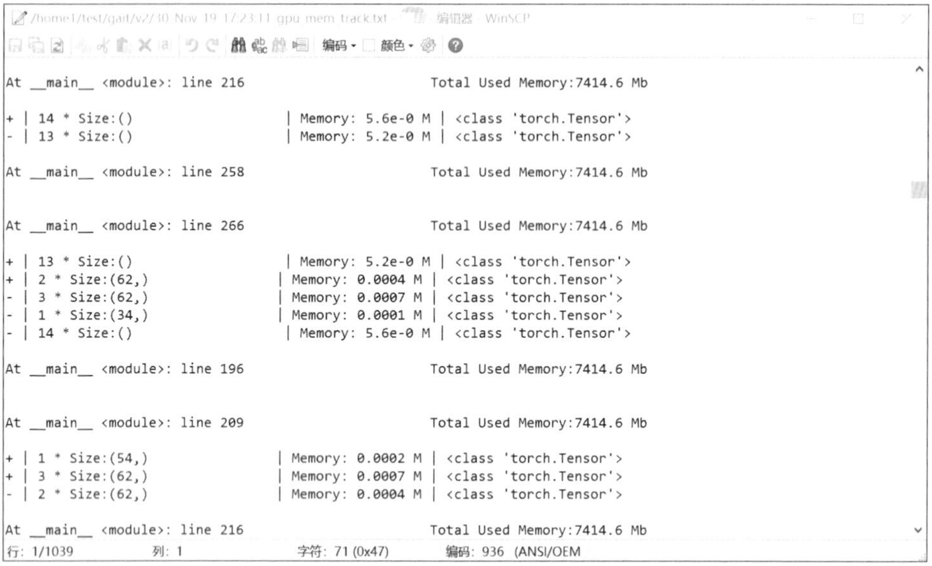

```
At __main__ <module>: line 216                    Total Used Memory:7414.6 Mb

+ | 14 * Size:()                | Memory: 5.6e-0 M | <class 'torch.Tensor'>
- | 13 * Size:()                | Memory: 5.2e-0 M | <class 'torch.Tensor'>

At __main__ <module>: line 258                    Total Used Memory:7414.6 Mb


At __main__ <module>: line 266                    Total Used Memory:7414.6 Mb

+ | 13 * Size:()                | Memory: 5.2e-0 M | <class 'torch.Tensor'>
+ | 2 * Size:(62,)             | Memory: 0.0004 M | <class 'torch.Tensor'>
- | 3 * Size:(62,)             | Memory: 0.0007 M | <class 'torch.Tensor'>
- | 1 * Size:(34,)             | Memory: 0.0001 M | <class 'torch.Tensor'>
- | 14 * Size:()                | Memory: 5.6e-0 M | <class 'torch.Tensor'>

At __main__ <module>: line 196                    Total Used Memory:7414.6 Mb


At __main__ <module>: line 209                    Total Used Memory:7414.6 Mb

+ | 1 * Size:(54,)             | Memory: 0.0002 M | <class 'torch.Tensor'>
+ | 3 * Size:(62,)             | Memory: 0.0007 M | <class 'torch.Tensor'>
- | 2 * Size:(62,)             | Memory: 0.0004 M | <class 'torch.Tensor'>

At __main__ <module>: line 216                    Total Used Memory:7414.6 Mb
```

▲ 圖 2-22　追蹤顯示記憶體的輸出日誌

在圖 2-22 中，"+" 代表額外創建的顯示記憶體，"-" 代表回收的顯示記憶體。

◈ 提示

利用 Pytorch-Memory-Utils 工具追蹤顯示記憶體是一個非常實用的方法，可以快速定位和發現問題。

自然語言處理的相關應用

自然語言處理 (Natural Language Processing, NLP) 是人工智慧研究的
方向，其目標是透過演算法讓機器能夠了解和辨識人類的語言，常
用於文字分類、翻譯、文字生成、對話等領域。

本章將系統介紹 NLP 的相關應用。

3.1 BERT 模型與 NLP 任務的發展階段

深度學習在 NLP 任務方向上的發展，有兩個明顯的階段：基礎的神經網
路階段 (BERT 模型之前的階段)、BERTology 階段 (BERT 模型之後的階
段)。

3.1.1 基礎的神經網路階段

在這個階段主要是使用基礎的神經網路模型來實現 NLP 任務,其中所使用的主要基礎模型有 3 種。

- 卷積神經網路:主要是將語言當作圖片資料,進行卷積操作。
- 循環神經網路:按照語言文字的順序,用循環神經網路來學習一段連續文字中的語義。
- 基於注意力機制的神經網路:是一種類似於卷積思想的網路。它透過矩陣相乘,計算輸入向量與目的輸出之間的相似度,進而完成語義的了解。

人們透過運用這 3 種基礎模型,不斷地架設出擬合能力越來越強的模型,直到最終出現了 BERT 模型。

3.1.2 BERTology 階段

BERT 模型幾乎在各種任務上都優於其他模型,這在當時引起了強烈的反響。BERT 模型的「從天而降」,彷彿打開了解碼 NLP 任務的「潘朵拉的盒子」。隨後湧現了一大批類似 BERT 的預訓練模型,如:

- 引入 BERT 模型中雙向上下文資訊的廣義自回歸模型 XLNet;
- 改進 BERT 模型訓練方式和目標的 RoBERTa 和 SpanBERT 模型;
- 結合多工和知識蒸餾 (Knowledge Distillation) 強化 BERT 模型的 MT-DNN 模型。

除此之外,還有人試圖探究 BERT 模型的原理及其在某些任務中表現出色的真正原因。BERT 模型在其出現之後的時段內,成為 NLP 任務的主流技術思想,這種思想也稱為 BERT 學 (BERTology)。

3.2 NLP 中的常見任務

在 NLP 中有很多定義明確的任務,如翻譯、問答、推斷等。這些任務會根據使用的具體場景進行分類,而每一種場景中的 NLP 又可以細分為自然語言了解 (Natural Language Understanding, NLU) 和自然語言生成 (Natural Language Generation, NLG) 兩種情況。

本節將從模型輸入的角度出發,系統地複習不同場景中的 NLP 和對應的常用資料集。

3.2.1 基於文章處理的任務

基於文章處理的任務,主要是對文章中的全部文字進行處理,即文字採擷。該任務的輸入樣本以文章為單位,模型會對文章中的全部文字進行處理,得到該篇文章的語義。當得到語義之後,便可以在模型的輸出層,按照具體任務輸出對應的結果。

基於文章處理的任務可以細分為以下 3 類。

- 序列到類別:如文字分類和情感分析。
- 同步序列到序列:是指為每個輸入位置生成輸出,如中文分詞、命名實體辨識和詞性標注。
- 非同步序列到序列:如機器翻譯、自動摘要。

3.2.2 基於句子處理的任務

基於句子處理的任務又叫作序列等級任務 (Sequence-Level Task),包括句子分類任務 (如情感分類)、句子推斷任務 (推斷兩個句子是否同義) 及句子生成任務 (如回答問題、圖型描述) 等。

1. 句子分類任務及相關資料集

句子分類任務常用於評論分類、病句檢查等場景，常用的資料集如下。

- SST-2(Stanford Sentiment Treebank)：這是一個二分類資料集，目的是判斷一個句子 (句子來自人們對一部電影的評價) 的情感。
- CoLA(Corpus of Linguistic Acceptability)：這是一個二分類資料集，目的是判斷一個英文句子的語法是否正確。

2. 句子推斷任務及相關資料集

句子推斷任務的輸入是兩個成對的句子，其目的是判斷兩個句子的意思是蘊含 (Entailment)、矛盾 (Contradiction) 的，還是中立 (Neutral) 的。該任務也被稱為基於句子對的分類任務 (Sentence Pair Classification Task)，常用在智慧問答、智慧客服及多輪對話中。常用的資料集如下。

- MNLI(Multi-Genre Natural Language Inference)：這是 GLUE Datasets (General Language Understanding Evaluation) 資料集中的資料集，是一個大規模的、來源許多的資料集，目的是判斷兩個句子語義之間的關係。
- QQP(Quora Question Pairs)：這是一個二分類資料集，目的是判斷兩個來自 Quora 的問題句子在語義上是否是等值的。
- QNLI(Question Natural Language Inference)：這也是一個二分類資料集，每個樣本包含兩個句子 (一個是問題，另一個是答案)。正向樣本的答案與問題相對應，負向樣本則相反。
- STS-B(Semantic Textual Similarity Benchmark)：這是一個類似回歸問題的資料集，列出一對句子，使用 1 ～ 5 的評分評價兩者在語義上的相似程度。
- MRPC(Microsoft Research Paraphrase Corpus)：這是一個二分類資料集，句子對來自對同一筆新聞的評論，判斷這一對句子在語義上是否相同。

- RTE(Recognizing Textual Entailment)：這是一個二分類資料集，類似於 MNLI 資料集，但是資料量較少。
- SWAG(Situations With Adversarial Generations)：這是一個問答資料集，列出一個陳述句子和 4 個備選句子，判斷前者與後者中的哪一個最有邏輯的連續性，相當於閱讀了解問題。

3. 句子生成任務及相關資料集

句子生成任務屬於類別 (實體物件) 到序列任務，如文字生成、回答問題和圖型描述，比較經典的資料集有 SQuAD。

SQuAD 資料集的樣本為敘述對 (兩個句子)。其中，第一個句子是一段來自 Wikipedia 的文字，第二個句子是一個問題 (問題的答案包含在第一個句子中)。這樣的敘述對輸入模型後，要求模型輸出一個短句作為問題的答案。

SQuAD 資料集最新的版本為 SQuAD 2.0，它整合了現有的 SQuAD 資料集中可回答的問題和 50000 多個由公眾撰寫的難以回答的問題，其中那些難以回答的問題與可回答的問題語義相似。

SQuAD 2.0 資料集彌補了現有資料集中的不足。現有資料集不是只關注可回答的問題，就是使用容易辨識的自動生成的不可回答的問題作為資料集。SQuAD 2.0 資料集相對較難。為了在 SQuAD 2.0 資料集中表現得更好，模型不僅要在可能的情況下回答問題，還要確定什麼時候段落的上下文不支持回答。

3.2.3 基於句子中詞的處理任務

基於句子中詞的處理任務又叫作 token 等級任務 (Token-Level Task)，常用於克漏字 (Cloze)、預測句子中某個位置的單字 (或命名實體)、對句子中的詞性進行標注等。

1. token 等級任務與 BERT 模型

token 等級任務也屬於 BERT 模型預訓練的任務之一，它等於克漏字任務 (Cloze Task)，即根據句子中的上下文 token，推測出當前位置應當是什麼 token。

BERT 模型預訓練時使用了遮蔽語言模型 (Masked Language Model, MLM)。該模型可以直接用於解決 token 等級任務，即在預訓練時，將句子中的部分 token 用 "[masked]" 這個特殊的 token 進行替換，將部分單字遮掩住。該模型的輸出就是預測 "[masked]" 對應位置的單字。這種訓練的好處是不需要人工標注的資料，只需要透過合適的方法，對現有語料庫中的句子進行隨機的遮掩即可得到可以用來訓練的語料。這樣訓練好的模型就可以直接使用了。

2. token 等級任務與序列等級任務

在某種情況下，序列等級任務也可以拆分成 token 等級任務來處理，如 3.2.2 小節所介紹的 SQuAD 資料集。

SQuAD 資料集是一個基於句子處理的生成式資料集。這個資料集的特殊性在於最終的答案包含在樣本的內容之中，是有範圍的，而且是連續分佈在內容之中的。

3. 命名實體辨識任務及常用模型

命名實體辨識 (Named Entity Recognition, NER) 任務也稱為實體辨識、實體分塊或實體提取任務。它是資訊提取的子任務，旨在定位文字中的命名實體，並將命名實體進行分類，如人員、組織、位置、時間運算式、數量、貨幣值、百分比等。

命名實體辨識任務的本質是對句子中的每個 token 標注標籤，然後判斷每個 token 的類別。

常用的命名實體辨識模型有 spaCy 模型、Stanford NER 模型。

- spaCy 模型是一個基於 Python 的命名實體辨識統計系統，它可以將標籤分配給連續的權杖組。spaCy 模型提供了一組預設的實體類別，這些類別包括各種命名或數字實體，如公司名稱、位置、組織、產品名稱等。這些預設的實體類別還可以透過訓練的方式進行更新。
- Stanford NER 模型是一個命名實體 Recognizer，用 Java 實現。它提供了一個預設的實體類別，如組織、人員和位置等，可支援多種語言。

命名實體辨識任務可以用於快速評估簡歷、最佳化搜尋引擎演算法、最佳化推薦系統演算法等。

3.3 實例：訓練中文詞向量

詞向量是 NLP 任務的基礎環節。在 NLP 任務中，只有將文字轉為詞向量之後，才可以在模型中進行計算。

在實際應用中，除了可以直接在模型中訓練詞向量，還可以訓練專門的模型，對詞向量進行提取。

實例描述

使用一段文字來對 CBOW 模型進行訓練，並用訓練後的 Skip-Gram 模型對該文字的詞向量進行提取，同時將各個詞的向量關係視覺化，觀察每個詞之間的關係。

本例使用的 Skip-Gram 模型來自 word2vec。word2vec 是 Google 公司提出的一種詞向量的工具或演算法集合，因為速度快、效果好而廣為人知。word2vec 中主要採用了兩種模型 (CBOW 與 Skip-Gram 模型) 和兩種方法 (負取樣與層次 softmax 方法) 的組合。

3.3.1 CBOW 和 Skip-Gram 模型

CBOW 模型與 Skip-Gram 模型都是可以訓練出詞向量的模型，在實際應用中可以只選擇其一。有相關論文表明，CBOW 模型的速度要更快一些。

1. 概念介紹

統計語言模型 (Statistical Language Model) 是指列出幾個詞，在這幾個詞出現的前提下計算某個詞出現的機率 (事後機率)。

CBOW 模型是統計語言模型的一種，顧名思義就是根據某個詞前面的 n 個詞或前後 n 個連續的詞，來計算某個詞出現的機率。

Skip-Gram 模型與 CBOW 模型相反，它以某個詞為中心，然後分別計算該中心詞前後可能出現其他詞的各個機率。

2. 舉例說明

下面以 Skip-Gram 模型為例說明。在處理文字「我愛人工智慧」時，首先會將所有的詞轉為向量，然後取出其中的詞當成輸入的中心詞，並將中心詞前後所出現的其他詞當成標籤。如果以中心詞前後兩個詞作為標籤，則「我愛人工智慧」會被拆成以下形式。

" 我 "->" 愛 "、" 我 "-> " 人工 "、" 愛 "-> " 我 "、" 愛 "-> " 人工 "、
" 愛 "-> " 智慧 "、" 人工 "->" 我 "、" 人工 "-> " 愛 "、" 人工 "-> " 智慧 "、
" 智慧 "-> " 愛 "、" 智慧 "->" 人工 "

例子中的文字在處理之前會先被進行分詞，然後按照 Skip-Gram 模型的規則進行樣本和標籤的匹配。在訓練模型時，將樣本輸出的預測值與標籤進行損失值的計算 (如輸入「我」對應的標籤為「愛」，模型的預測輸出值為「好」，則計算「愛」和「好」之間的損失偏差，用來最佳化網路)，進行迭代最佳化。

> **注意**
>
> 如果按照例子中的 Skip-Gram 模型處理方法，直接進行迭代最佳化會出現一個問題：如果整個詞庫中的字數特別多，則會產生很大的矩陣，影響 softmax 速度。

為了最佳化這個問題，一般會採用負取樣技術，使用少量的高頻詞作為負向樣本，從而將時間複雜度從 O(V) 變為 O(log V)。

3.3.2 程式實現：樣本前置處理並生成字典

隨便使用一篇中文文字檔來作為樣本 (本例用的是書附資源中的「人體陰陽與電能 .txt」)，將樣本檔案放到程式的同級目錄下。使用 jieba 函數庫對樣本前置處理，具體過程如下。

1. jieba 函數庫的安裝與使用

在處理樣本檔案之前，需要對中文文字進行分詞處理。本例借助 jieba 函數庫進行分詞處理。在使用之前需要先安裝 jieba 函數庫，安裝方法如下。

保證電腦聯網狀態下在命令列裡輸入以下命令。

```
pip install jieba
```

安裝完畢後可以新建一個 .py 檔案，並使用以下程式簡單測試一下。

```
import jieba
seg_list = jieba.cut(" 我愛人工智慧 ")      # 預設是精確模式
print(" ".join(seg_list))
```

如果能夠正常執行，並且可以分詞，就表明 jieba 函數庫安裝正常。

2. 生成字典

使用 get_ch_lable 函數將所有文字讀取 training_data，然後在 fenci 函數裡使用 jieba 函數庫對 training_data 分詞生成 training_ci，將 training_ci 放入 build_dataset 裡並生成指定長度 (350) 的字典。具體程式如下。

程式檔案：code_09_skip-gram.py

```
01   import torch
02   import torch.nn as nn
03   import torch.nn.functional as F
04   from torch.utils.data import Dataset, DataLoader
05
06   import collections
07   from collections import Counter
08   import numpy as np
09   import random
10   import jieba                                # 引入 jieba 函數庫
11
12   from sklearn.manifold import TSNE
13   import matplotlib as mpl
14   import matplotlib.pyplot as plt
15   mpl.rcParams['font.sans-serif']=['SimHei']    # 用來正常顯示中文標籤
16   mpl.rcParams['font.family'] = 'STSong'
17   mpl.rcParams['font.size'] = 20
18   # 指定裝置
19   device = torch.device("cuda:0"if torch.cuda.is_available() else "cpu")
20   print(device)
21
22   training_file = ' 人體陰陽與電能 .txt '
23
24   # 中文字
25   def get_ch_lable(txt_file):
26     labels= ""
27     with open(txt_file, 'rb') as f:
```

```python
28      for label in f:
29          labels =labels+label.decode('UTF-8')
30    return  labels
31
32  # 分詞
33  def fenci(training_data):
34    seg_list = jieba.cut(training_data)    # 預設是精確模式
35    training_ci = "".join(seg_list)
36    training_ci = training_ci.split()
37    # 以空格將字串分開
38    training_ci = np.array(training_ci)
39    training_ci = np.reshape(training_ci, [-1, ])
40    return training_ci
41
42  def build_dataset(words, n_words):
43    count = [['UNK', -1]]
44    count.extend(collections.Counter(words).most_common(n_words - 1))
45    dictionary = dict()
46    for word, _ in count:
47    dictionary[word] = len(dictionary)
48  data = list()
49  unk_count = 0
50  for word in words:
51    if word in dictionary:
52      index = dictionary[word]
53    else:
54      index = 0  # dictionary['UNK']
55      unk_count += 1
56    data.append(index)
57    count[0][1] = unk_count
58    reversed_dictionary = dict(zip(dictionary.values(), dictionary.keys()))
59
60    return data, count, dictionary, reversed_dictionary
61
```

```
62   training_data =get_ch_lable(training_file)
63   print(" 總字數 ", len(training_data))
64   training_ci =fenci(training_data)
65   print(" 總詞數 ", len(training_ci))
66   training_label, count, dictionary, words = build_dataset(training_ci, 350)
67
68   # 統計詞頻
69   word_count = np.array([freq for _, freq in count], dtype=np.float32)
70   word_freq = word_count / np.sum(word_count)# 計算每個詞的詞頻
71   word_freq = word_freq ** (3. / 4.)# 詞頻變換
72   words_size = len(dictionary)
73   print(" 字典詞數 ", words_size)
74   print('Sample data', training_label[:10], [words[i] for i in
       training_label[:10]])
```

第 42 行程式的 build_dataset 函數實現了對樣本文字的處理。在該函數中，對樣本文字的詞頻進行統計，將每個詞按照頻次由高到低排序。同時，將排序後的串列中第 0 個索引設定成 unknown(用 "UNK" 表示)。這個 unknown 字元可用於對詞頻低的詞語進行填充。如果設定字典為 350，則頻次排序在 350 的詞都會被當作 unknown 字元進行處理。

程式執行後，輸出結果如下。

總字數 1567
總詞數 961
字典詞數 350
Sample data [25, 132, 32, 26, 27, 133, 8, 9, 80, 134] [' 人體 ', ' 陰陽 ', '
與 ', ' 電能 ', ' 陰 ', ' 應該 ', ' 是 ', ' 身體 ', ' 裡 ', ' 內在 ']

輸出結果中顯示了整個文章的總字數為 1567，總詞數為 961，建立好的字典詞數為 350。輸出結果的最後兩行，顯示的是樣本文字裡前 10 個詞的詞頻。

3.3.3 程式實現：按照 **Skip-Gram** 模型的規則製作資料集

使用 Dataset 與 DataLoader 介面製作資料集。在自訂 Dataset 類別中，按照 Skip-Gram 模型的規則對樣本及其對應的標籤進行組合。

每批次取 12 個，每個詞向量的維度為 128，中心詞前後的取詞個數為 3，負取樣的個數為 64。具體程式如下。

程式檔案：code_09_skip-gram.py（續）

```
75  C = 3                                # 定義中心詞前後的取詞個數
76  num_sampled = 64                     # 負取樣個數
77  BATCH_SIZE = 12
78  EMBEDDING_SIZE = 128
79
80  class SkipGramDataset(Dataset):    # 自訂資料集
81    def __init__(self, training_label, word_to_idx,
82                          idx_to_word, word_freqs):
83      super(SkipGramDataset, self).__init__()
84      self.text_encoded = torch.Tensor(training_label).long()
85      self.word_to_idx = word_to_idx
86      self.idx_to_word = idx_to_word
87      self.word_freqs = torch.Tensor(word_freqs)
88
89  def __len__(self):
90      return len(self.text_encoded)
91
92  def __getitem__(self, idx):
93      idx = min( max(idx, C), len(self.text_encoded)-2-C)  # 防止越界
94      center_word = self.text_encoded[idx]
95      pos_indices = list(range(idx-C, idx)) + list(range(idx+1, idx+1+C))
96      pos_words = self.text_encoded[pos_indices]
97      # 多項式分佈取樣，取出指定個數的高頻詞
```

```
98       neg_words = torch.multinomial(self.word_freqs,
99                                      num_sampled+2*C, False)
100      neg_words = torch.Tensor(       # 去掉正向標籤
101                  np.setdiff1d(neg_words.numpy(),
102                          pos_words.numpy())[:num_sampled]).long()
103      return center_word, pos_words, neg_words
104
105 print('製作資料集 ...')
106 train_dataset = SkipGramDataset(training_label,
107                                 dictionary, words, word_freq)
108 dataloader = torch.utils.data.DataLoader(train_dataset,
109             batch_size=BATCH_SIZE, drop_last=True, shuffle=True)
110
111 sample = iter(dataloader)                      # 將資料集轉化成迭代器
112 center_word, pos_words, neg_words = sample.next() # 從迭代器中取出一批次
                                                       # 樣本
113 print(center_word[0], words[np.long(center_word[0])], [words[i] for i
    in pos_words[0].numpy()])
```

樣本中的每個詞都被當作一個中心詞，對於任意一個樣本中心詞，都會
生成兩組標籤：正向標籤與負向標籤。正向標籤來自中心詞的前後位
置，負向標籤主要來自詞頻的多項式取樣。

第 93 行程式對組合標籤過程中的越界問題做了處理，使提取樣本的索引
為 3 ～ (總長度 -5)。

第 98 ～ 102 行程式對負向標籤進行取樣。在使用多項式分佈取樣之後，
還要從中去掉與正向標籤相同的索引。其中 np.setdiff1d 函數用於對兩個
陣列做差集。

程式執行後，輸出結果如下。

製作資料集 ...
tensor(302) 為了 [' 的 ', ' 工作 ', ', ', ' 產生 ', ' 電能 ', ' 分裂細胞 ']

3.3.4 程式實現：架設模型並進行訓練

首先定義一個詞嵌入層用於訓練，將輸入的樣本和標籤分別用詞嵌入層進行轉化。在訓練過程中，將輸入與標籤的詞嵌入當作兩個向量，將二者的矩陣相乘當作兩個向量間的夾角餘弦值，並用該夾角餘弦值作為被最佳化的損失函數。

在訓練模型時，定義了驗證模型的相關參數，其中 valid_size 表示在 0 ～ words_size/2 中隨機取不能重複的 16 個字來驗證模型，具體程式如下。

程式檔案：code_09_skip-gram.py（續）

```
114 class Model(nn.Module):
115   def __init__(self, vocab_size, embed_size):
116     super(Model, self).__init__()
117     self.vocab_size = vocab_size
118     self.embed_size = embed_size
119     initrange = 0.5 / self.embed_size
120     self.in_embed = nn.Embedding(self.vocab_size, self.embed_size,
      sparse=False)
121     self.in_embed.weight.data.uniform_(-initrange, initrange)
122
123   def forward(self, input_labels, pos_labels, neg_labels):
124     input_embedding = self.in_embed(input_labels)
125     pos_embedding = self.in_embed(pos_labels)
126     neg_embedding = self.in_embed(neg_labels)
127     # 計算輸入與正向標籤間的夾角餘弦值
128     log_pos = torch.bmm(pos_embedding,
129             input_embedding.unsqueeze(2)).squeeze()
130     # 計算輸入與負向標籤間的夾角餘弦值
131     log_neg = torch.bmm(neg_embedding,
132             -input_embedding.unsqueeze(2)).squeeze()
133     # 使用 LogSigmoid 啟動函數
134     log_pos = F.logsigmoid(log_pos).sum(1)
```

```
135     log_neg = F.logsigmoid(log_neg).sum(1)
136     loss = log_pos + log_neg
137     return -loss
138 # 實例化模型
139 model = Model(words_size, EMBEDDING_SIZE).to(device)
140 model.train()
141 # 定義測試樣本
142 valid_size = 16
143 valid_window = words_size/2     # 取樣資料的分佈範圍
144 valid_examples = np.random.choice(int(valid_window), valid_size,
    replace=False)                    #0 ～ words_size/2 中取 16 個，不能重複
145
146 optimizer = torch.optim.Adam(model.parameters(), lr=1e-3)
147 NUM_EPOCHS = 200
148 for e in range(NUM_EPOCHS):     # 訓練模型
149   for ei, (input_labels, pos_labels, neg_labels) in enumerate(dataloader):
150     input_labels = input_labels.to(device)
151     pos_labels = pos_labels.to(device)
152     neg_labels = neg_labels.to(device)
153
154     optimizer.zero_grad()
155     loss = model(input_labels, pos_labels, neg_labels).mean()
156     loss.backward()
157     optimizer.step()
158
159     if ei % 20 == 0:                  # 顯示訓練結果
160       print("epoch:{}, iter:{},
161             loss:{}".format(e, ei, loss.item()))
162   if e %40 == 0:                     # 測試模型
163     # 計算測試樣本詞嵌入和所有樣本詞嵌入間的餘弦相似度
164     norm = torch.sum(
165           model.in_embed.weight.data.pow(2), -1).sqrt().unsqueeze(1)
166     normalized_embeddings = model.in_embed.weight.data / norm
167     valid_embeddings = normalized_embeddings[valid_examples]
```

```
168    # 計算餘弦相似度
169    similarity = torch.mm(valid_embeddings, normalized_embeddings.T)
170    for i in range(valid_size):
171      valid_word = words[valid_examples[i]]
172      top_k = 8                                    # 取排名前 8 的詞
173      #argsort 函數返回的是陣列值從小到大的索引值
174      nearest = (-similarity[i, :]).argsort()[1:top_k + 1]
175      log_str = 'Nearest to %s:' % valid_word      # 格式化輸出日誌
176      for k in range(top_k):
177        close_word = words[nearest[k].cpu().item()]
178        log_str = '%s, %s' % (log_str, close_word)
179      print(log_str)
```

第 127 ～ 132 行程式使用 bmm 函數完成兩個帶批次資料的矩陣相乘，第 169 行程式的 mm 函數也實現矩陣相乘，二者的區別在於：

- bmm 函數處理的必須是批次數據，即形狀為 $[b, m, n]$ 與 $[b, n, m]$ 矩陣相乘；
- mm 函數處理的是普通矩陣資料，即形狀為 $[m, n]$ 與 $[n, m]$ 矩陣相乘。

第 131 行程式碼在計算輸入與負向標籤間的夾角餘弦值時，使用了樣本詞嵌入的賦值。這樣做與使用了 LogSigmoid 啟動函數有關。

> ◈ 提示
>
> 《全格局使用 PyTorch - 深度學習和圖神經網路基礎篇》介紹過 LogSigmoid 啟動函數，該啟動函數的值域是（-inf, 0]（inf 是無窮值的意思），即當輸入值越大，輸出值越接近於 0。
>
> 在本例中，如果將輸入樣本的詞嵌入和目標標籤的詞嵌入分別當作兩個向量，則可以用這兩個向量間的夾角餘弦值來當作二者的相似度。
>
> 為了規範計算，先通過 LogSigmoid 啟動函數中的 Sigmoid 函數將參與運算的向量控制為 0 ～ 1，再從正 / 負標籤兩個方向進行相似度計算：

> 對於正向標籤，可以直接進行計算；對於負向標籤，可以先用 1 減去輸入樣本的詞嵌入，得到輸入樣本對應的負向量，再將該結果與負向標籤的詞向量一起計算相似度。
>
> 根據 Sigmoid 函數的對稱特性 1-Sigmoid(x) = Sigmoid(-x)，可以直接對輸入樣本詞向量的符號取負來實現向量的轉化。

第 137 行程式碼對最終的損失值取負，將損失函數的值域由（-inf,0] 變為（0,inf]。這種變換有利於使用優化器在反覆運算訓練中進行優化（因為優化器只能使損失值沿著最小化的方向優化）。

第 163～179 行程式碼實現了對現有模型的能力測試。該程式碼會從驗證樣本中取出指定的個數的詞，通過詞嵌入的轉化，在已有的訓練樣本中找到與其語義相近的詞，並顯示出來。想要理解該部分程式碼的含義，需要先掌握 3.3.5 小節夾角餘弦的知識。

程式碼運行後，輸出結果如下。

```
......
epoch：160，iter：20，loss：46.449031829833984
epoch：160，iter：40，loss：46.9992790222168
epoch：160，iter：60，loss：46.418426513671875
Nearest to 長壽：，打坐，不能，道理，修道，故，更換，並且，很
Nearest to 這樣：，人體，裡，我，理解，是，內在，隨著，這
Nearest to 壽命：，於是，有，放盡，都，暫時，但，一定，如此
Nearest to 裡：，內在，精力，儲存，我，這樣，理解，應該，成
Nearest to 放電：，快速，加速，電池，運動會，本領，相當於，在，短時間
Nearest to 時：，開始，當有，機器，活動，太高時，電流，被，燒毀
Nearest to 人：，假如，一般，比作，燒毀，爆發力，呢，被，尤其
Nearest to UNK：，等靜，支撐，平板，不會，所以，相當於，走，加速
Nearest to 變壓器：，成，理解，這，將，儲存，可以，內，為陽來
Nearest to 放出：，能量，中，對外，時候，過程，由，糖類，神經
```

```
Nearest to 。:，說明書，用盡，站，嚴格執行，樁，的，延長，另外
Nearest to 對於:，壞，對，了，支配，電足，自然，為陽來，運動
Nearest to 更加:，靈敏，增大，功能，感覺，精神，某些，舒服，衰退
Nearest to 機器:，時，開始，活動，當有，太高時，被，燒毀，舉個
Nearest to 比:，別人，大，要，)，第二，功率，速度，輸出
Nearest to 最:，舉個，例子，簡單，電足，了，自然，市面上，壞
epoch:161, iter:0, loss:47.61687469482422
epoch:161, iter:20, loss:44.45250701904297
......
```

由於樣本數不是太大，因此結果並不是太精確。但是也可以看出來，模型基本上是按照近義詞歸類的，如「裡」與「內在」、「更加」與「增大」等。模型對這些詞的了解，基本上與人類對這些詞的了解差不多。

3.3.5 夾角餘弦

為了能夠了解 3.3.4 小節的程式，有必要介紹夾角餘弦的概念。

餘弦定理：指定三角形的 3 條邊 a、b、c，對應 3 個角為 A、B、C，則角 A 的餘弦為

$$\cos A = \frac{b^2 + c^2 - a^2}{2bc} \tag{3-1}$$

如果將 b 和 c 看成兩個向量，則式 (3-1) 等於

$$\cos A = \frac{<\boldsymbol{b}, \boldsymbol{c}>}{|\boldsymbol{b}||\boldsymbol{c}|} \tag{3-2}$$

其中，分母表示兩個向量的長度，分子表示兩個向量的內積。

在二維空間中，計算向量 $\boldsymbol{A}(x_1, y_1)$ 與向量 $\boldsymbol{B}(x_2, y_2)$ 的夾角餘弦的公式為

$$\cos\theta = \frac{x_1 x_2 + y_1 y_2}{\sqrt{x_1^2 + y_1^2} \sqrt{x_2^2 + y_2^2}} \tag{3-3}$$

再擴充到兩個 n 維樣本點 $a(x_{11}, x_{12}, ...)$ 和 $b(x_{21}, x_{22}, ...)$ 的夾角餘弦的公式為

$$\cos\theta = \frac{x_{11}x_{21} + x_{12}x_{22} + \cdots}{\sqrt{x_{11}^{2} + x_{12}^{2} + \cdots}\sqrt{x_{21}^{2} + x_{22}^{2} + \cdots}} \tag{3-4}$$

現在可以了解 3.3.4 小節的程式了。

第 164 行程式中的 norm 代表每一個詞對應向量的長度矩陣，見式 (3-5)。

$$\boldsymbol{norm} = \left\{ \begin{array}{c} \sqrt{x_{11}^{2} + x_{12}^{2} + \cdots} \\ \sqrt{x_{21}^{2} + x_{22}^{2} + \cdots} \\ \sqrt{x_{31}^{2} + x_{32}^{2} + \cdots} \\ \cdots \end{array} \right\} \tag{3-5}$$

第 166 行程式中的 normalized_embeddings 表示向量除以自己的模，即單位向量。它可以確定向量的方向。

第 169 行程式中，很顯然 similarity 就是 valid_dataset 中對應的單位向量 valid_embeddings 與整個詞嵌入字典中單位向量的夾角餘弦。詞嵌入夾角餘弦結構如圖 3-1 所示。

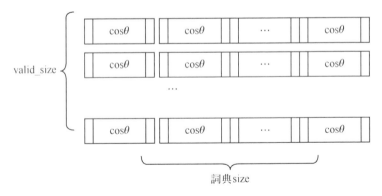

▲ 圖 3-1　詞嵌入夾角餘弦結構

如圖 3-1 所示，計算這麼多夾角餘弦的目的是衡量兩個 n 維向量間的相似度。當 $\cos\theta$ 為 1 時，表明夾角為 0，即兩個向量的方向完全一樣。所以 $\cos\theta$ 越小，表明兩個向量的方向越不一樣，相似度越低。

在 3.3.4 小節驗證資料設定值時做了特殊處理，先將 in_embed.weight.data 中每個詞對應的向量進行平方和再開方得到 norm，然後將 in_embed.weight.data 與 norm 相除得到 normalized_embeddings。當找到自己對應 normalized_embeddings 中的向量 valid_embeddings 時，將該向量與轉置後的 normalized_embeddings 相乘得到每個詞的 similarity。這個過程實現了一個向量間夾角餘弦的計算。

3.3.4 小節的第 174 行程式使用了一個 argsort 函數，用於將陣列中的值按從小到大的順序排列後，返回每個值對應的索引。在使用 argsort 函數之前，將 similarity 取負，得到的就是從小到大的排列了。similarity 就是當前詞與整個詞典中每個詞的夾角餘弦，夾角餘弦值越大，就代表相似度越高。

3.3.6 程式實現：詞嵌入視覺化

最後需要將詞向量視覺化。3.3.2 小節的第 12 ～ 17 行程式對與視覺化相關的引入庫做了初始化，具體說明如下：

- 透過設定 mpl 的值讓 plot 能夠顯示中文資訊。
- scikit-learn(也稱為 sklearn) 函數庫的 t-SNE 演算法模組，作用是非對稱降維。t-SNE 演算法結合 t 分佈，將高維空間的資料點映射到低維空間的距離，主要用於視覺化和了解高維資料。

將詞典中的詞嵌入向量轉成單位向量 (只有方向)，然後將它們透過 t-SNE 演算法降維映射到二維平面中進行顯示，具體程式如下。

程式檔案：code_09_skip-gram.py（續）

```
180 def plot_with_labels(low_dim_embs, labels, filename='tsne.png'):
181    assert low_dim_embs.shape[0] >= len(labels),
182       'More labels than embeddings'
183    plt.figure(figsize=(18, 18))
184    for i, label in enumerate(labels):
185      x, y = low_dim_embs[i, :]
186      plt.scatter(x, y)
187      plt.annotate(label, xy=(x, y), xytext=(5, 2),
188        textcoords='offset points', ha='right', va='bottom')
189    plt.savefig(filename)
190
191 final_embeddings = model.in_embed.weight.data.cpu().numpy()
192 tsne = TSNE(perplexity=30, n_components=2, init='pca', n_iter=5000)
193 plot_only = 200# 輸出 200 個詞
194 low_dim_embs = tsne.fit_transform(final_embeddings[:plot_only, :])
195 labels = [words[i] for i in range(plot_only)]
196
197 plot_with_labels(low_dim_embs, labels)
```

程式執行後，可以看到圖 3-2 所示的詞向量結果。

從圖 3-2 可以看出，模型對詞意義的了解。離得越近的詞，意義越相似，如圖中的「搏擊」、「運動員」、「劇烈運動」距離相近，「假設」、「比作」距離相近。

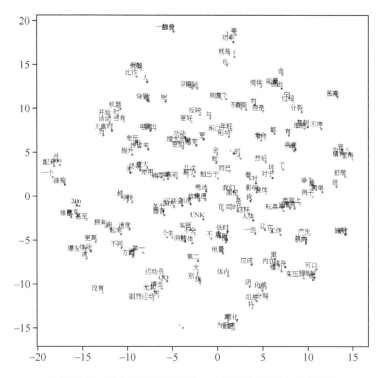

▲ 圖 3-2　詞向量結果 (編按：本圖例為簡體中文介面)

3.3.7 詞向量的應用

在 NLP 中，一般都會將該任務中涉及的詞訓練成詞向量，然後讓每個詞以詞向量的形式作為神經網路模型的輸入，進行一些指定任務的訓練。對於一個完整的訓練任務，詞向量的訓練大多發生在預訓練環節。

除了從頭訓練詞向量，還可以使用已經訓練好的詞向量。尤其在樣本不充足的情況下，可以增加模型的泛化性。

通用的詞嵌入模型常以 key-value 的格式儲存，即把詞對應的向量一一列出來。這種方式具有更好的通用性，它可以不依賴任何框架。

3.4 常用文字處理工具

在 NLP 的發展過程中，人們也開發了很多非常實用的工具，這些工具可以幫助開發人員快速地實現自然語言相關的基礎處理，從而可以更進一步地將精力用在高層次的語義分析任務中。下面詳細介紹該領域中比較優秀的工具。

3.4.1 spaCy 函數庫的介紹和安裝

spaCy 是一個具有工業級強度的 Python NLP 工具套件，它可以用來對文字進行斷詞、短句、詞幹化、標注詞性、命名實體辨識、名詞子句提取、基於詞向量計算詞間相似度等處理。

1. spaCy 函數庫介紹

spaCy 函數庫裡大量使用了 Cython 來提高相關模組的性能，因此在業界應用中很有實際價值。

2. 安裝 spaCy 函數庫

安裝 spaCy 函數庫一共分為兩步，安裝 spaCy 程式和安裝其對應的語言套件。

（1）安裝 spaCy 程式的命令如下。

```
pip install spacy
```

（2）安裝語言套件 (en 模組)。
從 GitHub 網站上搜尋 spacy-models ，點擊該專案頁中的 (9)releases 按鈕，下載語言套件，如圖 3-3 所示。

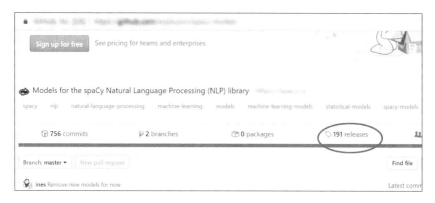

▲ 圖 3-3　spaCy 頁面

本例下載的英文語言套件名稱為 en_core_web_sm-2.2.0.tar.gz，將其下載
後，在命令列視窗中，進入語言套件所在的目錄，執行以下命令。

```
pip install en_core_web_sm-2.2.0.tar.gz
```

接著進行安裝 (如果是 Windows 作業系統，則要以管理員模式進行安
裝)。

執行以下命令，為語言套件增加軟連接。

```
python -m spacy download en
```

該命令執行後如果顯示圖 3-4 所示的結果，則表明已經安裝成功。

```
Requirement already satisfied: more-itertools in d:\programdata\anaconda3\envs\pt13\lib\site-packages (from zipp>=0.5->i
mportlib-metadata>=0.20; python_version < "3.8"->spacy>=2.2.0->en_core_web_sm==2.2.0) (7.2.0)
✓ Download and installation successful
You can now load the model via spacy.load('en_core_web_sm')
為 d:\ProgramData\Anaconda3\envs\pt13\lib\site-packages\spacy\data\en <<===>> d:\ProgramData\Anaconda3\envs\pt13\lib\sit
e-packages\en_core_web_sm 創建的符号链接
✓ Linking successful
d:\ProgramData\Anaconda3\envs\pt13\lib\site-packages\en_core_web_sm -->
d:\ProgramData\Anaconda3\envs\pt13\lib\site-packages\spacy\data\en
You can now load the model via spacy.load('en')
```

▲ 圖 3-4　安裝 spaCy 語言套件

3.4.2 與 PyTorch 深度結合的文字處理函數庫 torchtext

torchtext 是一個可以與 PyTorch 深度結合的文字處理函數庫。它可以方便地對文字進行前置處理，如截斷補齊、建構詞表等。

torchtext 對資料的處理可以概括為 Field、Dataset 和迭代器這 3 部分。

- Field：處理某個欄位。
- Dataset：定義資料來源資訊。
- 迭代器：返回模型所需要的、處理後的資料，主要分為 Iterator、BucketIterator、BPTTIterator 這 3 種。

迭代器的 3 種類型具體如下。

- Iterator：標準迭代器。
- BucketIterator：相比於標準迭代器，會將類似長度的樣本當作一批來處理。因為在文字處理中經常需要將每一批樣本長度補齊為當前批中最長序列的長度，所以當樣本長度差別較大時，使用 BucketIterator 可以提高填充效率。除此之外，我們還可以在 Field 中透過 fix_length 參數來對樣本進行截斷補齊操作。
- BPTTIterator：基於時間的反向傳播 (Back-Propagation Through Time, BPTT) 演算法的迭代器，一般用於語言模型中。

3.4.3 torchtext 函數庫及其內建資料集與呼叫函數庫 的安裝

為了方便文字處理，torchtext 函數庫又內建了一些常用的文字資料集，並整合了一些常用的其他文字處理函數庫。在使用時，可以利用 torchtext 函數庫中提供的 API 進行內建資料集的下載和其他文字處理函數庫的間接呼叫。

1. 安裝 torchtext 函數庫

如果要使用 torchtext 函數庫的基本功能，直接安裝 torchtext 函數庫即可，命令如下。

```
pip install torchtext
```

2. 查看 torchtext 函數庫的內建資料集

安裝好 torchtext 函數庫後，可以在以下路徑中查看 torchtext 函數庫的內建資料集。

本地 pip 安裝套件路徑 \Lib\site-packages\torchtext\datasets__init__.py

其中「本地 pip 安裝套件路徑」是指 Anaconda 的安裝路徑。舉例來說，作者本地的安裝路徑如下。

```
D:\ProgramData\Anaconda3\envs\pt15\Lib\site-packages\torchtext\datasets\__
init__.py
```

其中 "D:\ProgramData\Anaconda3" 為 Anaconda 的安裝路徑，"envs\pt15" 為 Anaconda 中的虛擬環境。

3. 安裝 torchtext 函數庫的呼叫模組

在使用 torchtext 函數庫的過程中，如果還要間接使用其他的文字處理函數庫，則需要額外下載並安裝。舉例來說，在欄位處理部分的範例程式如下。

```
from torchtext import data
TEXT = data.Field(tokenize = 'spacy')
```

呼叫 torchtext 函數庫的 data.Field 函數時，可以向 tokenize 參數傳入 'revtok' 'subword' 'spacy' 'moses' 字串，分別表示使用 revtok、NLTK、載入 en 模組的 spaCy、sacremoses 函數庫進行欄位處理，這些函數庫都需要單獨安裝。

3.4.4 torchtext 函數庫中的內建預訓練詞向量

torchtext 函數庫中內建了許多個預訓練詞向量，可以在模型中直接拿來對本地的權重進行初始化。具體如下。

```
charngram.100d、fasttext.en.300d、fasttext.simple.300d、glove.42B.300d、
glove.840B.300d、glove.twitter.27B.25d\glove.twitter.27B.50d、glove.
twitter.27B.100d、glove.twitter.27B.200d、glove.6B.50d、glove.6B.100d、
glove.6B.200d、glove.6B.300d
```

這些詞向量每個名稱的前面部分表明其訓練時所用的模型，後面部分都是「數字 +d」的形式，代表將詞映射成詞向量的維度。更多的資訊可以參考 torchtext 的官網。

3.5 實例：用 TextCNN 模型分析評論者是否滿意

卷積神經網路不僅在圖型視覺領域有很好的效果，而且在基於文字的 NLP 領域也有很好的效果。TextCNN 模型是卷積神經網路用於文字處理方面的模型。在 TextCNN 模型中，透過多分支卷積技術實現對文字的分類功能。

下面透過一個例子，來了解 TextCNN 模型的實現。

實例描述

有一個記錄評論敘述的資料集，分為正面和負面兩種情緒。透過訓練，讓模型能夠了解正面與負面兩種情緒的語義，並對評論文字進行分類。

對於 NLP 任務，在模型中常用 RNN 模型。但如果把語言向量當作一幅圖型，CNN 模型也是可以分類的。

3.5.1 了解用於文字分類的卷積神經網路模型--TextCNN

TextCNN 模型是利用卷積神經網路對文字進行分類的模型，該模型的結構可以分為以下 4 層。

- 詞嵌入層：將每個詞對應的向量轉化成多維度的詞嵌入向量，將每個句子當作一幅圖來進行處理 (詞的個數詞 × 嵌入向量維度)。
- 多分支卷積層：使用 3、4、5 等不同大小的卷積核對詞嵌入轉化後的句子做卷積操作，生成大小不同的特徵資料。
- 多分支全域最大池化層：對多分支卷積層中輸出的每個分支的特徵資料做全域最大池化操作。
- 全連接分類輸出層：將池化後的結果輸入全連接網路中，輸出分類個數，得到最終結果。

TextCNN 模型的結構如圖 3-5 所示。

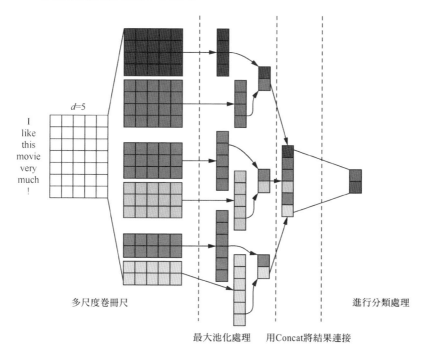

▲ 圖 3-5　TextCNN 模型的結構

因為卷積神經網路具有提取局部特徵的功能，所以可用卷積神經網路提取句子中類似 N-Gram 演算法的關鍵資訊。本例的任務可以視為透過句子中的關鍵資訊進行語義分類，這與 TextCNN 模型的功能是相匹配的。

◈ 提示

由於 TextCNN 模型中使用了池化操作，在這個過程中遺失了一些資訊，所以導致該模型所表徵的句子特徵有限。如果要使用處理相近語義的分類任務，則還需要對其進一步進行調整。

3.5.2 樣本介紹：了解電影評論資料集 IMDB

IMDB 資料集相當於圖片處理領域的 MNIST 資料集，在 NLP 任務中經常被使用。

IMDB 資料集包含 50000 筆評論，平均分成訓練資料集 (25000 筆評論) 和測試資料集 (25000 筆評論)。標籤的整體分佈是平衡的 (25000 筆正面評論和 25000 筆負面評論)。另外，還包括額外的 50000 份無標籤檔案，用於無監督學習。

IMDB 資料集主要包括兩個資料夾 train 與 test，分別存放訓練資料集與測試資料集。每個資料夾中都包含正樣本和負樣本，分別放在 pos 與 neg 子檔案中。train 資料夾下還額外包含一個 unsup 子資料夾，用於非監督訓練。

每個樣本檔案的命名規則為「序號 _ 評級」。其中「評級」可以分為 0 ～ 9 級，完整的 IMDB 目錄結構如圖 3-6 所示。

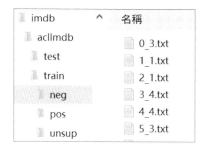

▲ 圖 3-6　IMDB 目錄結構

IMDB 是 torchtext 函數庫的內建資料集，可以直接透過執行 torchtext 函數庫的介面進行獲取。

3.5.3 程式實現：引入基礎函數庫

引入基礎函數庫，並固定 PyTorch 中的隨機種子和 GPU 運算方式。具體程式如下。

程式檔案：code_10_TextCNN.py

```
01   import random                              # 引入基礎函數庫
02   import time
03
04   import torch                               # 引入 PyTorch 函數庫
05   import torch.nn as nn
06   import torch.nn.functional as F
07
08   from torchtext import data , datasets, vocab    # 引入文字處理函數庫
09   import spacy
10
11   torch.manual_seed(1234)                     # 固定隨機種子
12   torch.backends.cudnn.deterministic = True   # 固定 GPU 運算方式
```

第 11 行程式對 PyTorch 中的隨機種子進行固定，使其每次執行時期對權重參數的初始化值一致。

第 12 行程式固定 GPU 運算方式。為了提高 GPU 的運算效率，通常 PyTorch 會呼叫 cuDNN 的 auto-tuner，自動尋找最適合當前設定的高效演算法進行計算，這一過程會導致每次運算的結果可能出現不一致的情況。這裡將 torch.backends.cndnn.deterministic 設為 True，表明不使用尋找高效演算法的功能，使得每次的運算結果一致。

> **注意**
>
> torch.backends.cudnn.deterministic 參數只是對 GPU 有效。在 CPU 上不存在這個問題，即不用設定 torch.backends.cudnn. deterministic 參數也可以保證每次的運算結果一致。

第 11、12 行程式的目的是保證模型每次執行時期輸出一樣的結果，實現模型的可重複性。

3.5.4 程式實現：用 torchtext 載入 IMDB 並拆分為資料集

IMDB 是 torchtext 函數庫的內建資料集，可以直接透過 torchtext 函數庫中的 datasets.IMDB 進行處理。在處理之前將資料集的欄位類型和分詞方法指定好即可。具體程式如下。

程式檔案：code_10_TextCNN.py（續）

```
13   # 定義欄位，並按照指定標記化函數進行分詞
14   TEXT = data.Field(tokenize = 'spacy', lower=True)
15   LABEL = data.LabelField(dtype = torch.float)
16
```

```
17   # 載入資料集，並根據 IMDB 兩個資料夾，返回兩個資料集
18   train_data, test_data = datasets.IMDB.splits(text_field=TEXT,
19   label_field=LABEL)
20   print('--------- 輸出一筆資料 ------')
21   print(vars(train_data.examples[0]), len(train_data.examples))
22   print('---------------')
23
24   # 將訓練資料集再次拆分
25   train_data, valid_data = train_data.split(random_state = random.
     seed(1234))
26   print(" 訓練資料集 :", len(train_data), " 筆 ")
27   print(" 驗證資料集 :", len(valid_data), " 筆 ")
28   print(" 測試資料集 :", len(test_data), " 筆 ")
```

第 14 行程式呼叫 data.Field 函數指定資料集中的文字欄位用 spaCy 函數
庫進行分詞處理，並將其統一改為小寫字母。如果不設定 data.Field 函數
的 tokenize 參數，則預設使用 str.split 函數進行分詞處理。由於樣本中的
單字都是以空格隔開的，因此在本例中，使用 str.split 函數與 spaCy 函數
庫進行分詞的效果一樣。例如：

```
a='111  hello , . </a> !!! 好的 '      # 定義字串
str.split(a)                   # 使用 str.split 函數分詞，得到 :['111', 'hello',
                               ', .', '</a>', '!!!', '好的 ']
spacy_en = spacy.load('en') # 使用 spaCy 函數庫分詞
spacy_en(a).text.split()       # 得到 :['111', 'hello', ', .', '</a>', '!!!',
                               '好的 ']
```

第 18 行程式呼叫 datasets.IMDB.splits 函數進行資料集的載入。該程式
執行時會在本地目錄的 .data 資料夾下尋找是否有 IMDB 資料集，如果沒
有，則下載；如果有，則將其載入到記憶體。被載入記憶體的資料集會
放到資料集物件 train_data 與 test_data 中。

注意

本地 IMDB 目錄結構如圖 3-7 所示。

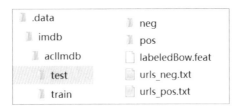

▲ 圖 3-7　本地 IMDB 目錄結構

另外，torchtext 函數庫的 datasets.IMDB.splits 函數還支援 train、test、path 參數，這 3 個參數分別表示訓練樣本的資料夾名稱、測試樣本的資料夾名稱以及資料集的路徑。它們可以幫助讀者借用 IMDB 資料集的處理程式，載入相同格式的其他資料集。

舉例來説，下列程式表示載入路徑在 data/aclImdb 下的資料集。

```
train_data, test_data = datasets.IMDB.splits(text_field=TEXT,
        label_field=LABEL, train='train', test='test',
        path='data/aclImdb')
```

第 25 行程式從訓練資料中拆分出一部分作為驗證資料集。資料集物件 train_data 的 split 方法預設按照 70%、30% 的比例進行拆分。還可以透過對參數 split_ratio 進行設定，來實現按照指定比例進行拆分，例如：

```
train_data.split(random_state = random.seed(1234), split_ratio=0.8)
```

這表示將資料集物件 train_data 按照 80%、20% 的比例進行拆分，其中參數 random_state 是打亂順序的隨機值。

程式執行後，輸出結果如下。

```
downloading aclImdb_v1.tar.gz
.data\imdb\aclImdb_v1.tar.gz:100%| ██████████████ | 84.1M/84.1M
[00:17<00:00, 4.68MB/s]
--------- 輸出一筆資料 ------
{'text':['bromwell', 'high', 'is', 'a', 'cartoon', 'comedy', '.', 'it',
'ran', 'at', 'the', 'same', 'time', 'as', 'some', 'other', 'programs',
'about', 'school', 'life', ',', 'such', 'as', '"', 'teachers', '"', '.',
'my', '35', 'years', 'in', 'the', 'teaching', 'profession', 'lead', 'me',
'to', 'believe', 'that', 'bromwell', 'high', "'s", 'satire', 'is', 'much',
'closer', 'to', 'reality', 'than', 'is', '"', 'teachers', '"', '.', 'the',
'scramble', 'to', 'survive', 'financially', ',', 'the', 'insightful',
'students', 'who', 'can', 'see', 'right', 'through', 'their', 'pathetic',
'teachers', "'", 'pomp', ',', 'the', 'pettiness', 'of', 'the', 'whole',
'situation', ',', 'all', 'remind', 'me', 'of', 'the', 'schools', 'i',
'knew', 'and', 'their', 'students', '.', 'when', 'i', 'saw', 'the',
'episode', 'in', 'which', 'a', 'student', 'repeatedly', 'tried', 'to',
'burn', 'down', 'the', 'school', ',', 'i', 'immediately', 'recalled',
'.........', 'at', '..........', 'high', '.', 'a', 'classic', 'line', ':',
'inspector', ':', 'i', "'m", 'here', 'to', 'sack', 'one', 'of', 'your',
'teachers', '.', 'student', ':', 'welcome', 'to', 'bromwell', 'high',
'.', 'i', 'expect', 'that', 'many', 'adults', 'of', 'my', 'age', 'think',
'that', 'bromwell', 'high', 'is', 'far', 'fetched', '.', 'what', 'a',
'pity', 'that', 'it', 'is', "n't", '!'], 'label':'pos'} 25000
--------------
```

訓練資料集 :17500 筆
驗證資料集 :7500 筆
測試資料集 :25000 筆

結果中輸出了資料集中的一筆資料，該資料是一個字典，裡面有兩個 key，分別為 text 與 label。

注意

要執行本小節的程式，需要提前安裝 spaCy 與 torchtext 函數庫。其中 spaCy 的安裝比較複雜，如果讀者不能正常安裝，也可以將第 14 行程式改成如下：

```
TEXT = data.Field()
```

3.5.5 程式實現：載入預訓練詞向量並進行樣本資料轉化

將資料集中的樣本資料轉化為詞向量，並將其按照指定的批次大小進行組合。具體程式如下。

程式檔案：code_10_TextCNN.py（續）

```
29  # 將樣本資料轉化為詞向量
30  TEXT.build_vocab(train_data,
31                   max_size = 25000,            # 詞的最大數量
32                   vectors = "glove.6B.100d",   # 使用預訓練詞向量
33                   unk_init = torch.Tensor.normal_)
34
35  LABEL.build_vocab(train_data)
36
37  # 創建批次資料
38  BATCH_SIZE = 64
39  device = torch.device('cuda' if torch.cuda.is_available() else 'cpu')
40  train_iterator, valid_iterator, test_iterator = data.BucketIterator.splits(
41    (train_data, valid_data, test_data),
42    batch_size = BATCH_SIZE,
43    device = device)
```

第 30 ～ 33 行程式呼叫了欄位物件 TEXT 的 build_vocab 方法進行文字到詞向量資料的轉化。build_vocab 方法會從資料集物件 train_data 中取出前 25000 個高頻詞，並用指定的預訓練詞向量 glove.6B.100d 進行映射。

glove.6B.100d 為 torchtext 函數庫中內建的英文詞向量，主要將每個詞映射成維度為 100 的浮點數態資料。

◈ **提示**

如果本地已經下載了預訓練詞向量檔案，則可以將其放到 .vector_cache 資料夾下直接進行載入。

第 30 ～ 33 行程式還可以寫成如下。

```
# 載入 .vector_cache 資料夾下的 glove.6B.100d.txt
loaded_vectors = vocab.Vectors('glove.6B.100d.txt')
# 進行詞向量轉化
TEXT.build_vocab(train_data, vectors=loaded_vectors, max_
size=len(loaded_vectors.stoi))
# 指定 TEXT 欄位的詞向量屬性
TEXT.vocab.set_vectors(stoi=loaded_vectors.stoi, vectors=loaded_
vectors.vectors, dim=loaded_vectors.dim)
```

TEXT 欄位詞向量的映射過程如圖 3-8 所示。

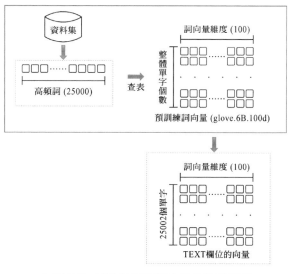

▲ 圖 3-8　TEXT 欄位詞向量的映射過程

程式執行後，輸出結果如下。

```
.vector_cache\glove.6B.zip:862MB [02:50, 5.07MB/s]
100%|███████████| 399838/400000 [00:23<00:00, 17257.52it/s]
```

輸出結果的第 1 行是下載預訓練詞向量檔案 glove.6B.100d 的過程。該檔案會被下載到本地 .vector_cache 資料夾下。

輸出結果的第 2 行是解壓縮預訓練詞向量檔案的過程。

被轉化後的 TEXT 與 LABEL 欄位細節，可以使用以下程式進行查看。

```
TEXT.vocab.vectors.size()        # 查看文字欄位形狀
輸出 :torch.Size([25002, 100])    #25000 個高頻詞加上 2 個填補字元 <pad>、<unk>

TEXT.vocab.freqs.most_common(10) # 查看文字欄位前 10 個高頻詞，即索引
輸出 :[('the', 203563), (', ', 192482), ('.', 165618), ('and', 109442),
('a', 109116), ('of', 100702), ('to', 93766), ('is', 76328), ('in', 61254),
('I', 54004)]

TEXT.vocab.itos[:10]             # 只查看文字欄位前 10 個高頻詞
輸出 :['<unk>', '<pad>', 'the', ', ', '.', 'and', 'a', 'of', 'to', 'is']

LABEL.vocab.itos[:]              # 查看 LABEL 欄位中的單字
輸出 :['neg', 'pos']
```

第 38 ～ 43 行程式將資料集按照指定批次進行組合。

3.5.6 程式實現：定義帶有 Mish 啟動函數的 TextCNN 模型

按照 3.5.1 小節介紹的 TextCNN 模型結構定義 TextCNN 類別。在 TextCNN 類別中，一共有兩個方法。

■ 初始化方法：按照指定個數定義多分支卷積層，並將它們統一放在 nn.ModuleList 陣列中。

■ 前向傳播方法：先將輸入資料依次輸入每個分支的卷積層中進行處理，再對處理結果進行最大池化，最後對池化結果進行連接並回歸處理。

具體程式如下。

程式檔案：code_10_TextCNN.py（續）

```
44  class Mish(nn.Module):                         # 定義 Mish 啟動函數類別
45    def __init__(self):
46      super().__init__()
47    def forward(self, x):
48      x = x * (torch.tanh(F.softplus(x)))
49      return x
50
51  class TextCNN(nn.Module):                       # 定義 TextCNN 模型
52    # 定義初始化方法
53    def __init__(self, vocab_size, embedding_dim, n_filters,
54                 filter_sizes, output_dim, dropout, pad_idx):
55      super().__init__()
56      self.embedding = nn.Embedding(vocab_size,   # 定義詞向量權重
57                 embedding_dim, padding_idx = pad_idx)
58      self.convs = nn.ModuleList([                 # 定義多分支卷積層
59                 nn.Conv2d(in_channels = 1,
60                     out_channels = n_filters,
61                     kernel_size = (fs, embedding_dim))
62                 for fs in filter_sizes])
63      # 定義輸出層
64      self.fc = nn.Linear(len(filter_sizes) * n_filters, output_dim)
65      self.dropout = nn.Dropout(dropout)
66      self.mish = Mish()                           # 實例化啟動函數物件
67
68    # 定義前向傳播方法
69    def forward(self, text):# 輸入形狀為 [sent len, batch size]
```

```
70        # 將形狀變為 [batch size, sent len]
71        text = text.permute(1, 0)
72
73        # 對輸入資料進行詞向量映射，形狀為 [batch size, sent len, emb dim]
74        embedded = self.embedding(text)
75        # 進行維度變換，輸出形狀為 [batch size, 1, sent len, emb dim]
76        embedded = embedded.unsqueeze(1)
77
78        # 多分支卷積處理
79        conved = [self.mish(conv(embedded)).squeeze(3) for conv in self.convs]
80
81        # 對每個卷積結果進行最大池化操作
82        pooled = [F.max_pool1d(conv, conv.shape[2]).squeeze(2) for conv
          inconved]
83        # 將池化結果連接起來
84        cat = self.dropout(torch.cat(pooled, dim = 1))
85        # 輸入全連接，進行回歸輸出
86        return self.fc(cat)
```

第 58～62 行程式將定義好的多分支卷積層以串列形式存放，以便在前
向傳播方法中使用 (見第 69 行程式)。每個分支中卷積核心的第一個維度
由參數 filter_sizes 設定，第二個維度都是 embedding_dim，即只在縱軸
的方向上實現了真正的卷積操作，在橫軸的方向上是全尺度卷積。這種
做法可以造成一維卷積的效果。當然也可以使用 nn.Conv1d 函數來代替
nn.Conv2d 函數。

注意

TextCNN 類別繼承了 nn.Module 類別，在該類別中定義的網路層串列
必須要使用 nn.ModuleList 進行轉化，才可以被 TextCNN 類別辨識。
如果直接使用串列的話，在訓練模型時無法透過 TextCNN 類別物件的
parameters 方法獲得權重。

> 這一點是與 Keras 非常不同的地方 (Keras 中，直接使用串列即可)，也
> 是非常容易出錯的地方，一定要注意。

第 79 行程式將輸入資料進行多分支卷積處理。該程式執行後，會得到一個含有 len(filter_sizes) 個元素的串列，其中每個元素形狀為 [batch size, n_filters, sent len - filter_sizes[n] + 1]，該元素最後一個維度的公式是由卷積公式計算而來的。

注意

讀者可以不用關心每個分支結果中最後一個維度的大小，因為第 82 行程式對多分支卷積的結果進行了最大池化操作，即把最後一個維度全部變為 1。這一過程是系統自動匹配的。經過池化後，每個元素的形狀為 [batch size, n_filters]。

第 84 行程式將所有池化結果連接起來，得到一個形狀為 [batch size, n_filters×len(filter_sizes)] 的張量。

3.5.7 程式實現：用資料集參數實例化模型

根據處理好的資料集參數對 TextCNN 模型進行實例化。具體程式如下。

程式檔案：code_10_TextCNN.py（續）

```
87  if __name__ == '__main__':
88      INPUT_DIM = len(TEXT.vocab)      # 值為 25002
89      EMBEDDING_DIM = TEXT.vocab.vectors.size()[1] # 值為 100
90      N_FILTERS = 100                  # 定義每個分支的輸出通道數量
91      FILTER_SIZES = [3, 4, 5]         # 定義多分支卷積中每個分支的卷積核心尺寸
92      OUTPUT_DIM = 1                   # 定義輸出維度
```

```
93    DROPOUT = 0.5                           # 定義 Dropout 的捨棄率
94    PAD_IDX = TEXT.vocab.stoi[TEXT.pad_token]        # 定義填充值
95    # 實例化模型
96      model = TextCNN(INPUT_DIM, EMBEDDING_DIM, N_FILTERS, FILTER_SIZES,
    OUTPUT_DIM, DROPOUT, PAD_IDX)
```

第 94 行程式獲取了資料集中填補字元對應的索引。在詞向量映射過程中對齊資料時會使用該索引進行填充。

3.5.8 程式實現：用預訓練詞向量初始化模型

將載入好的 TEXT 欄位詞向量複製到模型中，為其初始化。具體程式如下。

程式檔案：code_10_TextCNN.py（續）

```
97    # 複製詞向量
98    model.embedding.weight.data.copy_(TEXT.vocab.vectors)
99    # 將未辨識詞和填充詞歸零
100   UNK_IDX = TEXT.vocab.stoi[TEXT.unk_token]
101   model.embedding.weight.data[UNK_IDX] = torch.zeros(EMBEDDING_DIM)
102   model.embedding.weight.data[PAD_IDX] = torch.zeros(EMBEDDING_DIM)
```

第 101、102 行程式對未辨識詞和填充詞進行歸零處理。歸零處理是讓這兩個詞在詞向量空間中失去意義。這樣做的目的是防止後面填補字元對原有的詞向量空間進行干擾。

3.5.9 程式實現：用 Ranger 最佳化器訓練模型

Ranger 最佳化器在本書的書附資源裡，讀者可以直接使用。撰寫模型的訓練、測試函數，並訓練模型。具體程式如下。

```
103    import torch.optim as optim          # 載入最佳化器函數庫
104    from functools import partial        # 載入偏函數程式庫
105    from ranger import *                  # 載入 Ranger 最佳化器
106    # 為 Ranger 最佳化器設定參數
107    opt_func = partial(Ranger, betas=(.9, 0.99), eps=1e-6)
108    optimizer = opt_func(model.parameters(), lr=0.004) # 定義 Ranger 最佳化器
109
110    # 定義損失函數
111    criterion = nn.BCEWithLogitsLoss()
112
113    # 分配運算資源
114    model = model.to(device)
115    criterion = criterion.to(device)
116
117    # 定義函數，計算準確率
118    def binary_accuracy(preds, y):
119        # 把結果四捨五入
120        rounded_preds = torch.round(torch.sigmoid(preds))
121        correct = (rounded_preds == y).float()
122        acc = correct.sum() / len(correct)
123        return acc                          # 返回準確率
124
125    # 定義函數，訓練模型
126    def train(model, iterator, optimizer, criterion):
127
128        epoch_loss = 0
129        epoch_acc = 0
130        model.train()                       # 設定模型標識，保證 Dropout 在訓練模式下
131
132        for batch in iterator:              # 遍歷資料集進行訓練
133            optimizer.zero_grad()
134            predictions = model(batch.text).squeeze(1) # 在第 1 個維度上去除維度
```

```
135          loss = criterion(predictions, batch.label)        # 計算損失
136          acc = binary_accuracy(predictions, batch.label) # 計算準確率
137          loss.backward()                                   # 損失反向傳播
138          optimizer.step()                                  # 最佳化處理
139          epoch_loss += loss.item()                         # 統計損失
140          epoch_acc += acc.item()                           # 統計準確率
141      return epoch_loss / len(iterator), epoch_acc / len(iterator)
142
143  # 定義函數，評估模型
144  def evaluate(model, iterator, criterion):
145
146      epoch_loss = 0
147      epoch_acc = 0
148      model.eval()                    # 設定模型標識，保證 Dropout 在評估模式下
149
150      with torch.no_grad():           # 禁止梯度計算
151          for batch in iterator:
152              predictions = model(batch.text).squeeze(1)      # 計算結果
153              loss = criterion(predictions, batch.label)        # 計算損失
154              acc = binary_accuracy(predictions, batch.label) # 計算準確率
155              epoch_loss += loss.item()
156              epoch_acc += acc.item()
157      return epoch_loss / len(iterator), epoch_acc / len(iterator)
158
159  # 定義函數，計算時間差
160  def epoch_time(start_time, end_time):
161      elapsed_time = end_time - start_time
162      elapsed_mins = int(elapsed_time / 60)
163      elapsed_secs = int(elapsed_time - (elapsed_mins * 60))
164      return elapsed_mins, elapsed_secs
165
166  N_EPOCHS = 5                                      # 設定訓練的迭代次數
167  best_valid_loss = float('inf')      # 設定損失初值，用於儲存最佳模型
168
```

```
169   for epoch in range(N_EPOCHS):     # 按照迭代次數進行訓練
170     start_time = time.time()
171     train_loss, train_acc = train(model, train_iterator, optimizer,
        criterion)
172     valid_loss, valid_acc = evaluate(model, valid_iterator, criterion)
173     end_time = time.time()
174     # 計算迭代的時間消耗
175     epoch_mins, epoch_secs = epoch_time(start_time, end_time)
176
177     if valid_loss < best_valid_loss:# 儲存最佳模型
178       best_valid_loss = valid_loss
179       torch.save(model.state_dict(), 'textcnn-model.pt')
180     # 輸出訓練結果
181       print(f'Epoch:{epoch+1:02} | Epoch Time:{epoch_mins}m {epoch_
        secs}s')
182       print(f'\tTrain Loss:{train_loss:.3f} | Train Acc:{train_acc*
        100:.2f}%')
183       print(f'\t Val. Loss:{valid_loss:.3f} |  Val. Acc:{valid_acc*
        100:.2f}%')
184
185   # 測試模型效果
186   model.load_state_dict(torch.load('textcnn-model.pt'))
187   test_loss, test_acc = evaluate(model, test_iterator, criterion)
188   print(f'Test Loss:{test_loss:.3f} | Test Acc:{test_acc*100:.2f}%')
```

第 111 行 程 式 使 用 了 nn.BCEWithLogitsLoss 函 數 來 計 算 損 失。
nn.BCEWithLogitsLoss 函數是帶有 Sigmoid 函數的二分類交叉熵，即先
對模型的輸出結果進行 Sigmoid 計算，再對其餘標籤一起做 cross_entropy
計算。

程式執行後，輸出結果如下。

```
Epoch:01 | Epoch Time:0m 38s
       Train Loss:0.541 | Train Acc:70.51%
```

```
          Val. Loss:0.342 |  Val. Acc:85.48%
Epoch:02 | Epoch Time:0m 28s
          Train Loss:0.307 | Train Acc:86.75%
          Val. Loss:0.304 |  Val. Acc:87.26%
Epoch:03 | Epoch Time:0m 28s
          Train Loss:0.204 | Train Acc:91.86%
          Val. Loss:0.273 |  Val. Acc:88.93%
Epoch:04 | Epoch Time:0m 28s
          Train Loss:0.130 | Train Acc:95.08%
          Val. Loss:0.294 |  Val. Acc:88.86%
Epoch:05 | Epoch Time:0m 27s
          Train Loss:0.075 | Train Acc:97.31%
          Val. Loss:0.349 |  Val. Acc:88.98%
Test Loss:0.284 | Test Acc:88.26%
```

3.5.10 程式實現：使用模型進行預測

撰寫模型預測介面函數，對指定句子進行預測。列舉幾個句子輸入模型
預測介面函數進行預測，查看預測結果。具體程式如下。

程式檔案：code_10_TextCNN.py（續）

```
189   nlp = spacy.load('en')    # 用 spaCy 函數庫載入英文語言套件
190   # 定義函數，實現預測介面
191   def predict_sentiment(model, sentence, min_len = 5):# 處理的最小長度為 5
192     model.eval()          # 設定模型標識，保證 Dropout 在評估模式下
193
194     tokenized = nlp.tokenizer(sentence).text.split()    # 拆分輸入句子
195     if len(tokenized) < min_len:# 長度不足，在後面填充
196       tokenized += ['<pad>'] * (min_len - len(tokenized))
197     # 將單字轉為索引
198     indexed = [TEXT.vocab.stoi[t] for t in tokenized]
199     tensor = torch.LongTensor(indexed).to(device)
200     tensor = tensor.unsqueeze(1)                  # 為張量增加維度，模擬批次
```

```
201     prediction = torch.sigmoid(model(tensor))   # 輸入模型進行預測
202     return prediction.item()                     # 返回預測結果
203
204     # 使用句子進行測試
205     sen = "This film is terrible"
206     print('\n 預測 sen = ', sen)
207     print(' 預測結果 :', predict_sentiment (model, sen))
208
209     sen = "This film is great"
210     print('\n 預測 sen = ', sen)
211     print(' 預測結果 :', predict_sentiment(model, sen))
212
213     sen = "I like this film very much ! "
214     print('\n 預測 sen = ', sen)
215     print(' 預測結果 :', predict_sentiment(model, sen))
```

第 191 ～ 202 行程式是模型預測介面函數的實現。在該函數中具體的步驟如下。

（1）將長度不足 5 的句子用 '<pad>' 字元補齊。

（2）將句子中的單字轉為索引。

（3）為張量增加維度，以與訓練場景下的輸入形狀保持一致。

（4）輸入模型進行預測，並對結果進行 Sigmoid 計算。因為模型在訓練時，使用的計算損失函數附帶 Sigmoid 處理，但模型中沒有 Sigmoid 處理，所以要對結果增加 Sigmoid 處理。

第 205 ～ 215 行程式使用了 3 個句子輸入模型預測介面函數進行預測，並輸出預測結果。

程式執行後，輸出結果如下。

```
預測 sen =  This film is terrible
預測結果 :0.04000573977828026
```

```
預測 sen =   This film is great
預測結果 :0.8294041156768799
預測 sen =   I like this film very much !
預測結果 :0.6002698540687561
```

輸出的預測結果中，大於 0.5 的為正面評論，小於 0.5 的為負面評論。

3.6 了解 Transformers 函數庫

在 BERTology 系 列 模 型 中， 包 含 ELMo、GPT、BERT、Transformer-XL、GPT-2 等多種預訓練語言模型，這些模型在各種 NLP 任務上表現很好。但是這些模型程式介面各有不同，訓練起來極耗費算力資源，使用它們並不是一件很容易的事。

Transformers 函數庫是一個支持 TensorFlow 2.x 和 PyTorch 的 NLP 函數庫。它將 BERTology 系列的所有模型融合到一起，並提供統一的使用介面和預訓練模型，為人們使用 BERTology 系列模型提供方便。

◈ 提示

由於本書以 PyTorch 實現為主，因此這裡只介紹在 PyTorch 框架中使用 Transformers 函數庫的方法。有關在 TensorFlow 中使用 Transformers 函數庫的方法可以參考 Transformers 函數庫的說明文件。

3.6.1 Transformers 函數庫的定義

Transformers 函數庫中包括自然語言了解和自然語言生成兩大類任務，提供了先進的通用架構 (如 BERT、GPT-2、RoBERTa、XLM、DistilBert、XLNet、CTRL 等)，其中有超過 32 個預訓練模型 (細分為 100 多種語言的版本)。

使用 Transformers 函數庫可以非常方便地完成以下幾個任務。

1. 透過執行指令稿，直接使用訓練好的 SOTA 模型，完成 NLP 任務

Transformers 函數庫附帶一些指令稿和在基準 NLP 資料集上訓練好的 SOTA 模型。其中，基準 NLP 資料集包括 SQuAD 2.0 和 GLUE 資料集 (見 3.2 節)。

不需要訓練，直接將這些訓練好的 SOTA 模型運用到實際的 NLP 任務中，就可以取得很好的效果。

◈ 提示
SOTA(State-Of-The-Art) 是指目前應用於某項任務中「最好的」演算法或技術。

---

2. 呼叫 API 實現 NLP 任務的前置處理和微調

Transformers 函數庫提供了一個簡單的 API，它用於執行這些模型所需的所有前置處理和微調步驟。

- 在前置處理方面，透過使用 Transformers 函數庫的 API，可以實現對文字資料集的特徵提取，並能夠使用自己架設的模型對提取後的特徵進行二次處理，完成各種訂製化任務。
- 在微調方面，透過使用 Transformers 函數庫的 API，可以對特定的文字資料集進行二次訓練，使模型可以在 Transformers 函數庫中已預訓練的模型的基礎之上，透過少量訓練來實現特定資料集的推理任務。

3. 匯入 TensorFlow 模型

Transformers 函數庫提供了轉換介面，可以輕鬆將 TensorFlow 訓練的 checkpoints 模型匯入 PyTorch 並使用。

4. 轉換成端計算模型

Transformers 函數庫還有一個配套的工具 swift-coreml-transformers，可以將使用 TensorFlow 2.x 或 PyTorch 訓練好的 Transformer 模型 (如 GPT-2、DistilGPT-2、BERT 及 DistilBERT 模型) 轉換成能夠在 iOS 作業系統下使用的端計算模型。

3.6.2 Transformers 函數庫的安裝方法

有 3 種方式可以安裝 Transformers 函數庫，即使用 conda 命令進行安裝、使用 pip 命令進行安裝及從原始程式安裝。

1. 使用 conda 命令進行安裝

使用 conda 命令進行安裝的命令如下。

```
conda install transformers
```

使用這種方式安裝的 Transformers 函數庫與 Anaconda 軟體套件的相容性更好，但所安裝的 Transformers 函數庫版本會相對落後。

2. 使用 pip 命令進行安裝

使用 pip 命令進行安裝的命令如下。

```
pip install transformers
```

使用這種方式可以將 Transformers 函數庫發佈的最新版本安裝到本機。

3. 從原始程式安裝

從原始程式安裝 Transformers 函數庫時需要參考 Transformers 函數庫的說明文件。使用這種方式可以使 Transformers 函數庫適用於更多平台，並且可以安裝 Transformers 函數庫的最新版本。

◈ 提示

由於 NLP 技術的發展非常迅速，因此 Transformers 函數庫的更新速度也會非常快。只有安裝 Transformers 函數庫的最新版本，才能使用 Transformers 函數庫中整合好的最新 NLP 技術。

3.6.3 查看 Transformers 函數庫的版本資訊

Transformers 函數庫會隨著當前 NLP 領域中主流的技術發展而即時更新。目前，Transformers 函數庫的更新速度非常快，可以透過 Transformers 函數庫安裝路徑下的 transformers__init__.py 檔案找到當前安裝的版本資訊。

舉例來說，作者本地的檔案路徑如下。

```
D:\ProgramData\Anaconda3\envs\pt15\Lib\site-packages\transformers\__init__.py
```

打開該檔案，即可看到 Transformers 函數庫的版本資訊，如圖 3-9 所示。

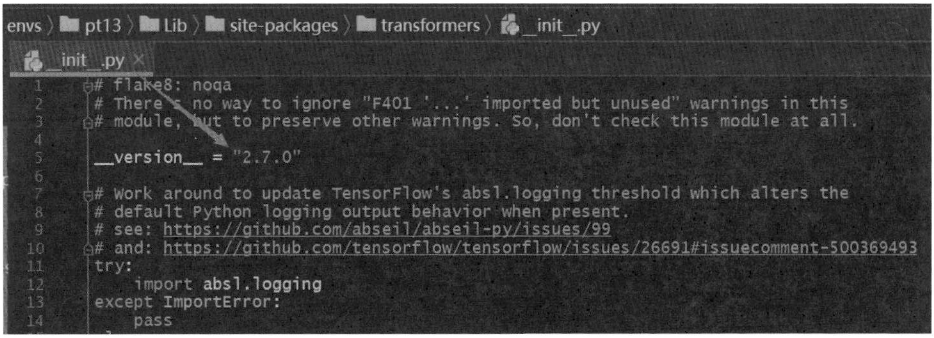

▲ 圖 3-9　Transformers 函數庫的版本資訊

圖 3-9 中箭頭標注的位置即 Transformers 函數庫的版本資訊。

3.6.4 Transformers 函數庫的 3 層應用結構

從應用角度看，Transformers 函數庫有 3 層應用結構，如圖 3-10 所示。

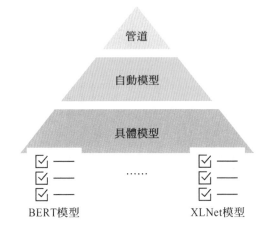

▲ 圖 3-10　Transformers 函數庫的 3 層應用結構

圖 3-10 所示的 3 層應用結構，分別對應於 Transformers 函數庫的 3 種應用方式，具體如下。

- 管道 (Pipeline) 方式：高度整合的極簡使用方式，只需要幾行程式即可實現一個 NLP 任務。
- 自動模型 (AutoModel) 方式：可以將任意的 BERTology 系列模型載入並使用。
- 具體模型方式：在使用時，需要明確指定具體的模型，並按照每個 BERTology 系列模型中的特定參數進行呼叫，該方式相對複雜，但具有較高的靈活度。

在這 3 種應用方式中，管道方式使用最簡單，靈活度較低；具體模型方式使用最複雜，靈活度較高。

3.7 實例：使用 Transformers 函數庫的管道方式完成多種 NLP 任務

管道方式是 Transformers 函數庫中高度整合的極簡使用方式。使用這種方式來處理 NLP 任務，只需要撰寫幾行程式就能實現。透過本例的練習可以讓讀者對 Transformers 函數庫的使用快速上手。

實例描述

> 載入 Transformers 函數庫中的預訓練模型，並用它實現文字分類、隱藏語言建模、摘要生成、特徵提取、閱讀了解、命名實體辨識這 6 種任務。

本例分別透過自動下載模型和手動下載模型兩種方式進行實現。

3.7.1 在管道方式中指定 NLP 任務

Transformers 函數庫的管道方式使用起來非常簡單，核心步驟只有兩步。

（1）直接根據 NLP 任務對 pipeline 類別進行實例化，便可以得到能夠使用的模型物件。

（2）將文字輸入模型物件，進行具體的 NLP 任務處理。

如在實例化過程中，向 pipeline 類別傳入字串 "sentiment-analysis"。該字串用於告訴 Transformers 函數庫返回一個能夠進行文字分類任務的模型。當得到該模型之後，便可以將其用於文字分類任務。

在管道方式所返回的模型中，除了可以支援文字分類任務以外，還支援以下幾種任務。

- eature-extraction：特徵提取任務。
- sentiment-analysis：分類任務。

- ner：命名實體辨識任務。
- question-answering：問答任務。
- ill-mask：克漏字任務。
- summarization：摘要生成任務。
- translation：英法、英德等翻譯任務 (英法翻譯的全稱為 translation_ en_to_fr)。

這幾種任務的具體使用方式將在本節實例中具體介紹。

3.7.2 程式實現：完成文字分類任務

文字分類是指模型可以根據文字中的內容來進行分類，如根據內容對情緒分類、根據內容對商品分類等。文字分類模型一般是透過有監督訓練得到的。對文字內容的具體分類方向，依賴於訓練時所使用的樣本標籤。

1. 程式實現

使用管道方式的程式非常簡單，向 pipeline 類別中傳入字串 "sentiment-analysis" 即可使用。具體程式如下。

程式檔案：code_11_pipline.py

```
01   from transformers import *
02   nlp_sentence_classif= pipeline("sentiment-analysis")    # 自動載入模型
03   print(nlp_sentence_classif ("I like this book!"))       # 呼叫模型進行處理
```

程式執行後，需要等待一段時間，系統會進行預訓練模型的下載工作。下載完成後，輸出結果如下。

```
HBox(children=(IntProgress(value=0, description='Downloading', max=569,
style=ProgressStyle(description_width=…[{'label':'POSITIVE',
'score':0.9998675}]
```

輸出結果的前兩行是下載模型的資訊,最後一行是模型輸出的結果。

Transformers 函數庫中的管道方式提供給使用者了一個非常方便的使用介面。使用者完全不用關心內部的工作機制,直接使用即可。

◈ 提示

該程式執行後,系統會自動從指定網站下載對應的連結檔案。這些檔案預設會放在系統的使用者目錄中。如作者的本地目錄是 C:\Users\ljh\.cache\torch\transformers。

---

2. 常見問題

第一次執行 Transformers 函數庫中的程式,有可能會遇到以下問題。

(1)執行錯誤,無法匯入 Parallel。
Transformers 函數庫使用了 0.15.0 版本以上的 joblib 函數庫,如果執行時期出現以下錯誤。

```
ImportError:cannot import name 'Parallel' from 'joblib'
```

則表明本地的 joblib 函數庫版本在 0.15.0 以下,需要重新安裝。使用以下命令進行安裝。

```
pip uninstall joblib
pip install joblib
```

(2)執行錯誤,找不到 FloatProgress。
在自動下載模型的過程中,Transformers 函數庫是使用 ipywidgets 函數庫進行工作的。如果沒有 ipywidgets 函數庫,則會出現以下錯誤。

```
ImportError:FloatProgress not found. Please update jupyter and ipywidgets.
See https://ipywidgets.readthedocs.io/en/stable/user_install.html
```

這種錯誤表示沒有安裝 ipywidgets 函數庫，需要使用以下命令進行安裝。

```
pip install ipywidgets
```

（3）模型下載失敗。

系統在執行第 2 行程式時，需要先從網路下載預訓練模型到本地，再進行載入使用。如果是網路環境不穩定，可能會出現因下載不成功而導致執行失敗的情況。

3. 用手動載入方式解決模型下載失敗問題

為了解決模型下載失敗問題，可以直接使用書附資源中的模型檔案，從本地進行載入。具體做法如下。

（1）將資料夾 distilbert-base-uncased 複製到本地程式的同級目錄下。
（2）修改本小節第 02 行程式，將其修改成以下程式。

```
tokenizer = DistilBertTokenizer.from_pretrained(
    r'./distilbert-base-uncased/bert-base-uncased-vocab.txt')
nlp_sentence_classif= pipeline("sentiment-analysis",
model=
r'./distilbert-base-uncased/distilbert-base-uncased-finetuned-sst-2-
english-pytorch_model.bin',
config=r'./distilbert-base-uncased/distilbert-base-uncased-finetuned-sst-2-
english-config.json',
tokenizer = tokenizer)
```

待程式修改之後，便可以正常執行。

◈ 提示

資料夾 "distilbert-base-uncased" 中的模型檔案也是手動下載的。尋找這些模型下載網址的方法將在後文介紹管道方式執行機制時提及。

如果讀者使用的 Transformers 函數庫版本是 3 系列，則以上的手動修改
方式會故障，還需要按照 3.7.7 小節的方式，將模型檔案改成標準的固定
名稱後，再以資料夾的方式進行載入。

3.7.3 程式實現：完成特徵提取任務

特徵提取任務只返迴文字處理後的特徵，屬於預訓練模型範圍。特徵提
取任務的輸出結果需要結合其他模型一起工作，不是點對點解決任務的
模型。

對句子進行特徵提取後的結果可以當作 3.5 節的詞向量來使用，其作用也
與 3.3.7 小節所介紹的作用一致。

在本例的實現中，只將其輸出結果的形狀輸出。

1. 程式實現

向 pipeline 類別中傳入字串 "feature-extraction" 進行實例化，並呼叫該實
例化物件對文字進行處理。具體程式如下。

程式檔案：code_11_pipline.py（續）

```
04   import numpy as np
05   nlp_features = pipeline('feature-extraction')
06   output = nlp_features(
07            'Code Doctor Studio is a Chinese company based in BeiJing.')
08   print(np.array(output).shape)    # 輸出特徵形狀
```

程式執行後，輸出結果如下。

```
(1, 16, 768)
```

輸出結果是一個元組物件，該物件中的 3 個元素所代表的意義分別為批
次個數、詞個數、每個詞的向量。

可以看到，如果直接使用 3.4.4 小節中 torchtext 函數庫的內建預訓練詞向量進行轉化，也可以得到類似形狀的結果。直接使用內建預訓練詞向量進行轉化的方式對算力消耗較小，但需要將整個詞表載入記憶體，對記憶體消耗較大。而本例中，使用模型進行特徵提取的方式雖然會消耗一些算力，但是記憶體佔用相對可控 (只是模型的空間大小)，如果再配合剪枝壓縮等技術，更適合專案部署。

注意

使用管道方式來完成特徵提取任務，只適用於資料前置處理階段。如果要對已有的 BERTology 系列模型進行微調—對 Transformers 函數庫中的模型進行再訓練，還需要使用更底層的類別介面。

---

2. 用手動載入方式呼叫模型

為了解決模型下載失敗問題，可以直接使用書附資源中的模型檔案，從本地進行載入。具體做法如下。

（1）將資料夾 distilbert-base-cased 複製到本地程式的同級目錄下。
（2）修改本小節第 05 行程式，將其修改成以下程式。

```
tokenizer = DistilBertTokenizer.from_pretrained(
            r'./distilbert-base-cased/bert-base-cased-vocab.txt')
nlp_fill = pipeline("fill-mask",
    model=r'./distilbert-base-cased/distilbert-base-cased-pytorch_model.bin',
    config=r'./distilbert-base-cased/distilbert-base-cased-config.json',
    tokenizer = tokenizer)
```

如果讀者使用的 Transformers 函數庫版本是 3 系列，則以上的手動修改方式會故障，還需要按照 3.7.7 小節的方式，將模型檔案改成標準的固定名稱後，再以資料夾的方式進行載入。

3.7.4 程式實現：完成克漏字任務

克漏字任務又叫作遮蔽語言建模任務，它屬於 BERT 模型在訓練過程中的子任務。

1. 克漏字任務

克漏字任務的做法如下。

在訓練 BERT 模型時，利用遮蔽語言的方式，先對輸入序列文字中的單字進行隨機遮蔽，並將遮蔽後的文字輸入模型，令模型根據上下文中提供的其他非遮蔽詞預測遮蔽詞的原始值。

一旦 BERT 模型訓練完成，即可得到一個能夠處理克漏字任務的模型——MLM。

2. 程式實現

向 pipeline 類別中傳入字串 "fill-mask" 進行實例化，並呼叫該實例化物件對文字進行處理。

在使用實例化物件時，需要將要填空的單字用特殊字元遮蔽，然後用模型來預測被遮蔽的單字。

遮蔽單字的特殊字元可以使用實例化物件的 tokenizer.mask_token 屬性來實現。具體程式如下。

程式檔案：code_11_pipline.py（續）

```
09  nlp_fill = pipeline("fill-mask")
10  print(nlp_fill.tokenizer.mask_token) # 輸出遮蔽字元 :'[MASK]'
11  # 呼叫模型進行處理
12  print(nlp_fill(f"Li Jinhong wrote many {nlp_fill.tokenizer.mask_token}
    about artificial intelligence technology and helped many people."))
```

程式執行後，輸出結果如下。

```
[{'sequence':'[CLS] li jinhong wrote many books about artificial
intelligence technology and helped many people. [SEP]',
'score':0.7667181491851807, 'token':2146},
  {'sequence':'[CLS] li jinhong wrote many articles about
artificial intelligence technology and helped many people. [SEP]',
'score':0.1408711075782776, 'token':4237},
  {'sequence':'[CLS] li jinhong wrote many works about artificial
intelligence technology and helped many people. [SEP]',
'score':0.01669470965862274, 'token':1759},
  {'sequence':'[CLS] li jinhong wrote many textbooks about
artificial intelligence technology and helped many people. [SEP]',
'score':0.009570339694619179, 'token':20980},
  {'sequence':'[CLS] li jinhong wrote many papers about artificial
intelligence technology and helped many people. [SEP]',
'score':0.009053915739059448, 'token':4580}]
```

從輸出結果中可以看出，模型輸出了分值最大的前 5 名結果。其中第 1 行的結果預測出了被遮蔽的單字為 "books"。

3. 用手動載入方式呼叫模型

比較 3.7.2 小節和 3.7.3 小節中手動載入方式的實現，可以看出實例化 pipeline 類別的通用方法：先指定一個 NLP 任務對應的字串，再為其指定本地模型。

其實，Transformers 函數庫中的很多模型都是通用的，它可以適用於管道方式的多種任務。在克漏字任務中，使用 3.7.3 小節特徵提取中的任務也是可以執行的。

舉例來說，可以將第 09 行程式改成以下程式。

```
tokenizer = DistilBertTokenizer.from_pretrained(
    r'./distilbert-base-cased/bert-base-cased-vocab.txt')
```

```
nlp_fill = pipeline("fill-mask",
    model=r'./distilbert-base-cased/distilbert-base-cased-pytorch_model.bin',
    config=r'./ istilbert-base-cased/distilbert-base-cased-config.json',
    tokenizer = tokenizer)
```

如果讀者使用的 Transformers 函數庫版本是 3 系列，則以上的手動修改方式會故障，還需要按照 3.7.7 小節的方式，將模型檔案改成標準的固定名稱後，再以資料夾的方式進行載入。

3.7.5 程式實現：完成閱讀了解任務

閱讀了解任務又叫作問答任務，即輸入一段文字和一個問題，令模型輸出結果。

1. 程式實現

向 pipeline 類別中傳入字串 "question-answering" 進行實例化，並呼叫該實例化物件對一段文字和一個問題進行處理，然後輸出模型的處理結果。具體程式如下。

程式檔案：code_11_pipline.py（續）

```
13  nlp_qa = pipeline("question-answering")  # 實例化模型
14  print(                                   # 輸出模型處理結果
15  nlp_qa(context='Code Doctor Studio is a Chinese company based in BeiJing.',
16      question='Where is Code Doctor Studio?') )
```

在使用實例化物件 nlp_qa 時，必須傳入參數 context 和 question。其中參數 context 代表一段文字，參數 question 代表一個問題。

程式執行後，輸出結果如下。

```
convert squad examples to features:100%| ███████ | 1/1 [00:00<00:00,
2094.01it/s]
```

```
add example index and unique id:100%| ██████████████ | 1/1 [00:00<00:00,
6452.78it/s]
{'score':0.9465346197890199, 'start':49, 'end':56, 'answer':'BeiJing.'}
```

輸出結果的前兩行是模型內部的執行過程，最後一行是模型的輸出結果，在結果中，"answer" 欄位為輸入的問題，答案是 "BeiJing"。

2. 常見問題

在執行閱讀了解任務時，除了會存在因網路不好而導致模型下載失敗的問題，還會存在系統相容性問題。

目前 PyTorch 還沒有解決其在 Windows 作業系統下多執行緒處理資料的相容性。而 Transformers 函數庫在處理參數 context 所對應的文字時，使用了多執行緒技術。如果在 Windows 作業系統下執行該程式，會出現 "BrokenPipeError:[Errno 32] Broken pipe" 的錯誤，如圖 3-11 所示。

```
  File "D:\ProgramData\Anaconda3\envs\pt13\lib\multiprocessing
\popen_spawn_win32.py", line 65, in __init__
    reduction.dump(process_obj, to_child)
  File "D:\ProgramData\Anaconda3\envs\pt13\lib\multiprocessing\reduction.py",
line 60, in dump
    ForkingPickler(file, protocol).dump(obj)
BrokenPipeError: [Errno 32] Broken pipe
```

▲ 圖 3-11　系統相容性錯誤

所以該程式目前只能在 Linux 作業系統下執行。如果讀者使用 Transformers 函數庫版本是 3 系列，則不會出現相容性問題。

3. 用手動載入方式呼叫模型

因為閱讀了解任務的輸入是一個文字和一個問題，而輸出是一個答案，這種結構相對其他任務的輸入 / 輸出具有特殊性，所以其不能與 3.7.2 小節或 3.7.3 小節的模型通用，但使用方法是一樣的。

本例中使用的閱讀了解模型是在 SQuAD 資料集上訓練的 (SQuAD 資料集見 3.2.2 小節的介紹)。

可以參考 3.7.3 小節手動載入模型的方式，直接將書附資源中的模型資料夾 distilbert-base-cased-distilled-squad 複製到本地程式的同級目錄下，並將第 13 行程式改成以下程式。

```
tokenizer = DistilBertTokenizer.from_pretrained(
        r'./distilbert-base-cased-distilled-squad/bert-base-cased-vocab.txt')
nlp_qa = pipeline( "question-answering",
 model=r'./distilbert-base-cased-distilled-squad/distilbert-base-cased-
      distilled-\squad-pytorch_model.bin'',
 config=r'./distilbert-base-cased-distilled-squad/distilbert-base-cased-
      distilled-\squad-config.json'',
 tokenizer = tokenizer)
```

如果讀者使用的 Transformers 函數庫版本是 3 系列，則以上的手動修改方式會故障，還需要按照 3.7.7 小節的方式，將模型檔案改成標準的固定名稱後，再以資料夾的方式進行載入。

3.7.6 程式實現：完成摘要生成任務

摘要生成任務的輸入是一段文字，輸出是一段相對於輸入較短的文字。

1. 程式實現

向 pipeline 類別中傳入字串 "summarization" 進行實例化，並呼叫該實例化物件對一段文字進行處理，然後輸出模型的處理結果。具體程式如下。

程式檔案：code_11_pipline.py（續）

```
17  TEXT_TO_SUMMARIZE = '''
18  In this notebook we will be using the transformer model, first
    introduced in this paper. Specifically, we will be using the BERT
```

```
      (Bidirectional Encoder Representations from Transformers) model from
      this paper.
19    Transformer models are considerably larger than anything else covered
      in these tutorials. As such we are going to use the transformers
      library to get pre-trained transformers and use them as our embedding
      layers. We will freeze (not train) the transformer and only train the
      remainder of the model which learns from the representations produced
      by the transformer. In this case we will be using a multi-layer bi-
      directional GRU, however any model can learn from these representations.
20    '''
21    summarizer = pipeline('summarization')
22    print(summarizer(TEXT_TO_SUMMARIZE))
```

該模型較大 (1.5GB)，在執行時期需要等待很長的下載時間。程式執行後，輸出結果如下。

```
  [{'summary_text':'Transformer models are considerably larger than
anything else covered in these tutorials. As such we are going to use the
transformers library to get pre-trained transformers and use them as our
embedding layers. We will freeze (not train) the transformer and only train
the remainder of the model which learns from the representations.'}]
```

2. 用手動載入方式呼叫模型

因為本小節中的摘要生成任務所對應的模型檔案比前面幾種任務所對應的模型檔案多出一個詞表檔案 merges.txt，所以使用手動載入模型的方式也有別於前面幾種任務。具體方式見 3.7.7 小節。

3.7.7 預訓練模型檔案的組成及其載入時的固定檔案名稱

在 pipeline 類別的初始化介面中,還可以直接指定載入模型的路徑,從本地預訓練模型檔案進行載入。但是這樣做有一個前提條件,所要載入的預訓練模型檔案必須使用固定的檔案名稱。

在 pipeline 類別介面中,預訓練模型檔案是以套為單位的。每套預訓練模型檔案的組成及其固定的檔案名稱如下。

- 詞表檔案:以 .txt、.model 或 .json 為副檔名,存放模型中使用的詞表檔案。固定檔案名稱為 vocab.txt、spiece.model 或 vocab.json。
- 詞表擴充檔案 (可選):以 .txt 為副檔名,補充原有的詞表檔案。固定檔案名稱為 merges.txt。
- 設定檔:以 .json 為副檔名,存放模型的超參數設定。固定檔案名稱為 config.json。
- 權重檔案:以 .bin 為副檔名,存放模型中各個參數具體的值。固定檔案名稱為 pytorch_model.bin。

當透過指定預訓練模型目錄進行載入時,系統只會在目錄裡搜尋固定名稱的模型檔案。如果沒有找到固定名稱的模型檔案,將返回錯誤。

在了解指定目錄方式的模型載入規則之後,便可以對 3.7.6 小節的模型進行手動載入。把書附資源中的模型資料夾 bart-large-cnn 複製到本地程式的同級目錄下。然後將 3.7.6 小節的第 21 行程式修改成以下程式,便可以實現手動載入模型的功能。

```
tokenizer = AutoTokenizer.from_pretrained(r'./bart-large-cnn/')
summarizer = pipeline("summarization",
            model=r'./bart-large-cnn/',
            tokenizer = tokenizer)
```

程式中的載入詞表部分使用了 Auto Tokenizer 類別。這種方式是 Transformers 函數庫中的標準使用方式。

注意

在 3.7.5 小節、3.7.6 小節手動載入模型時，載入詞表部分都使用了 DistilBertTokenizer 類別。這不是標準的做法。如果要使用標準的做法，需要將 DistilBertTokenizer 類別載入的檔案名稱改成 AutoTokenizer 類別要求的固定檔案名稱，並用 Auto Tokenizer 類別進行載入。

3.7.8 程式實現：完成命名實體辨識任務

命名實體辨識任務是 NLP 中的基礎任務。它用於辨識文字中的人名 (PER)、地名 (LOC) 組織 (ORG) 以及其他實體 (MISC) 等。例如：

```
李 B-PER
金 I-PER
洪 I-PER
在 O
辦 B-LOC
公 I-LOC
室 I-LOC
```

其中，非實體用 O 表示。I、O、B 是區塊標記的一種表示 (B- 表示開始，I- 表示內部，O- 表示外部)。

命名實體辨識任務本質上是一個分類任務，它又被稱為序列標注任務。命名實體辨識是句法分析的基礎，而句法分析又是 NLP 任務的核心。

1. 程式實現

向 pipeline 類別中傳入字串 "ner" 進行實例化，並呼叫該實例化物件對一段文字進行處理，然後輸出模型的處理結果。具體程式如下。

程式檔案：code_11_pipline.py（續）

```
23   nlp_token_class = pipeline("ner")
24   print(nlp_token_class(
25         'Code Doctor Studio is a Chinese company based in BeiJing.'))
```

程式執行後，輸出結果如下。

```
[{'word':'chin', 'score':0.9747314453125, 'entity':'I-MISC'},
 {'word':'##ese', 'score':0.9891696572303772, 'entity':'I-MISC'},
 {'word':'##iji', 'score':0.56954026222229, 'entity':'I-LOC'}]
```

2. 用手動載入方式呼叫模型

按照 3.7.7 小節的模型載入規則，將書附資源中的模型資料夾 dbmdz 複製到本地程式的同級目錄下。然後將第 23 行程式修改成以下程式，便可以實現手動載入模型的功能。

```
tokenizer = AutoTokenizer.from_pretrained(
           r'./dbmdz\bert-large-cased-finetuned-conll03-english')
nlp_token_class = pipeline("ner",
           model=r'./dbmdz\bert-large-cased-finetuned-conll03-english',
           tokenizer = tokenizer)
```

3.7.9 管道方式的工作原理

在前文中實現了幾種 NLP 任務，每一種 NLP 任務在實現時，都提供了一種手動載入模型的方式。那麼，這些手動載入的預訓練模型是怎麼得來的呢？

在 Transformers 函數庫中 pipeline 類別的原始程式檔案 pipelines.py 裡，可以找到管道方式自動下載的預先編譯模型位址。可以根據這些位址，使用第三方下載工具將其下載到本地。

在 pipelines.py 檔案裡不僅可以找到模型的預先編譯檔案，還可以看到管道方式所支援的 NLP 任務，以及每種 NLP 任務所對應的內部呼叫關係。下面就來一一說明。

1. pipelines.py 檔案的位置

pipelines.py 檔案在 Transformers 函數庫安裝路徑的根目錄下。以作者本地的路徑為例，該路徑如下。

```
D:\ProgramData\Anaconda3\envs\pt15\Lib\site-packages\transformers\
pipelines.py
```

2. pipelines.py 檔案裡的 SUPPORTED_TASKS 物件

在 pipelines.py 檔案裡，定義了巢狀結構的字典物件 SUPPORTED_TASKS，該物件存放了管道方式所支援的 NLP 任務，以及每種 NLP 任務所對應的內部呼叫關係。字典物件 SUPPORTED_TASKS 的部分內容如圖 3-12 所示。

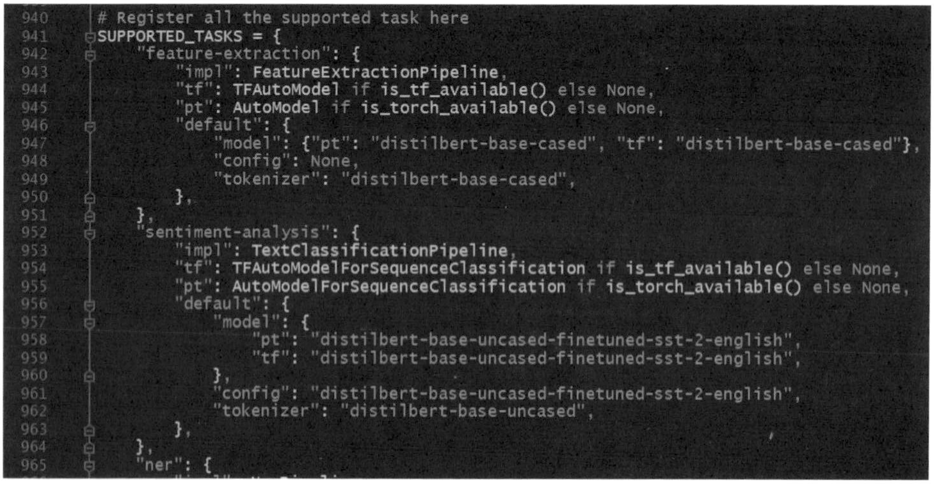

```
940   # Register all the supported task here
941   SUPPORTED_TASKS = {
942       "feature-extraction": {
943           "impl": FeatureExtractionPipeline,
944           "tf": TFAutoModel if is_tf_available() else None,
945           "pt": AutoModel if is_torch_available() else None,
946           "default": {
947               "model": {"pt": "distilbert-base-cased", "tf": "distilbert-base-cased"},
948               "config": None,
949               "tokenizer": "distilbert-base-cased",
950           },
951       },
952       "sentiment-analysis": {
953           "impl": TextClassificationPipeline,
954           "tf": TFAutoModelForSequenceClassification if is_tf_available() else None,
955           "pt": AutoModelForSequenceClassification if is_torch_available() else None,
956           "default": {
957               "model": {
958                   "pt": "distilbert-base-uncased-finetuned-sst-2-english",
959                   "tf": "distilbert-base-uncased-finetuned-sst-2-english",
960               },
961               "config": "distilbert-base-uncased-finetuned-sst-2-english",
962               "tokenizer": "distilbert-base-uncased",
963           },
964       },
965       "ner": {
```

▲ 圖 3-12　字典物件 SUPPORTED_TASKS 的部分內容

從圖 3-12 中可以看到,在 SUPPORTED_TASKS 物件中,每個字典元素的 key 值為 NLP 任務名稱,每個字典元素的 value 值為該 NLP 任務的具體設定。

在 NLP 任務的具體設定中,也巢狀結構了一個字典物件。以文字分類任務 "sentiment-analysis" 為例,具體解讀如下。

■ impl:執行當前 NLP 任務的 pipeline 類別介面 (TextClassificationPipeline)。
■ tf:指定 TensorFlow 框架下的自動類別模型 (TFAutoModelForSequenceClassification)。
■ pt:指定 PyTorch 框架下的自動類別模型 (AutoModelForSequenceClassification)。
■ default:指定所要載入的權重檔案 (model)、設定檔 (config) 和詞表檔案 (tokenizer)。這 3 個檔案是以字典物件的方式進行設定的。

從圖 3-12 中可以看到,default 中對應的模型檔案不是下載網址,而是一個字串。

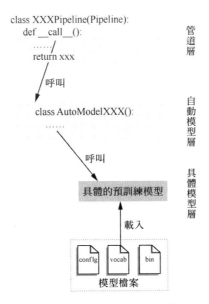

▲ 圖 3-13　管道方式內部的呼叫關係

在管道方式中，正是透過這些資訊實現了具體的 NLP 任務。管道方式內部的呼叫關係如上頁圖 3-13 所示。

3. pipeline 類別介面

圖 3-13 所示的 XXXPipeline 類別為每個 NLP 任務所對應的類別介面，該介面與具體的 NLP 任務的對應關係如下。

- 文字分類任務：類別介面為 TextClassificationPipeline。
- 特徵提取任務：類別介面為 FeatureExtractionPipeline。
- 克漏字任務：類別介面為 FillMaskPipeline。
- 閱讀了解任務：類別介面為 QuestionAnsweringPipeline。
- 命名實體辨識任務：類別介面為 NerPipeline。

管道層對下層的自動模型層進行了二次封裝，完成了 NLP 任務的點對點實現。

3.7.10 在管道方式中載入指定模型

在本例中，使用管道方式所實現的 NLP 任務，都是載入了 pipelines.py 檔案裡 SUPPORTED_TASKS 變數所設定的預設模型。

在實際應用中，也可以修改 SUPPORTED_TASKS 物件中的設定載入指定模型；還可以按照實例中的手動載入模型方式，載入本地已有的預訓練模型。

載入指定模型的通用語法如下。

```
pipeline("<task-name>", model="<model-name>")
pipeline('<task-name>', model='<model name>', tokenizer='<tokenizer_name>')
```

其中，<task-name> 代表任務字串，如文字分類任務就是 "sentiment-analysis"；<model name> 代表載入的模型。在手動載入模式下，<model

name> 可以是本地的預訓練模型檔案；在自動載入模式下，<model name> 是預訓練模型的唯一識別碼，如圖 3-12 所示 default 欄位中的內容。

3.8 Transformers 函數庫中的 AutoModel 類別

為了方便使用 Transformers 函數庫，在 Transformers 函數庫中，提供了一個 AutoModel 類別。該類別用來管理 Transformers 函數庫中處理相同 NLP 任務的底層具體模型，為上層應用管道方式提供了統一的介面。透過 AutoModel 類別，可以實現對 BERTology 系列模型中的任意一個模型載入並應用。

3.8.1 各種 AutoModel 類別

Transformers 函數庫按照 BERTology 系列模型的應用場景，分成了以下 6 個子類別。

- AutoModel：基本模型的載入類別，適用於 Transformers 函數庫中的任何模型，也可以用於特徵提取任務。
- AutoModelForPreTraining：特徵提取任務的模型載入類別，適用於 Transformers 函數庫中所有的特徵提取模型。
- AutoModelForSequenceClassification：文字分類任務的模型載入類別，適用於 Transformers 函數庫中所有的文字分類模型。
- AutoModelForQuestionAnswering：閱讀了解任務的模型載入類別，適用於 Transformers 函數庫中所有的閱讀了解模型。
- AutoModelWithLMHead：克漏字任務的模型載入類別，適用於 Transformers 函數庫中所有的遮蔽語言模型。

■ AutoModelForTokenClassification：命名實體辨識任務的模型載入類別，適用於 Transformers 函數庫中所有的命名實體辨識模型。

AutoModel 類別與 BERTology 系列模型中的具體模型是一對多的關係。在 Transformers 函 數 庫 的 modeling_auto.py 原 始 程 式 檔 案 中 (如作者本 地 的 路 徑 為 D:\ProgramData\Anaconda3\envs\pt15\Lib\site-packages\transformers\modeling_auto.py)，可以找到每種 AutoModel 類別所管理的具體 BERTology 系列模型。以 AutoModelWithLMHead 類別為例，其管理的 BERTology 系列模型如圖 3-14 所示。

```
MODEL_WITH_LM_HEAD_MAPPING = OrderedDict(
    [
        (T5Config, T5WithLMHeadModel),
        (DistilBertConfig, DistilBertForMaskedLM),
        (AlbertConfig, AlbertForMaskedLM),
        (CamembertConfig, CamembertForMaskedLM),
        (XLMRobertaConfig, XLMRobertaForMaskedLM),
        (BartConfig, BartForMaskedLM),
        (RobertaConfig, RobertaForMaskedLM),
        (BertConfig, BertForMaskedLM),
        (OpenAIGPTConfig, OpenAIGPTLMHeadModel),
        (GPT2Config, GPT2LMHeadModel),
        (TransfoXLConfig, TransfoXLLMHeadModel),
        (XLNetConfig, XLNetLMHeadModel),
        (FlaubertConfig, FlaubertWithLMHeadModel),
        (XLMConfig, XLMWithLMHeadModel),
        (CTRLConfig, CTRLLMHeadModel),
    ]
)
```

▲ 圖 3-14　AutoModelWithLMHead 類別所管理的 BERTology 系列模型

圖 3-14 所 示 的 MODEL_WITH_LM_HEAD_MAPPING 物 件 代 表 AutoModelWithLMHead 類別與 BERTology 系列模型中的具體模型之間的映射關係。在 MODEL_WITH_LM_HEAD_MAPPING 物件中，所列出的每個元素都可以實現 AutoModelWithLMHead 類別所完成的克漏字任務。

3.8.2 AutoModel 類別的模型載入機制

圖 3-14 所示的 MODEL_WITH_LM_HEAD_MAPPING 物件中，每個元素由兩部分組成：具體模型的設定檔和具體模型的實現類別。

每一個具體模型的實現類別會透過不同的資料集，被訓練成多套預訓練模型檔案。每套預訓練模型檔案都由 3 或 4 個子檔案組成：詞表檔案、詞表擴充檔案 (可選)、設定檔及權重檔案 (見 3.7.7 小節的介紹)。它們共用一個統一的字串標識。

在使用自動載入方式呼叫模型時，系統會根據統一的預訓練模型標識字串，找到其對應的預訓練模型檔案，並透過網路進行下載，然後載入記憶體。克漏字模型的呼叫過程如圖 3-15 所示。

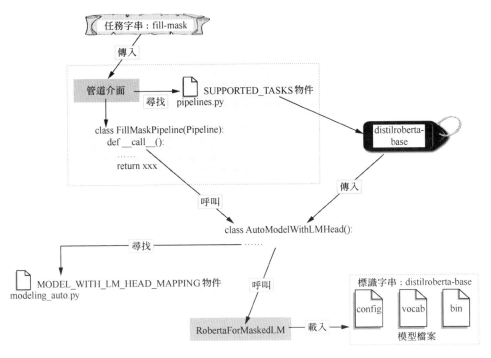

▲ 圖 3-15　克漏字模型的呼叫過程

圖 3-15 所示為 3.7.4 小節克漏字模型的呼叫過程。

> **注意**
>
> 每一個 AutoModel 類別所對應的具體 BERTology 系列模型都是可以互相替換的。舉例來說，在 SUPPORTED_TASKS 物件裡，克漏字任務所對應的模型標識字串為 "distilroberta-base"，即預設載入 RobertaForMaskedLM 類別。

3.8.3 Transformers 函數庫中更多的預訓練模型

Transformers 函數庫中整合了非常多的預訓練模型，方便使用者在其基礎上進行微調。這些模型統一放在 model_cards 分支下。相關連結如下。

https://github.com/huggingface/transformers/tree/master/model_cards

在該連結打開後的頁面中，可以找到想要載入模型的下載網址，如圖 3-16 所示。

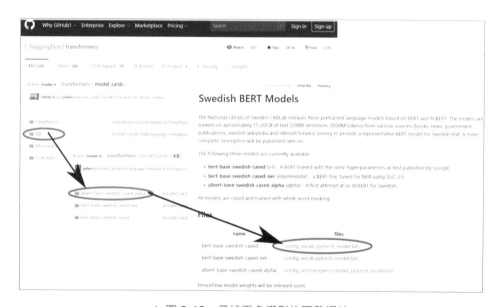

▲ 圖 3-16　尋找更多模型的下載網址

在 Transformers 函數庫的管道方式中，預設也使用了 model_cards 中的模型。如 3.7.8 小節的命名實體辨識任務就使用了 model_cards 中的 dbmdz 目錄下的模型。透過以下方式可以查看。

在 pipelines.py 檔案的字典物件 SUPPORTED_TASKS 裡，可以找到命名實體辨識任務所使用的預訓練模型標識字串：

dbmdz/bert-large-cased-finetuned-conll03-english

命名實體辨識任務的設定如圖 3-17 所示。

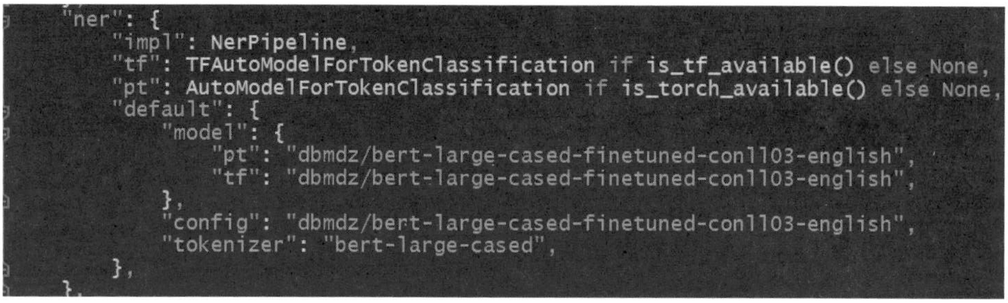

```
"ner": {
    "impl": NerPipeline,
    "tf": TFAutoModelForTokenClassification if is_tf_available() else None,
    "pt": AutoModelForTokenClassification if is_torch_available() else None,
    "default": {
        "model": {
            "pt": "dbmdz/bert-large-cased-finetuned-conll03-english",
            "tf": "dbmdz/bert-large-cased-finetuned-conll03-english",
        },
        "config": "dbmdz/bert-large-cased-finetuned-conll03-english",
        "tokenizer": "bert-large-cased",
    },
```

▲ 圖 3-17　命名實體辨識任務的設定

在預訓練模型標識字串中，子字串 "dbmdz" 代表該預訓練模型來自 model_cards 中的 dbmdz 目錄。

3.9 Transformers 函數庫中的 BERTology 系列模型

3.7 節介紹了 Transformers 函數庫的快速使用方法，3.8 節介紹了如何根據 NLP 任務來選擇和指定模型。這兩部分功能讓使用者能夠對已有的模型進行使用。

如果想進一步深入研究，則需要了解 Transformers 函數庫中更底層的實現，學會對具體的 BERTology 系列模型進行單獨載入和使用。

3.9.1 Transformers 函數庫的檔案結構

本小節會接著 3.7.7 小節所說明的預訓練模型檔案繼續深入，介紹預訓練模型檔案與模型原始程式碼之間的連結關係。

1. 詳解 Transformers 函數庫中的預訓練模型

在 Transformers 函數庫中，預訓練模型檔案主要有 3 種，它們的具體作用如下。

- 詞表檔案：在訓練模型時，會將該檔案當作一個映射表，把輸入的單字轉換成具體的數字。
- 設定檔：存放了模型的超參數，將原始程式中的模型類別根據設定檔的超參數進行實例化後，便可以生成可用的模型。
- 權重檔案：對應可用模型在記憶體中各個變數的值，待模型訓練結束之後，會將這些值儲存起來，載入模型權重的過程，就是將這些值「覆蓋」到記憶體中的模型變數裡，使整個模型恢復到訓練後的狀態。

其中權重檔案是以二進位方式儲存的，而詞表檔案和設定檔則是以文字方式儲存的。以 BERT 模型的基本預訓練模型 (bert-base-uncased) 為例，其詞表檔案與設定檔的內容如圖 3-18 所示。

圖 3-18(a) 和圖 3-18(b) 分別是與 BERT 模型的基本預訓練模型相關的詞表檔案與設定檔。可以看到，詞表檔案中是一個個具體的單字，每個單字的序號就是其對應的索引值。設定檔則顯示了其模型中的相關參數，其中部分內容如下。

- 架構名稱：BertForMaskedLM。

- 注意力層中 Dropout 的捨棄率：0.1。
- 隱藏層的啟動函數：GELU 啟動函數。
- 隱藏層中 Dropout 的捨棄率：0.1。

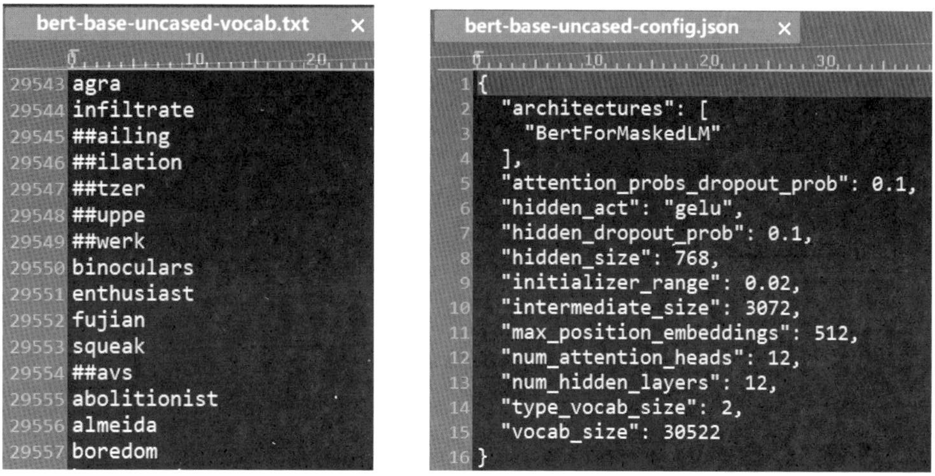

bert-base-uncased-vocab.txt

```
agra
infiltrate
##ailing
##ilation
##tzer
##uppe
##werk
binoculars
enthusiast
fujian
squeak
##avs
abolitionist
almeida
boredom
```

bert-base-uncased-config.json

```
{
  "architectures": [
    "BertForMaskedLM"
  ],
  "attention_probs_dropout_prob": 0.1,
  "hidden_act": "gelu",
  "hidden_dropout_prob": 0.1,
  "hidden_size": 768,
  "initializer_range": 0.02,
  "intermediate_size": 3072,
  "max_position_embeddings": 512,
  "num_attention_heads": 12,
  "num_hidden_layers": 12,
  "type_vocab_size": 2,
  "vocab_size": 30522
}
```

(a) 詞表檔案　　(b) 設定檔

▲ 圖 3-18　BERT 模型的連結檔案

2. Transformers 函數庫中的程式檔案

安裝好 Transformers 函數庫之後，就可以在 Anaconda 的安裝路徑中找到它的原始程式位置。舉例來說，作者本地的路徑如下。

```
D:\ProgramData\Anaconda3\envs\pt15\Lib\site-packages\transformers
```

打開該路徑可以看到圖 3-19 所示的 Transformers 函數庫的檔案結構。

Transformers 函數庫中的具體預訓練模型原始程式檔案都可在圖 3-19 中找到，具體內容如下。

- 以 configuration 開頭的檔案，是 BERTology 系列模型的設定程式檔案 (圖 3-19 中標注 1 的部分)。

- 以 modeling 開頭的檔案，是 BERTology 系列模型的模型程式檔案 (圖 3-19 中標注 2 的部分)。
- 以 tokenization 開頭的檔案，是 BERTology 系列模型的詞表程式檔案 (圖 3-19 中標注 3 的部分)。

▲ 圖 3-19　Transformers 函數庫的檔案結構

3. 在模型程式檔案中找到其連結檔案

每個模型都對應 3 個程式檔案。在這 3 個程式檔案中，存放著連結檔案的下載網址。

以 BERT 模型為例，該模型對應的程式檔案分別如下。

設定程式檔案：`configuration_bert.py`。
模型程式檔案：`modeling_bert.py`。
詞表程式檔案：`tokenization_bert.py`。

以模型程式檔案為例，打開 modeling_bert.py 檔案，可以看到圖 3-20 所示的 BERT 模型的下載網址。

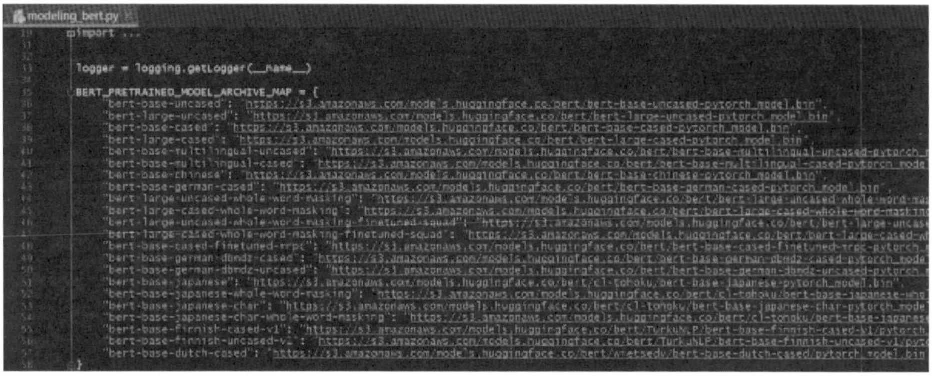

▲ 圖 3-20　BERT 模型的下載網址

從圖 3-20 中可以看到，模型的下載網址被存放到字典物件 BERT_ PRETRAINED_MODEL_ARCHIVE_MAP 中，其中 key 值是預訓練模型的版本名稱，value 值是模型的下載網址。

在 Transformers 函數庫中，預訓練模型連結檔案是透過版本名稱進行統一的。任意一個預訓練模型都可以在對應的模型程式檔案、設定程式檔案和詞表程式檔案中找到具體的下載網址。

舉例來説，modeling_bert.py 檔案中 BERT_PRETRAINED_MODEL_ ARCHIVE_MAP 物件的第一項是 bert-base-uncased，在 configuration_ bert.py 和 tokenization_bert.py 檔案中，也可以分別找到 bert-base-uncased 的下載網址。

4. 載入預訓練模型

預訓練模型的主要部分就是模型程式檔案、設定程式檔案和詞表程式檔案這 3 個程式檔案。對於這 3 個程式檔案，在 Transformers 函數庫裡都有對應的類別操作。這些類別分別如下。

■ 設定類別 (Configuration Classes)：是模型的相關參數，在設定程式檔案中定義。

■ 模型類別 (Model Classes)：是模型的網路結構，在模型程式檔案中定
義。

■ 詞表類別 (Tokenizer Classes)：用於輸入文字的詞表前置處理，在詞表
程式檔案中定義。

這 3 個類別都有 from_pretrained 方法，直接呼叫它們的 from_pretrained
方法可以載入已經預訓練好的模型或參數。

◈ 提示

除了 from_pretrained 方法以外，還有一個統一的 save_pretraining 方
法。該方法可以將模型中的設定檔、權重檔案、詞表檔案儲存在本地，
以便可以使用 from_pretraining 方法對它們進行重新載入。

在使用時，可以透過向 from_pretrained 方法中傳入指定模型的版本名
稱，進行自動下載，並載入到記憶體；也可以在原始程式中，找到對應
的下載網址，手動載入後，再用 from_pretrained 方法將其載入。

（1）自動載入
在實例化模型類別時，直接指定該模型的版本名稱即可實現自動載入模
式。具體程式如下。

```
from transformers import BertTokenizer, BertForMaskedLM
tokenizer = BertTokenizer.from_pretrained('bert-base-uncased')  # 載入詞表
model = BertForMaskedLM.from_pretrained('bert-base-uncased')     # 載入模型
```

程式中使用 bert-base-uncased 版本的 BERT 預訓練模型，其中 BertTokenizer
類別用於載入詞表，BertForMaskedLM 類別會自動載入設定檔和模型檔案。

該程式執行後，系統會自動從指定網站載入對應的連結檔案。這些檔
案預設會放在系統的使用者目錄中。舉例來說，作者本地的目錄是 C:\
Users\ljh\.cache\torch\transformers。

（2）手動載入

按照「3. 在模型程式檔案中找到其連結檔案」所介紹的方法，找到模型指定版本的連結檔案，透過迅雷等第三方加速下載工具，將其下載到本地。然後使用程式進行載入。假設作者本地已經下載好的連結檔案被放在 bert-base-uncased 目錄下，則手動載入的程式具體如下。

```
from transformers import BertTokenizer, BertForMaskedLM
tokenizer = BertTokenizer.from_pretrained(            # 載入詞表
        r'./bert-base-uncased/bert-base-uncased-vocab.txt')
model = BertForMaskedLM.from_pretrained(              # 載入模型
        './bert-base-uncased/bert-base-uncased-pytorch_model.bin',
        config = './bert-base-uncased/bert-base-uncased-config.json')
```

從上面程式中可以看到，手動載入與自動載入所使用的介面是一樣的。不同的是，手動載入需要指定載入檔案的具體路徑，而且在使用 BertForMaskedLM 類別進行載入時，還需要指定設定檔的路徑。

◈ 提示

在使用 BertForMaskedLM 類別進行載入時，其程式也可拆成載入設定檔和載入模型兩部分，具體如下。

```
from transformers import BertTokenizer, BertForMaskedLM, BertConfig
# 載入設定檔
config = BertConfig.from_json_file('./bert-base-uncased/bert-base-
        uncased-config.json')
model = BertForMaskedLM.from_pretrained(      # 載入模型
        r'./bert-base-uncased/bert-base-uncased-pytorch_model.bin',
        config = config)
```

3.9.2 尋找 Transformers 函數庫中可以使用的模型

透過模型程式檔案的命名，可以看到 Transformers 函數庫中能夠使用的模型。但這並不是具體的類別名稱，想要找到具體的類別名稱，可以採用以下 3 種方式。

（1）透過説明檔案尋找有關預訓練模型的介紹。
（2）在 Transformers 函數庫的 __init__.py 檔案中尋找預訓練模型。
（3）使用程式方式輸出 Transformers 函數庫中的巨集定義。

其中第 2 種方式相對費勁，但更為準確 (當幫助版本與安裝版本不一致時，第 1 種方式將故障)。下面針對第 2 種和第 3 種方式進行舉例。

1. 在 Transformers 函數庫的 __init__.py 檔案中尋找預訓練模型

在 __init__.py 檔案中可以看到能夠使用的 BERT 的模型類別，如圖 3-21 所示。

```
from .modeling_bert import (
    BertPreTrainedModel,
    BertModel,
    BertForPreTraining,
    BertForMaskedLM,
    BertForNextSentencePrediction,
    BertForSequenceClassification,
    BertForMultipleChoice,
    BertForTokenClassification,
    BertForQuestionAnswering,
    load_tf_weights_in_bert,
    BERT_PRETRAINED_MODEL_ARCHIVE_MAP,
)
```

▲ 圖 3-21　BERT 的模型類別

圖 3-21 中，框選部分是 BERT 的模型類別，框選部分下面的兩行是 modeling_bert.py 檔案匯出的其他介面。

2. 使用程式方式輸出 Transformers 函數庫中的巨集定義

透過下面的程式，可以直接將 Transformers 函數庫中全部的預訓練模型輸出。

```
from transformers import ALL_PRETRAINED_MODEL_ARCHIVE_MAP
print(ALL_PRETRAINED_MODEL_ARCHIVE_MAP)
```

執行程式後可看到輸出結果。

如果想要了解這些模型類別的功能和區別，需先從模型結構、原理入手。這部分內容會在下面章節詳細介紹。

3.9.3 實例：用 BERT 模型實現克漏字任務

本小節將透過一個用 BERT 模型實現克漏字任務的例子，來介紹 Transformers 函數庫中預訓練模型的使用過程。

實例描述

載入 Transformers 函數庫中的 BERT 模型，並用它實現克漏字任務，即預測一個句子中的缺失單字。

克漏字任務與 BERT 模型在訓練過程中的子任務非常相似，直接使用該模型訓練好的預訓練模型即可實現。

1. 載入詞表，並對輸入文字進行轉換

按照 3.9.1 小節的方式載入 BERT 模型 bert-base-uncased 版本的詞表。具體程式如下。

程式檔案：code_12_BERTTest.py

```
01   import torch
02   from transformers import BertTokenizer, BertForMaskedLM
03
04   # 載入詞表檔案
05   tokenizer = BertTokenizer.from_pretrained('bert-base-uncased')
06
07   # 輸入文字
08   text = "[CLS] Who is Li Jinhong ? [SEP] Li Jinhong is a programmer [SEP]"
09   tokenized_text = tokenizer.tokenize(text)
10   print(tokenized_text)
```

第 8 行程式定義了輸入文字。該文字中有兩個特殊的字元 (也稱為特殊詞)
[CLS] 與 [SEP]。BERT 模型需要用這種字元來標定句子。具體解釋如下。

■ [CLS]：標記一個段落的開始。一個段落可以有一個或多個句子，但是
只能有一個 [CLS]。

■ [SEP]：標記一個句子的結束。在一個段落中，可以有多個 [SEP]。

第 9 行程式使用詞表對輸入文字進行轉換。該行程式碼與中文分詞有點類
似。由於詞表中不可能覆蓋所有的單字，因此當輸入文字中的單字不存在
時，系統會使用帶有萬用字元的單字 (以 "#" 開頭的單字) 將其拆開。

◈ 提示
段落開始的標記 [CLS]，在 BERT 模型中還會被用作分類任務的輸出特徵。

程式執行後，輸出結果如下。

```
['[CLS]', 'who', 'is', 'li', 'jin', '##hong', '?', '[SEP]', 'li', 'jin',
'##hong', 'is', 'a', 'programmer', '[SEP]']
```

從輸出結果中可以看到，詞表中沒有 "jinhong" 這個單字，在執行第 9 行程式時，將 "jinhong" 這個單字拆成了 "jin" 和 "##hong" 兩個單字，這兩個單字是能夠與詞表中的單字完全匹配的。

2. 遮蔽單字，並將其轉為索引值

使用標記字元 [MASK] 代替輸入文字中索引值為 8 的單字，對 "li" 進行遮蔽，並將整個句子中的單字轉為詞表中的索引值。具體程式如下。

程式檔案：code_12_BERTTest.py（續）

```
11   masked_index = 8 # 定義需要遮蔽的位置標記
12   tokenized_text[masked_index] = '[MASK]'
13   print(tokenized_text)
14
15   # 將標記轉為詞彙表索引
16   indexed_tokens = tokenizer.convert_tokens_to_ids(tokenized_text)
17   # 將輸入轉為 PyTorch 張量
18   tokens_tensor = torch.tensor([indexed_tokens])
19   print(tokens_tensor)
```

第 12 行程式所使用的標記字元 [MASK]，也是 BERT 模型中的特殊識別符號。在 BERT 模型的訓練過程中，會對輸入文字的隨機位置用 [MASK] 字元進行替換，並訓練模型預測出 [MASK] 字元對應的值。這也是 BERT 模型特有的一種訓練方式。

程式執行後，輸出結果如下。

```
tensor([[  101, 2040, 2003, 5622, 9743, 19991, 1029, 102, 103, 9743,
         19991, 2003, 1037, 20273, 102]], device='cuda:0')
```

輸出結果中每個數值都是輸入單字在詞表檔案中對應的索引值。

3. 載入預訓練模型，並對遮蔽單字進行預測

載入預訓練模型，並對遮蔽單字進行預測。具體程式如下。

程式檔案：code_12_BERTTest.py（續）

```
20  # 指定裝置
21  device = torch.device("cuda:0"if torch.cuda.is_available() else "cpu")
22  print(device)
23
24  # 載入預訓練模型
25  model = BertForMaskedLM.from_pretrained('bert-base-uncased')
26  model.eval()
27  model.to(device)
28
29  # 段標記索引，標記輸入文字中的第一句和第二句。0 對應於第一句，1 對應於第二句
30  segments_ids = [0, 0, 0, 0, 0, 0, 0, 0, 1, 1, 1, 1, 1, 1, 1]
31  segments_tensors = torch.tensor([segments_ids]).to(device)
32
33  tokens_tensor = tokens_tensor.to(device)
34  # 預測所有的 tokens
35  with torch.no_grad():
36    outputs = model(tokens_tensor, token_type_ids=segments_tensors)
37
38  predictions = outputs[0]   # 形狀為 [1, 15, 30522]
39
40  # 預測結果
41  predicted_index = torch.argmax(predictions[0, masked_index]).item()
42  # 轉為單字
43  predicted_token = tokenizer.convert_ids_to_tokens([predicted_index])[0]
44  print('Predicted token is:', predicted_token)
```

第 25 行程式用 BertForMaskedLM 類別載入模型。該類別可以對句子中的標記字元 [MASK] 進行預測。

第 30 行程式定義了輸入 BertForMaskedLM 類別的句子指示參數。該參數用於指示輸入文字中的單字是屬於第一句還是屬於第二句。屬於第一句的單字用 0 來表示 (一共 8 個)，屬於第二句的單字用 1 來表示 (一共 7 個)。

第 36 行程式將文字和句子指示參數輸入模型進行預測。輸出結果是一個形狀為 [1, 15, 30522] 的張量。其中，1 代表批次個數，15 代表輸入句子中的 15 個單字，30522 是詞表中單字的個數。模型的結果表示詞表中每個單字在句子中可能出現的機率。

第 41 行程式從輸出結果中取出 [MASK] 字元對應的預測索引值。

第 43 行程式將預測索引值轉為單字。

程式執行後，輸出結果如下。

```
Predicted token is:li
```

輸出結果表明，模型成功地預測出了被遮蔽的單字 li。

◈ 提示

如果在載入模型時，遇到程式卡住不動的情況，很有可能是網路原因，導致無法成功下載預訓練模型。可以參考 3.9.1 小節的手動載入方式進行載入。

3.9.4 擴充實例 : 用 **AutoModelWithMHead** 類別替換 **BertForMaskedLM** 類別

3.9.3 小節中的 BertForMaskedLM 類別可以用 AutoModel 類別中的 AutoModelWithLMHead 類別進行替換，直接將 3.9.3 小節的第 25 行程式改成以下程式即可。

```
model = AutoModelWithLMHead.from_pretrained('bert-base-uncased')
```

還可以使用載入本地檔案的方式進行載入，具體程式如下。

```
config = BertConfig.from_pretrained('./bert-base-uncased/bert-base-uncased-
config.json')
model = AutoModelWithLMHead.from_pretrained(
'./bert-base-uncased/bert-base-uncased-pytorch_model.bin', config = config)
```

該程式預設已經將模型的設定檔和權重檔案下載到本地 bert-base-uncased
資料夾下。

◈ 提示

如果載入的預訓練模型不是按照 3.7.7 小節的規範命名的，則需要對
config 和 model 分別進行載入 (BertConfig 也可以用 AutoConfig 來替
換)。否則會顯示出錯。舉例來說，下面就是錯誤的寫法：

```
model = AutoModelWithLMHead.from_pretrained(
        './bert-base-uncased/bert-base-uncased-pytorch_model.bin',
config = './bert-base-uncased/bert-base-uncased-config.json')
```

3.10 Transformers 函數庫中的詞表工具

在 Transformers 函數庫中，提供了一個通用的詞表工具 Tokenizer。該工具
是用 Rust 撰寫的，其可以實現 NLP 任務中資料前置處理環節的相關任務。

在詞表工具 Tokenizer 中提供了多種不同的元件，具體如下。

- Normalizer：對輸入字串進行規範化轉換，如對文字進行小寫轉換、使
  用 unicode 規範化。
- PreTokenizer：對輸入資料進行前置處理，如基於位元組、空格、字元
  等等級對文字進行分割。

- Model：生成和使用子詞的模型，如 WordLevel、BPE、WordPiece 等模型。這部分是可訓練的。
- Post-Processor：對分詞後的文字進行二次處理。舉例來説，在 BERT 模型中，使用 BertProcessor 為輸入文字增加特殊字元 (如 [CLS]、[SEP] 等)。
- Decoder：負責將標記化輸入映射回原始字串。
- Trainer：為每個模型提供教育訓練能力。

在詞表工具 Tokenizer 中，主要透過 PreTrainedTokenizer 類別實現對外介面的使用。3.9.3 小節中所使用的 BertTokenizer 類別屬於 PreTrainedTokenizer 類別的子類別，該類別主要用於處理詞表方面的工作。

本節將重點介紹 PreTrainedTokenizer 類別。

3.10.1 PreTrainedTokenizer 類別中的特殊詞

在 PreTrainedTokenizer 類別中，將詞分成了兩部分：普通詞與特殊詞。其中特殊詞是指用於標定句子的特殊標記，主要是在訓練模型中使用，如 3.9.3 小節中的 [CLS] 與 [SEP]。透過撰寫程式可以查看某個 PreTrainedTokenizer 類別的全部特殊詞。

舉例來説，在 3.9.3 小節的程式檔案 code_12_BERTTest.py 最後增加以下程式。

```
for tokerstr in tokenizer.SPECIAL_TOKENS_ATTRIBUTES:
    strto = "tokenizer."+tokerstr
    print(tokerstr, eval(strto ) )
```

上面程式中，SPECIAL_TOKENS_ATTRIBUTES 物件裡面存放了所有的特殊詞名稱，每個詞都可以透過實例物件 tokenizer 中的成員屬性進行獲取。這段程式的最後一句用於輸出實例物件 tokenizer 中所有的特殊詞。

程式執行後，輸出結果如下：

```
Using bos_token, but it is not set yet.
bos_token None
Using eos_token, but it is not set yet.
eos_token None
unk_token [UNK]
sep_token [SEP]
pad_token [PAD]
cls_token [CLS]
mask_token [MASK]
additional_special_tokens []
```

從輸出結果中可以看到實例物件 tokenizer 中所有的特殊詞。其中有效的特殊詞有以下 5 個。

- unk_token：未知標記。
- sep_token：句子結束標記。
- pad_token：填充標記。
- cls_token：開始標記。
- mask_token：遮蔽詞標記。

如果在特殊詞名詞後面加上 "_id"，則可以得到該標記在詞表中所對應的具體索引 (additional_special_tokens 除外)。具體程式如下。

```
print("mask_token", tokenizer.mask_token, tokenizer.mask_token_id)
```

程式執行後，輸出 mask_token 對應的標記和索引值。

```
mask_token [MASK] 103
```

> **注意**
>
> 特殊詞 additional_special_tokens 用於擴充使用，使用者可以把自己的自訂特殊詞增加到裡面。

> 特殊詞 additional_special_tokens 可以對應多個標記，這些標記都會被
> 放到串列中。獲取該詞對應的標記並不是一個，在獲取對應索引值時，
> 需要使用 additional_special_tokens_ids 屬性。

3.10.2 PreTrainedTokenizer 類別的特殊詞使用

3.9.3 小節的第 9 行程式呼叫了實例物件 tokenizer 的 tokenize 方法進行分
詞處理。在這一過程中，輸入 tokenize 方法中的字串是已經使用特殊詞
進行標記好的字串。其實這個字串可以不用手動標注。在做文字向量轉
化時，一般會使用實例物件 tokenizer 的 encode 方法，一次完成特殊標
記、分詞、轉化成詞向量索引 3 步操作。

1. encode 方法

舉例來說，在 3.9.3 小節的程式檔案 code_12_BERTTest.py 最後增加以下
程式。

```
one_toind = tokenizer.encode("Who is Li Jinhong ? ")    # 將第一句轉化成向量
two_toind = tokenizer.encode("Li Jinhong is a programmer")# 將第二句轉化成向量
all_toind = one_toind+two_toind[1:]                     # 將兩句合併
```

為了使 encode 方法輸出的結果更容易了解，可以透過下面程式將其轉化
後的向量翻譯成字元。

```
print(tokenizer.convert_ids_to_tokens(one_toind) )
print(tokenizer.convert_ids_to_tokens(two_toind) )
print(tokenizer.convert_ids_to_tokens(all_toind) )
```

程式執行後，輸出結果如下。

```
['[CLS]', 'who', 'is', 'li', 'jin', '##hong', '?', '[SEP]']
['[CLS]', 'li', 'jin', '##hong', 'is', 'a', 'programmer', '[SEP]']
```

```
['[CLS]', 'who', 'is', 'li', 'jin', '##hong', '?', '[SEP]', 'li', 'jin',
'##hong', 'is', 'a', 'programmer', '[SEP]']
```

可以看到，encode 方法對每句話的開頭和結尾都分別使用了 [CLS] 和 [SEP] 進行標記，並進行分詞。在合併時，使用了 two_toind[1:] 將第二句的開頭標記 [CLS] 去掉，表明兩個句子屬於一個段落。

◈ 提示

可以使用 decode 方法直接將句子翻譯成向量。

具體程式如下。

```
print(tokenizer.decode(all_toind) )
# 輸出 :[CLS] who is li jinhong? [SEP] li jinhong is a programmer [SEP]
```

---

2. encode 方法

encode 方法可同時處理兩個句子，並使用各種策略對它們進行對齊操作。encode 方法的完整定義如下。

```
def encode(self,
        text,                                # 第一個句子
        text_pair=None,                      # 第二個句子
        add_special_tokens=True,             # 是否增加特殊詞
        max_length=None,                     # 最大長度
        stride=0,                            # 返回截斷詞的步進值視窗（在本函數裡無用）
        truncation_strategy="longest_first",     # 截斷策略
        pad_to_max_length=False,             # 對長度不足的句子是否填充
        return_tensors=None,                 # 是否返回張量類型，可以設定成 "tf" 或 "pt"
        **kwargs
    ):
```

下面介紹 encode 方法中的幾個常用參數。

（1）參數 add_special_tokens 用於設定是否向句子中增加特殊詞。如果該值為 False，則不會加入 [CLS]、[SEP] 等標記。具體程式如下：

```
padded_sequence_toind = tokenizer.encode(
                    "Li Jinhong is a programmer", add_special_tokens=False)
print(tokenizer.decode(padded_sequence_toind) )
```

程式執行後，輸出結果如下。

```
li jinhong is a programmer
```

可以看到，程式沒有向輸入句子增加任何特殊詞。

（2）參數 truncation_strategy 有 4 種策略設定值，具體如下。

- longest_first(預設值)：當輸入是 2 個句子的時候，從較長的那個句子開始處理，截斷，使其長度小於 max_length 參數。
- only_first：只截斷第一個句子。
- only_second：只截斷第二個句子。
- dou not_truncate：不截斷 (如果輸入句子的長度大於 max_length 參數，則會發生錯誤)。

（3）參數 return_tensors 可以設定成 "tf" 或 "pt", 主要用於指定是否返回 PyTorch 或 TensorFlow 框架下的張量類型。如果不設定，預設為 None，即返回 Python 中的串列類型。

> ◈ 提示
> 參數 stride 在 encode 方法中沒有任何意義。該參數主要是為了相容底層的 encode_plus 方法。在 encode_plus 方法中，會根據 stride 的設定來返回從較長句子中截斷的詞。

在了解完 encode 方法的定義之後，"1.encode 方法 " 中的程式可以簡化成以下程式。

```
easy_all_toind = tokenizer.encode("Who is Li Jinhong ? ", "Li Jinhong is a
programmer")
print(tokenizer.decode(easy_all_toind) )
```

程式執行後，直接可以輸出合併後的句子。

```
[CLS] who is li jinhong? [SEP] li jinhong is a programmer [SEP]
```

3. 使用 encode 方法調整句子長度

下面透過程式來演示使用 encode 方法調整句子長度。

（1）對句子進行填充，程式如下。

```
padded_sequence_toind = tokenizer.encode("Li Jinhong is a programmer", max_
length=10, pad_to_max_length=True)
```

程式中，encode 方法的參數 max_length 代表轉換後的總長度。如果超過該長度，則會被截斷；如果小於該長度，並且參數 pad_to_max_length 為 True 時，則會填充。程式執行後，padded_sequence_toind 的值如下。

```
[101, 5622, 9743, 19991, 2003, 1037, 20273, 102, 0, 0]
```

輸出結果中，最後兩個元素是系統自動填充的值 0。

（2）對句子進行截斷，程式如下。

```
padded_truncation_toind= tokenizer.encode("Li Jinhong is a programmer",
max_length=5)
print(tokenizer.decode(padded_truncation_toind) )
```

程式執行後，輸出結果如下。

```
[CLS] li jinhong [SEP]
```

從輸出結果中可以看出，在對句子進行截斷時，仍然會保留增加的結束標記 [SEP]。

4. encode_plus 方法

在實例物件 tokenizer 中，還有一個效率更高的 encode_plus 方法。它在完成 encode 方法的基礎上，還會生成非填充部分的隱藏標識、被截斷的詞等附加資訊。具體程式如下。

```
padded_plus_toind = tokenizer.encode_plus("Li Jinhong is a programmer",
max_length=10, pad_to_max_length=True)
print(padded_plus_toind)     # 輸出結果
```

程式執行後，輸出結果如下。

```
{'input_ids':[101, 5622, 9743, 19991, 2003, 1037, 20273, 102, 0, 0],
 'token_type_ids':[0, 0, 0, 0, 0, 0, 0, 0, 0, 0],
 'attention_mask':[1, 1, 1, 1, 1, 1, 1, 1, 0, 0]}
```

從輸出結果中可以看出，encode_plus 方法輸出了一個字典，字典中含有 3 個元素。具體介紹如下。

- input_ids：對句子處理後的詞索引值，與 encode 方法輸出結果一致。
- token_type_ids：對兩個句子中的詞進行標識，屬於第一個句子中的詞用 0 表示，屬於第二個句子中的詞用 1 表示。
- attention_mask：表示非填充部分的隱藏，非填充部分的詞用 1 表示，填充部分的詞用 0 表示。

◈ 提示

encode_plus 方法是 PreTrainedTokenizer 類別中更為底層的方法。在呼叫 encode 方法時，最終也是透過 encode_plus 方法來實現的。

---

5. batch_encode_plus 方法

batch_encode_plus 方法是 encode_plus 方法的批次處理形式，它可以一次處理多行敘述。具體程式如下。

```
tokens = tokenizer.batch_encode_plus(
    ["This is a sample",  "This is another longer sample text"],
    pad_to_max_length=True  )
print(tokens)
```

程式執行後，輸出結果如下。

```
{'input_ids':[[101, 2023, 2003, 1037, 7099, 102, 0, 0],
  [101, 2023, 2003, 2178, 2936, 7099, 3793, 102]],
 'token_type_ids':[[0, 0, 0, 0, 0, 0, 0, 0] , [0, 0, 0, 0, 0, 0, 0, 0]] ,
 'attention_mask':[[1, 1, 1, 1, 1, 1, 0, 0] , [1, 1, 1, 1, 1, 1, 1, 1]]}
```

可以看到，batch_encode_plus 方法同時處理了兩個句子，並輸出了一個字典物件，這兩個句子對應的處理結果被放在字典物件 value 的串列中。

3.10.3 向 PreTrainedTokenizer 類別中增加詞

PreTrainedTokenizer 類別中所維護的普通詞和特殊詞都可以進行增加。

- 增加普通詞：呼叫 add_tokens 方法，填入新詞的字串。
- 增加特殊詞：呼叫 add_special_tokens 方法，填入特殊詞字典。

下面以增加特殊詞為例進行程式演示。

1. 在增加特殊詞前

輸出特殊詞中的 additional_special_tokens。具體程式如下。

```
print(tokenizer.additional_special_tokens, tokenizer.additional_special_
tokens_ids)
```

```
toind = tokenizer.encode("<#> yes <#>")
print(tokenizer.convert_ids_to_tokens(toind) )
print(len(tokenizer))                    # 輸出詞表總長度：30522
```

程式執行後，輸出結果如下。

```
[] []
['[CLS]', '<', '#', '>', 'yes', '<', '#', '>', '[SEP]']
30522
```

從輸出結果的第 1 行可以看到，特殊詞中 additional_special_tokens 所對應的標記是空。

在進行分詞時，tokenizer 將 "<#>" 字元分成了 3 個字元 ('<', '#', '>')。

2. 增加特殊詞

向特殊詞中的 additional_special_tokens 加入 "<#>" 字元，並再次分詞。具體程式如下。

```
special_tokens_dict = {'additional_special_tokens':["<#>"]}
tokenizer.add_special_tokens(special_tokens_dict)    # 增加特殊詞
print(tokenizer.additional_special_tokens, tokenizer.additional_special_
tokens_ids)
toind = tokenizer.encode("<#> yes <#>")              # 將字串分詞並轉化成索引值
print(tokenizer.convert_ids_to_tokens(toind) ) # 將索引詞轉化成字串並輸出
print(len(tokenizer))                               # 輸出詞表總長度：30523
```

程式執行後，輸出結果如下。

```
['<#>'] [30522]
['[CLS]', '<#>', 'yes', '<#>', '[SEP]']
30523
```

從輸出結果中可以看到，tokenizer 在分詞時，沒有將 "<#>" 字元拆開。

3.10.4 實例：用手動載入 GPT-2 模型權重的方式將 句子補充完整

本例使用 GPT-2 模型配套的 PreTrainedTokenizer 類別，所需要載入的詞表檔案比 3.9.3 小節中的 BERT 模型多了一個 merges 檔案。本例主要介紹下面帶有多個詞表檔案的預先編譯模型在手動載入時的具體做法。

實例描述

載入 Transformers 函數庫中的 GPT-2 模型，並用它實現下一詞預測功能，即預測一個未完成句子的下一個可能出現的單字。透過迴圈生成下一詞，實現將一句話補充完整。

下一詞預測任務是一個常見的 NLP 任務，在 Transformers 函數庫中有很多模型都可以實現該任務。本例也可以使用 BERT 模型來實現。選用 GPT-2 模型，主要在於介紹手動載入多詞表檔案的特殊方式。

1. 自動載入詞表檔案的方式

如果使用自動載入詞表檔案的方式，則呼叫 GPT-2 模型完成下一詞預測任務，與 3.9.3 小節使用的 BERT 模型幾乎一致。完整程式如下。

程式檔案：code_13_GPT2Test.py

```
01  import torch
02  from transformers import GPT2Tokenizer, GPT2LMHeadModel
03
04  # 載入預訓練模型（權重）
05  tokenizer = GPT2Tokenizer.from_pretrained('gpt2')
06
07  # 輸入編碼
08  indexed_tokens = tokenizer.encode("Who is Li Jinhong ? Li Jinhong is a")
09
```

```
10  print( tokenizer.decode(indexed_tokens))
11
12  tokens_tensor = torch.tensor([indexed_tokens])       # 轉為張量
13
14  # 載入預訓練模型 ( 權重 )
15  model = GPT2LMHeadModel.from_pretrained('gpt2')
16
17  # 將模型設定為評估模式
18  model.eval()
19
20  tokens_tensor = tokens_tensor.to('cuda')
21  model.to('cuda')
22
23  # 預測所有標記
24  with torch.no_grad():
25  outputs = model(tokens_tensor)
26  predictions = outputs[0]
27
28  # 得到預測的下一詞
29  predicted_index = torch.argmax(predictions[0, -1,:]).item()
30  predicted_text = tokenizer.decode(indexed_tokens + [predicted_index])
31  print(predicted_text)
```

為了保證執行順暢，推薦使用手動載入的方式。找到程式自動下載的檔案，並透過專用下載工具 (如迅雷) 將其下載到本地，再進行載入。

程式執行後，輸出結果如下。

```
Who is Li Jinhong? Li Jinhong is a
Who is Li Jinhong? Li Jinhong is a young
```

輸出結果的第 1 行，對應於第 10 行程式。可以看到，該內容中沒有特殊詞。這表明 GPT-2 模型沒有為輸入文字增加特殊詞。

輸出結果的第 2 行是模型預測的最終結果。

2. 手動載入詞表檔案的方式

按照 3.9.2 小節所介紹的方式，分別找到 GPT-2 模型的設定檔、權重檔案和詞表檔案，具體如下：

- 設定檔：gpt2-config.json，該檔案的連結來自原始程式檔案 configuration_gpt2.py。
- 權重檔案：gpt2-pytorch_model.bin，該檔案的連結來自原始程式檔案 modeling_gpt2.py。
- 詞表檔案：gpt2-merges.txt 和 gpt2-vocab.json，該檔案的連結來自原始程式檔案 tokenization_gpt2.py。

注意

在 tokenization_gpt2.py 原始程式檔案裡 (作者路徑是 Anaconda3\envs\pt15\Lib\site-packages\transformers\tokenization_gpt2.py)，PRETRAINED_VOCAB_FILES_MAP 物件中的詞表檔案是兩個，比 BERT 模型中多一個詞表檔案，如圖 3-22 所示。

```
PRETRAINED_VOCAB_FILES_MAP = {
    "vocab_file": {
        "gpt2": "https://s3.amazonaws.com/models.huggingface.co/bert/gpt2-vocab.json",
        "gpt2-medium": "https://s3.amazonaws.com/models.huggingface.co/bert/gpt2-medium-vocab.json",
        "gpt2-large": "https://s3.amazonaws.com/models.huggingface.co/bert/gpt2-large-vocab.json",
        "gpt2-xl": "https://s3.amazonaws.com/models.huggingface.co/bert/gpt2-xl-vocab.json",
        "distilgpt2": "https://s3.amazonaws.com/models.huggingface.co/bert/distilgpt2-vocab.json",
    },
    "merges_file": {
        "gpt2": "https://s3.amazonaws.com/models.huggingface.co/bert/gpt2-merges.txt",
        "gpt2-medium": "https://s3.amazonaws.com/models.huggingface.co/bert/gpt2-medium-merges.txt",
        "gpt2-large": "https://s3.amazonaws.com/models.huggingface.co/bert/gpt2-large-merges.txt",
        "gpt2-xl": "https://s3.amazonaws.com/models.huggingface.co/bert/gpt2-xl-merges.txt",
        "distilgpt2": "https://s3.amazonaws.com/models.huggingface.co/bert/distilgpt2-merges.txt",
    },
}
```

▲ 圖 3-22　GPT-2 模型的詞表檔案

將 GPT-2 模型的設定檔、權重檔案和詞表檔案下載到本地 gpt2 資料夾之後，便可以透過撰寫程式進行載入。

（1）修改本小節第 05 行程式，載入詞表檔案。

```
tokenizer = GPT2Tokenizer.from_pretrained ('./gpt2/gpt2-vocab.json', './
gpt2/gpt2-merges.txt')
```

由於 GPT2Tokenizer 的 from_pretrained 方法不支援同時載入兩個詞表檔案，這裡可以透過實例化 GPT2Tokenizer 的方法，對詞表檔案進行載入。

◈ **提示**

其實，from_pretrained 方法是支持從本地載入多個詞表檔案的，但對載入的詞表檔案名稱有特殊的要求：該檔案名稱必須按照原始程式檔案 tokenization_gpt2.py 的 VOCAB_FILES_NAMES 字典物件中定義的名字來命名。多個詞表檔案的指定名稱如圖 3-23 所示。

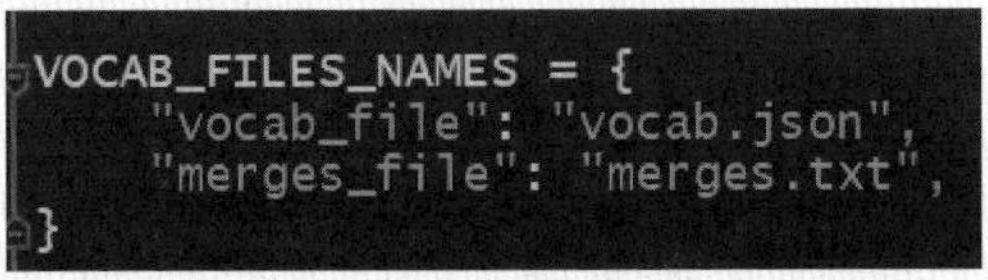

```
VOCAB_FILES_NAMES = {
    "vocab_file": "vocab.json",
    "merges_file": "merges.txt",
}
```

▲ 圖 3-23　多個詞表檔案的指定名稱

所以要使用 from_pretrained 方法，必須對已經下載好的詞表檔案進行改名。步驟如下。

（1）將 "./gpt2/gpt2-vocab.json" 和 "./gpt2/gpt2-merges.txt" 這兩個檔案，分別改名為 "./gpt2/vocab.json" 和 "./gpt2/merges.txt"。

（2）修改本小節第 05 行程式，向 from_pretrained 方法傳入詞表檔案的路徑即可。程式如下。

```
tokenizer = GPT2Tokenizer.from_pretrained(r'./gpt2/')
```

（3）修改本小節第 15 行程式，載入預訓練模型。

```
model = GPT2LMHeadModel.from_pretrained(
        './gpt2/gpt2-pytorch_model.bin', config= './gpt2/gpt2-config.json')
```

3. 生成完整句子

繼續撰寫程式，用迴圈方式不停地呼叫 GPT-2 模型進行下一詞預測，最終生成一個完整的句子。具體程式如下。

程式檔案：code_13_GPT2Test.py（續）

```
32  # 生成一個完整的句子
33  stopids = tokenizer.convert_tokens_to_ids(["."])[0]  # 定義結束符號
34  past = None                                           # 定義模型參數
35  for i in range(100):                                  # 迴圈 100 次
36    with torch.no_grad():
37      output, past = model(tokens_tensor, past=past)  # 預測下一詞
38    token = torch.argmax(output[..., -1, :])
39
40    indexed_tokens += [token.tolist()]                # 將預測結果收集起來
41
42    if stopids== token.tolist():                      # 如果預測出句點則停止
43      break
44    tokens_tensor = token.unsqueeze(0)                # 定義下一次預測的輸入張量
45
46  sequence = tokenizer.decode(indexed_tokens)         # 進行字串解碼
47  print(sequence)
```

第 35 ～ 37 行程式中，在迴圈呼叫模型預測功能時，使用了模型的 past 功能。該功能可以使模型進入連續預測狀態，即在前面預測結果的基礎之上進行下一詞預測，而不需要在每次預測時，對所有句子進行重新處理。

> ◆ 提示
>
> past 功能是使用預訓練模型時很常用的功能。在 Transformers 函數庫中，凡是帶有下一詞預測功能的預訓練模型 (如 GPT、XLNet、Transfo XL、CTRL 等) 都有這個功能。但並不是所有模型的 past 功能都是透過 past 參數進行設定的，有的模型雖然使用的參數名稱是 mems，但作用與 past 參數一樣。

程式執行後，輸出結果如下。

```
Who is Li Jinhong? Li Jinhong is a young man who is a member of the Li Clan.
```

3.10.5 子詞的拆分

在 3.9.3 小節的實例中，可以看到詞表工具將 "lijinhong" 分成了 ['li', 'jin', '##hong']。這種分詞的方式是使用子詞的拆分技術完成的。這種做法可以防止 NLP 任務中，在覆蓋大量詞彙的同時，詞表過大的問題。

1. 子詞的拆分原理

在進行 NLP 時，透過為每個不同詞對應一個不同的向量，來完成文字到數值之間的轉換。這個映射表被稱作詞表。

對於某些形態學 (Morphology) 豐富的語言 (如德語，或是帶有時態動詞的英文)，如果將每個變化的詞都對應一個數值，則會導致詞表過大的問題。而且這種方式使得兩個詞之間彼此獨立，也不能表現出其本身的相近意思 (如 pad 和 padding)。

子詞就是將一般的詞，如 padding 分解成更小單元 pad+ding。而這些小單元也有各自意思，同時這些小單元也能用到其他詞中。子詞與單字中的詞根、詞綴非常相似。透過將詞分解成子詞，可以大大降低模型的詞彙量，減少運算量。

2. 子詞的分詞方法

在實際應用中，會根據不同的子詞，使用不同的分詞方法。基於統計方法實現的分詞有以下 3 種。

- Byte Pair Encoding (BPE) 法：先對語料統計出相鄰符號對的頻次，再根據頻詞進行融合。

- WordPiece 法：與 BPE 法類似，不同的是，BPE 法統計頻次，而 WordPiece 法統計最大似然。WordPiece 是 Google 公司內部的子詞套件，其未對外公開。BERT 最初用的就是 WordPiece 法分詞。
- Unigram Language Model 法：先初始化一個大詞表，接著透過語言模型評估不斷減少詞表，一直減少到限定詞彙量。

在神經網路模型中，還可以使用模型訓練的方法對子詞進行拆分。常見的有子詞正則 (Subword Regularization) 和 BPE Dropout 方法。二者相比，BPE Dropout 方法更為出色。

3. 在模型中使用子詞

在模型的訓練過程中，輸入的句子是以子詞形式存在的。這種方式得到的預測結果也是子詞。

當使用模型進行預測時，模型輸出子詞之後，再將其合併成整詞即可。舉例來說，訓練時先把 "lijinhong" 拆成 ['li', 'jin', '##hong']，獲得結果後，將句子中的 "##" 去掉即可。

3.11 BERTology 系列模型

Transformers 函數庫提供了十幾種 BERTology 系列的具體模型，每種具體的模型又有好幾套不同規模、不同資料集的預訓練模型檔案。想要正確地選擇它們，就必須了解這些模型的原理、作用、內部結構以及訓練方法。

最初的 BERT 模型主要建立在兩個核心思想上：Transformer 模型的架構、無監督學習預訓練。所以要介紹 BERT 模型，需要先從 Transformer 模型開始。

Transformer 模型也是 NLP 中的經典模型。它捨棄了傳統的 RNN 結構，而使用注意力機制來處理序列任務。

本節從 Transformer 之前的主流模型開始，逐一介紹 BERTology 系列模型中的結構和特點。

3.11.1 Transformer 之前的主流模型

Transformer 誕生前夕，各類主流 NLP 神經網路的架構是編碼器 - 解碼器 (Encoder-Decoder) 架構。

1. Encoder-Decoder 架構的工作機制

Encoder-Decoder 架構的工作機制如下。

（1）用編碼器將輸入編碼映射到語義空間中，得到一個固定維數的向量，這個向量就表示輸入的語義。

（2）用解碼器將語義向量解碼，獲得所需要的輸出。如果輸出的是文字，則解碼器通常就是語言模型。

Encoder-Decoder 架構如圖 3-24 所示。

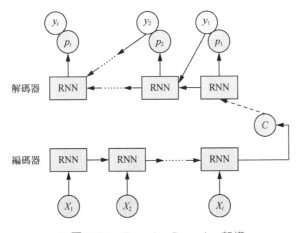

▲ 圖 3-24　Encoder-Decoder 架構

Encoder-Decoder 架構適用於語音到文字、文字到文字、圖型到文字、文字到圖型等轉換任務。

2. 了解帶有注意力機制的 Encoder-Decoder 架構

注意力機制可用來計算輸入與輸出的相似度。一般將其應用在 Encoder-Decoder 架構中的編碼器與解碼器之間，透過給輸入編碼器的每個詞指定不同的關注權重，來影響其最終的生成結果。這種架構可以處理更長的序列任務。帶有注意力機制的 Encoder-Decoder 架構如圖 3-25 所示。

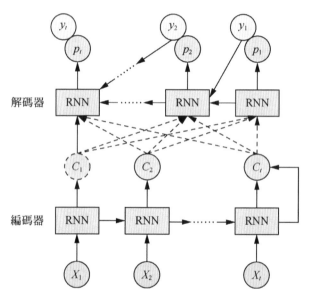

▲ 圖 3-25　帶有注意力機制的 Encoder-Decoder 架構

這種架構使用 RNN 搭配注意力機制，經過各種變形，形成編碼器，再接一個作為輸出層的解碼器，形成最終的 Encoder-Decoder 架構。

3. Encoder-Decoder 架構的更多變種

基於 Encoder-Decoder 架構，編碼器的結構還可以使用動態協作注意網路 (Dynamic Coattention Network, DCN)、雙向注意流 (Bi-Directional Attention

Flow, BiDAF) 網路等。這些編碼器有時還會混合使用，它們將來自文字和問題的隱藏狀態進行多次線性 / 非線性變換、合併、相乘後得出聯合矩陣，再投入由單向長短期記憶網路 (Long Short-Term Memory, LSTM)、雙向長短期記憶網路和高速 Maxout 網路 (Highway Maxout Networks, HMN)組成的動態指示解碼器 (Dynamic Pointing Decoder)匯出預測結果。

Encoder-Decoder 架構在問答領域還有多種變形 (如 DrQA、AoA、r-Net 等模型)，在 NLP 的其他領域也是如此。但無論如何，始終無法「擺脫」RNN 或 CNN。

4. RNN 的缺陷

最初的 Encoder-Decoder 架構主要依賴於 RNN，而 RNN 最大的缺陷在於其序列依賴性：必須處理完上一個序列的資料，才能進行下一個序列的處理。

出於自回歸的特性，僅憑藉一到兩個矩陣完整而不偏頗地記錄過去幾十個甚至上百個時間步進值的序列資訊，顯然不太可能。其權重在訓練過程中反覆調整，未必能剛好應用到測試資料集的需求上，更不用提訓練時梯度消失導致的難以最佳化的問題。這些問題從 LSTM 的單元公式便足以看出。後續新模型的開創者們始終沒有推出一個可以完美解決以上問題，同時保證特徵取出能力的方案，直到 Transformer 模型的出現。

3.11.2 Transformer 模型

Transformer 模型是第一個使用自注意力 (Self-Attention) 機制，徹底擺脫循環或卷積神經網路依賴的模型。它也是 BERT 模型中基礎的技術支撐。

1. Transformer 模型的結構

Transformer 模型也是基於 Encoder-Decoder 架構實現的，其結構如下頁圖 3-26 所示。

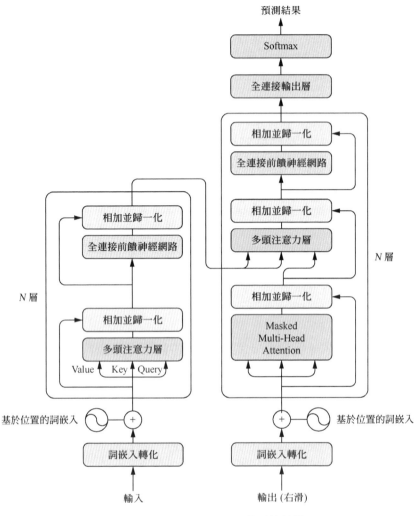

▲ 圖 3-26　Transformer 模型的結構

圖 3-26 所示為基礎的編碼器單元 (左側部分) 和解碼器單元 (右側部分)，兩者搭配在一起組成一個 Transformer 層 (Transformer-layer)。圖 3-26 中的主要部分，具體介紹如下。

- 輸入：模型的訓練基於單向多對多，不要求輸入和輸出的長度相等，兩者不等長時將空缺部分填充為 0 向量。

- 輸出 (右滑)：在一般任務下，模型訓練的目的是預測下一詞的機率，從而保持輸入和輸出等長，輸出的結果相對於輸入序列，右移了一個位置，即右滑 (Shifted Right)；在進行翻譯任務的訓練時，則輸入一個不等長的句子對。

- N 層：在結構中，模型的深度為 6 層，在每一層的結尾，編碼器輸送隱藏狀態給下一層編碼器，解碼器同理。

- 多頭注意力層：每個多頭注意力層的 3 個並列的箭頭從左到右分別為 Value、Key 和 Query，編碼器在每一層將隱藏狀態透過線性變換分化出 Key 和 Value 輸送給解碼器的第二個注意力層。

- 詞嵌入轉化：使用預訓練詞向量表示文字內容，在 Transformer 結構中的維度為 512。

- 基於位置的詞嵌入：依據單字在文字中的相對位置生成正弦曲線。

- 全連接前饋神經網路：針對每一個位置的詞嵌入單獨進行變換，使其上下文的維度統一。

- 相加並歸一化：將上一層的輸入和輸出相加，形成殘差結構，並對殘差結構的結果進行歸一化處理。

- 全連接輸出層：輸出模型結果的機率分佈，輸出維度為預測目標的詞彙表大小。

2. 注意力機制的基本思想

注意力機制的基本思想描述起來很簡單：將具體的任務看作 Query、Key、Value 這 3 個角色 (分別用 Q、K、V 來簡寫)。其中 Q 是要查詢的任務，而 K、V 是一一對應的鍵值對，目的就是使用 Q 在 K 中找到對應的 V 值。

3. 多頭注意力機制

多頭注意力機制主要是對原始的注意力機制的改進。該技術可以表示為 Y=MultiHead(Q, K, V)。多頭注意力機制的原理如下頁圖 3-27 所示。

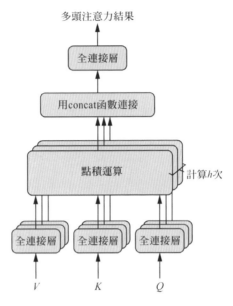

▲ 圖 3-27　多頭注意力機制的原理

如圖 3-27 所示，多頭注意力機制的原理如下。

（1）把 Q、K、V 透過參數矩陣進行全連接層的映射轉化。
（2）對第 (1) 步中所轉化的 3 個結果做點積運算。
（3）將第 (1) 步和第 (2) 步重複執行 h 次，並且每次進行第 (1) 步操作時，都使用全新的參數矩陣 (參數不共用)。
（4）用 concat 函數把計算 h 次之後的最終結果連接起來。

其中，第 (4) 步的操作與多通道卷積非常相似，其理論可以解釋為以下 3 個方面。

（1）每一次的注意力運算，都會使原資料中某個方面的特徵發生注意力轉化 (得到局部注意力特徵)。
（2）當發生多次注意力運算之後，會得到更多方向的局部注意力特徵。
（3）將所有的局部注意力特徵合併，再透過神經網路將其轉化為整體的特徵，從而達到擬合效果。

4. 什麼是基於位置的詞嵌入

由於注意力機制的本質是鍵值對的尋找機制，不能表現出尋找時 Q 的內部關係特徵。於是，Google 公司在實現注意力機制的模型中加入了位置向量技術。

帶有位置向量的詞嵌入是指在已有的詞嵌入技術中加入位置資訊。在實現時，具體步驟如下。

（1）用正弦和餘弦演算法對詞嵌入中的每個元素進行計算。
（2）將第 (1) 步中正弦和餘弦計算後的結果用 concat 函數連接，作為最終的位置資訊。

轉換後的結果，可以與正常的詞嵌入一樣在模型中被使用。

5. Transformer 模型的優缺點

Transformer 模型的架構主要是將自注意力機制應用在 Encoder-Decoder 架構中。Transformer 模型避免了使用自回歸模型提取特徵的弊端，得以充分捕捉近距離上文中的任何依賴關係。不考慮平行特性，在應對文字總長度小於詞向量維度的任務時 (如機器翻譯)，模型的訓練效率也顯著高於 RNN。

Transformer 模型的不足之處就是其只擅長處理短序列任務 (在長度小於 50 的情況下表現良好)。因為當輸入文字的固定長度持續增長時，其訓練時間也將呈指數級增長。所以 Transformer 模型在處理長序列任務時，不如 LSTM 等傳統的 RNN 模型 (一般可以支援長度為 200 左右的序列輸入)。

3.11.3 BERT 模型

BERT 模型是一種來自 Google 公司人工智慧的語言處理模型，它使用預訓練和微調來為多種任務創建先進的 NLP 模型。這些任務包括問答系統、情感分析和語言推理等。

BERT 模型的訓練過程採用了降噪自編碼 (Denoising Autoencoder) 方式。它只是一個預訓練階段的模型,並不能點對點地解決問題。在解決具體的 NLP 任務時,還需要在 BERT 模型之後,額外增加其他的處理模型。

1. BERT 模型的結構與訓練方式

BERT 模型由雙層雙向 Transformer 模型建構,Transformer 模型中的多頭注意力機制也是 BERT 核心處理層。在 BERT 模型中,這種注意力層有 12 或 24 層 (具體取決於模型),且每一層包含多個 (12 或 16) 注意力「頭」。由於模型權重不在層之間共用,因此一個 BERT 模型就能有效地包含多達 24×16 = 384 個不同的注意力機制。

訓練分為兩個步驟:預訓練和微調。經過預訓練之後的 BERT 模型,可以直接透過微調的方式,用於各種具體的 NLP 任務上。BERT 模型的訓練方式如圖 3-28 所示。

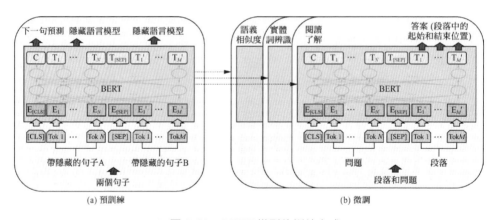

▲ 圖 3-28　BERT 模型的訓練方式

圖 3-28 所示的預訓練是為了在輸入的詞向量中融入上下文特徵,微調則是為了使 BERT 模型能適應不同的任務,包括分類、問答、序列標注等,兩者是獨立進行的。這種訓練方式的設計,可以使一個模型適用於多個應用場景。這使得 BERT 模型誕生後,實現了刷新多項 NLP 任務紀

錄的效果。BERT 模型刷新的幾項 NLP 任務如表 3-1 所示。

表 3-1　BERT 模型刷新的幾項 NLP 任務

NLP 任務	類型	描述
MultiNLI	文字語義關係辨識	文字間的推理關係，又稱為文字蘊含關係。樣本都是文字對，第一個文字 M 作為前提，如果能夠從文字 M 推理出第二個文字 N，即可説 M 蘊含 N，簡寫為 M->N。兩個文字關係一共有 3 種，即蘊含、矛盾、中立
QQP	文字匹配	類似於分類任務，判斷兩個問題是不是同一個意思，即是否等值。使用的是 Quora 問題對資料集 (quora question pairs)
QNLI	自然語言推理	二分類任務。正樣本為問題敘述，包含正確的答案；負樣本為問題敘述，不包含正確的答案
SST-2	文字分類	基於文字的情感分類任務
CoLA	文字分類	分類任務，預測一個句子是否是可接受的。使用的是語言可接受性語料庫 (the corpus of linguistic acceptability)
STS-B	文字相似度	用來評判兩個文字語義資訊的相似度。使用的是語義文字相似度資料集 (the semantic textual similarity benchmark)，樣本為文字對，分數為 1 ~ 5
MRPC	文字相似度	對來自同一筆新聞的兩筆評論進行處理，判斷這兩筆評論在語義上是否相同。使用的是微軟研究釋義語料庫 (microsoft research paraphrase corpus)，樣本為文字對
RTE	文字語義關係辨識	與 MultiNLI 任務類似，只不過資料集更少，使用的是文字語義關係辨識資料集 (recognizing textual entailment)
WNLI	自然語言推理	與 QNLI 任務類似，只不過資料集更少，使用的是自然語言推理資料集 (winograd NLI)
SQuAD	提取式閱讀了解	列出一個問題和一段文字，從文字中提取出問題的答案
SWAG	帶選擇題的閱讀了解	列出一個陳述句子和 4 個備選句子，判斷前者與後者中的哪一個最有邏輯的連續性。使用的是具有對抗性生成的情境資料集 (the situations with adversarial generations dataset)

2. BERT 模型的預訓練方法

BERT 模型使用了兩個無監督子任務訓練出兩個子模型，它們分別是 MLM 和下一句預測 (Next Sentence Prediction, NSP) 模型。

（1）MLM

MLM 與 CBOW 模型思想相似，即先把待預測的單字遮蔽，再預測句子。

MLM 的原理是：指定一個輸入序列，同時隨機遮蔽序列中的一些單字；然後模型根據上下文中提供的其他非遮蔽詞預測遮蔽詞的原始值。

MLM 的訓練過程採用了降噪自編碼方式，它區別於自回歸模型，最大的貢獻在於使模型獲得了雙向的上下文資訊。

（2）NSP 模型

NSP 模型與傳統的 RNN 模型預測任務一致，即先輸入一句話，然後透過模型來預測其下一句話的內容。Transformer 模型也屬於這種模型。

在訓練時，BERT 模型對該任務的訓練方式做了調整：將句子 A 輸入 BERT 模型，然後以 50% 的機率選擇下一個連續的句子作為句子 B，另外 50% 的機率是從語料庫中隨機取出不連續的句子 B 代替。

使用這種方式訓練的模型，除了能夠輸出完整的句子外，還可以輸出一個標籤，用於判斷兩個句子是否連續。這種訓練方式可以增強 BERT 模型對上下文的推理能力。

3. BERT 模型的編碼機制

MLM 的隱藏機制是 BERT 模型的最大特點，它預測的是句子，而非聚焦到一個具體的實際任務。同時，在 Transformer 模型的位置編碼基礎上，BERT 模型還增加了一項段 (Segment) 編碼，如圖 3-29 所示。

圖 3-29 中，段編碼對應於 3.9.3 小節的第 30 行程式。

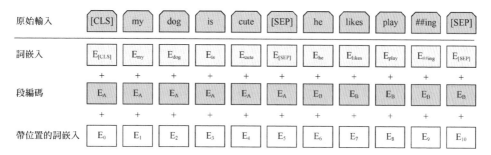

▲ 圖 3-29　BERT 模型的編碼機制

4. BERT 模型的應用場景

BERT 模型適用於以下 4 種場景。

- 語言中包含答案，如 QA/RC。
- 句子與段落間的匹配任務。
- 提取句子深層語義特徵的任務。
- 基於句子或段落等級的短文字處理任務 (在輸入長度為 512 以下，模型性能保持良好)。

5. BERT 模型的缺點

BERT 模型的 MLM 將 [MASK] 當作雜訊，透過降噪自編碼訓練的方式可以獲得雙向的上下文資訊。這種方式會帶來以下兩個問題。

- 微調不匹配 (Pretrain-finetune Discrepancy) 問題：預訓練時的 [MASK] 在微調時並不會出現，使得兩個過程不一致，這種做法會影響訓練效果。
- 獨立性假設 (Independence Assumption) 問題：BERT 模型預測的所有 [MASK] 在未做 [MASK] 隱藏的條件下是獨立的。這種做法使得模型給輸入句子一個預設的假設 —— 每個詞的預測是相互獨立的。而類似於 "New York" 這樣的命名實體，"New" 和 "York" 是存在連結的，這個假設則忽略了這樣的情況。

另外，研究者透過實驗發現，對 BERT 模型進行細微變化後，可以獲得更好的表現。舉例來說，BERT-WWM 在 MRPC(見表 3-1) 和 QQP(見表 3-1) 資料集上普遍表現都優於 BERT 模型，而去掉 NSP 的 BERT 模型在某些任務中表現會更好。

3.11.4　GPT-2 模型

在 Transformer 模型之後的工作中，人們嘗試保留其核心的多頭注意力機制，而最佳化原有的 Encoder-Decoder 架構。在 BERT 模型中，去掉了 Transformer 模型的解碼器部分，只使用其編碼器部分，獲得了很好的結果。而 GPT-2 模型與 BERT 模型相反，它去掉了 Transformer 模型的編碼器部分，只使用其解碼器部分。GPT-2 模型由 OpenAI 公司於 2019 年 2 月發佈，當時引起了不小的轟動。

GPT-2 模型使用無監督的方式，對來自網際網路上的 40GB 的精選文字進行訓練。它能夠遵循訓練時的文字內容，根據輸入的具體句子或詞，預測出下一個可能出現的序列 (詞)。

在進行敘述生成時，模型將每個新產生的單字增加在輸入序列後面，將這個序列當作下一步模型預測所需要的新輸入，這樣就可以源源不斷地生成新的文字。這種機制叫作自回歸 (Auto-Regression, AR)，在 3.10.4 小節的實例中，就使用了 GPT-2 模型實現的自回歸機制。

由於 GPT-2 模型由 Transformer 模型的解碼器疊加組成，它工作時與傳統的語言模型一樣，輸入指定長度的句子後，一次只輸出一個單字。按 Transformer 模型解碼器的堆疊層數分成了小、中、大、特大 4 個子模型，其所對應的層數分別為 12 層、24 層、36 層、48 層。

3.11.5 Transformer-XL 模型

Transformer-XL 模型解決了 NLP 領域的難題：捕捉長距離依賴關係，使 Transformer 系統結構能夠學習長期依賴，透過讓部分之間有依賴性，解決上下文碎片問題。Transformer-XL 中的 XL 代表超長 (Extra Long)。

同時，Transformer-XL 模型對自注意力機制引入了兩種機制：循環機制 (Recurrence Mechanism) 和相對位置編碼 (Relative Positional Encoding)。

這兩種機制的引入，使得其在下一詞預測任務中的速度比標準 Transformer 模型快 1800 多倍。

1. 循環機制

Transformer-XL 模型將語料事先劃分為等長的段，在訓練時，將每一個段單獨投入計算自注意力。每一層輸出的隱藏狀態作為記憶儲存到記憶體中，並在訓練下一個段時，將其作為額外的輸入，代表上文中的語境資訊。這樣一來便在上文與下文之間架設了一座「橋樑」，使得模型能夠捕捉更長距離的依賴關係。

這種方式可以使評估場景下的運算速度變得更快，因為在自回歸過程中，模型可以直接透過快取中的前一個段結果來進行計算，不需要對輸入序列進行重新計算。

2. 相對位置編碼

由於加入了循環機制，從標準 Transformer 模型承接下來的絕對位置編碼也就失去了作用。這是因為 Transformer 模型沒有使用自回歸式運算方式，其使用的帶位置的詞嵌入，記錄的是輸入詞在這段文字中的絕對位置。這個位置值在 Transformer-XL 模型的循環機制中，會一直保持不變，所以失去了其應有的作用。

Transformer-XL 模型的做法是取消模型輸入時的位置編碼，轉為在每一個注意力層前用 Query 和 Key 編碼。

這種做法會使每個段產生不同的注意力結果，不會造成時間上的處理混亂，使模型既能捕捉長距離依賴關係，又能充分利用短距離依賴關係。

3. Transformer-XL 模型與 GPT-2 模型的輸出結果比較

Transformer-XL 模型與 GPT-2 模型同是 AR 模型，但在輸入相同句子時，各自所產生的文字並不相同。這種差異是由很多因素造成的，主要還是歸因於不同的訓練資料和模型架構。

3.11.6　XLNet 模型

XLNet 模型在 Transformer-XL 模型的 AR 模型基礎上加入了 BERT 模型的思想，使其也能夠獲得雙向的上下文資訊，並克服了 BERT 模型所存在的缺點：

- XLNet 模型中沒有使用 MLM，克服了 BERT 模型的微調不匹配問題；
- 由於 XLNet 模型本身是 AR 模型，因此不存在 BERT 模型的獨立性假設問題。

從效果上看，XLNet 模型在 20 個任務上的表現都比 BERT 模型好，而且通常佔據很大的優勢。XLNet 模型在 18 個任務上獲得了很好的結果，包括問答、自然語言推理、情感分析和文件排序。

XLNet 模型中最大致量的 XLNet-Large 模型參照了 BERT-Large 模型的設定，其包含 3.4 億參數，16 個注意力頭，24 個 Transformer 層，1024 個隱藏單元。相關論文指出，即使是這樣的設定，在訓練過後依然呈現欠擬合的態勢。

XLNet 模型主要使用了 3 個機制：亂數語言模型 (Permutation Language Model, PLM)、雙流自注意力 (Two-Stream Self-Attention) 機制、循環機制。

1. 亂數語言模型

亂數語言模型又叫作有序因數排列，它的做法如下。

- 對每個長度為 T 的序列 (x1,x2, …，xT)，產生 T！種不同的排列方式。
- 在所有順序中，共用模型的參數，對每一種排列方式重組下的序列進行自回歸訓練。
- 從 AR 模型中找出最大結果所對應的序列 (此期間只改變序列的排列順序，每個詞與其對應的詞嵌入和位置編碼不會改變)。

PLM 的思想是：如果模型的參數在所有的順序中共用，那麼模型就能學到從所有位置收集上下文資訊。

XLNet 模型會為每一種排列記錄隱藏狀態記憶序列，而相對位置編碼在不同排列方式間保持一致，不隨排列方式的變化而變化 (即保持原始的位置編碼)。這樣做可以在捕捉雙向資訊 (BERT 模型的優點) 的同時，避免獨立性假設、微調不匹配問題 (BERT 模型的缺點)。可以將 XLNet 模型看成不同排列下多個 Transformer-XL 模型的平行。

這種從原輸入中選取最有可能的排列方式，能夠充分利用自編碼 (Auto-Encoding,AE) 和自回歸的優勢，使模型的訓練充分融合上下文特徵，同時也不會造成隱藏機制下的有效資訊缺失，避免了兩者的不足。

XLNet 模型利用 PLM，在預測某個詞時，使用輸入的排列獲取雙向的上下文資訊，同時維持 AR 模型原有的單向形式。這樣就可以不用改變輸入順序，只需在內部處理。

在實現過程中，XLNet 模型使用詞在序列中的位置計算上下文資訊。

舉例來說，有一個 2 -> 4 ->3 ->1 的序列，取出其中的 2 和 4 作為自回歸模型的輸入，使其預測 3。這樣，當所有序列取完時，就能獲得該序列的上下文資訊。

為了降低模型的最佳化難度，XLNet 模型只預測當前序列位置之後的詞。

2. 雙流自注意力機制

雙流自注意力機制用於配合 PLM。在 PLM 過程中，需要計算序列的上下文資訊。其中上文資訊和下文資訊各使用了一種注意力機制進行實現，所以叫作雙流自注意力。

- 上文資訊透過對序列本身做自注意力計算獲得。這種注意力結果叫作內容流。
- 下文資訊參考了 Transformer 模型中 Encoder-Decoder 架構的注意力機制 (解碼器經過一個隱藏自注意力層後保留 Query，接收來自編碼器的 Key 和 Value，進行進一步運算) 計算獲得。這種注意力結果叫作查詢流。

PLM 配合雙流自注意力的完整工作流程如圖 3-30 所示。

圖 3-30 中實現了對序列 2 -> 4 ->3 ->1 中第一個詞的雙流自注意力機制計算，具體描述如下：

圖 3-30(a) 所示為內容流的結構，其中 h 代表序列中每個詞的內容流注意力 ($h^{(0)}$ 代表原始特徵，$h^{(1)}$ 代表經過注意力計算後的特徵，h_1、h_2 的索引代表該詞在序列中的索引)。該圖描述了一個標準的注意力機制。該注意力中，包括查詢準則 Q，它能夠表現出已有序列的上文資訊。

圖 3-30(b) 所示為查詢流的結構，其中 g 代表序列中每個詞的查詢流注意力 ($g^{(0)}$ 代表原始特徵，$g^{(1)}$ 代表經過注意力計算後的特徵，g_1、g_2 的索引代表該詞在序列中的索引)。圖中將第一個詞作為查詢準則 Q，將其他詞

當作 K 和 V，實現了基於下一詞的注意力機制。該注意力機制可以表現出序列的下文資訊，因為下一詞在這個注意力中看不到自己。

圖 3-30(c) 所示為雙流自注意力的整體結構，經過雙流自注意力計算後，序列中的每個詞都有兩個 (上文和下文) 特徵資訊。

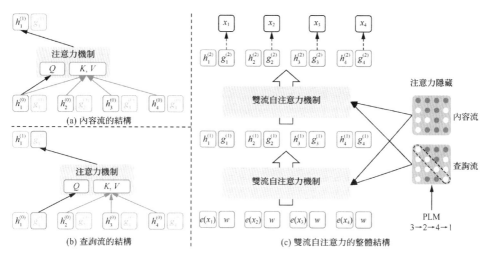

▲ 圖 3-30　PLM 配合雙流自注意力的完整工作流程

經過實驗發現，PLM 增加了數倍的計算量，使得模型的收斂速度過於緩慢。為此 XLNet 模型引入一項超參數 N，只對排列尾部的 1/N 個元素進行預測，最大化似然函數。如此一來效率大大提高，而同時不用犧牲模型精度。這個操作稱為部分預測 (Partial Prediction)，同 BERT 模型只預測 15% 的詞類似。

3. 循環機制

該機制來自 Transformer-XL 模型，即在處理下一個段時結合上一個段的隱藏表示 (Hidden Representation)，使得模型能夠獲得更長距離的上下文資訊。

該機制使得 XLNet 模型在處理長文件時具有較好的優勢。

4. XLNet 模型的訓練與使用

XLNet 模型與 BERT 模型一樣,分為預訓練和微調,具體如下。

- 在訓練時:使用與 BERT 模型一樣的雙語段輸入格式 (Two-Segment Data Format),即 [CLS, A, SEP, B, SEP]。在 PLM 環節,會把兩個段合併成一個序列進行運算,而且沒有再使用 BERT 模型中的 NSP 子任務。同時,在 PLM 環節還要設定參數 N,它等於 BERT 模型中的隱藏率。
- 在使用時:輸入格式與訓練時的相同。模型中需要關閉查詢流,將 Transformer-XL 模型再度還原回原始單注意力的標準形態。

XLNet 模型應用於提供一個問題和一段文字的問答任務時,可以仿照 BERT 模型的方式,從語料庫中隨機挑選兩個樣本段組成一個完整段進行正常訓練。

5. XLNet 模型與 BERT 模型的本質區別

XLNet 模型與 BERT 模型的本質區別在於,BERT 模型底層應用的是隱藏機制下的標準 Transformer 架構,而 XLNet 模型應用的是在此基礎上融入了自回歸特性的 Transformer-XL 架構。

BERT 模型無論是訓練還是預測,每次輸入的文字都相互獨立,上一個時間步進值的輸出不作為下一個時間步進值的輸入。這種做法與傳統的 RNN 正好相反。而 XLNet 模型遵循了傳統的 RNN 中的自回歸方式,實現了更好的性能。

舉例來說,同樣處理 "New York is a city" 這句話中的單字 "New York", BERT 模型會直接使用兩個 [mask] 將這個單字遮蔽,再使用 "is a city" 作為上下文進行預測,這種處理方法忽略了子詞 "New" 和 "York" 之間的連結;而 XLNet 模型則透過 PLM 的形式,使得模型獲得更多 "New" 與 "York" 之間前後關係的資訊。

3.11.7 XLNet 模型與 AE 模型和 AR 模型間的關係

如果將 BERT 模型當作 AE 模型,則帶有 RNN 特性的系列模型都可以歸類於 AR 模型。

1. AE 模型與 AR 模型的不足

以 BERT 模型為首的 AE 模型雖可以學得上下文資訊,但在資料連結 (Data Corruption) 設計上存在兩個天然缺陷:

- 忽視了訓練時被隱藏的詞之間的相關關係;
- 這些詞未能出現在訓練資料集中,進一步導致預訓練的模型參數在微調時產生差異。

而 AR 模型雖不存在以上缺陷,但只能基於單向建模。雙向設計 (如 GPT 模型的雙層 LSTM) 將產生兩套無法共用的參數,本質上仍為單向模型,利用上下文資訊的能力有限。

2. XLNet 模型中的 AE、AR 特性

XLNet 模型可以視為 BERT、GPT-2 和 Transformer -XL 這 3 種模型的綜合體變身。它吸收了 AE 和 AR 兩種語言模型的優勢,具體表現如下。

- 吸收了 BERT 模型中的 AE 優點,使用雙流自注意力機制配合 PLM 預訓練目標,獲取雙向語義資訊 (該做法等於 BERT 模型中隱藏機制的效果)。
- 結合 AR 優點,去掉了 BERT 模型中隱藏行為,解決了微調不匹配問題。
- 使用 PLM 對輸入序列的機率分佈進行建模,避免了獨立性假設問題。
- 仿照 GPT-2 模型的方式,使用更多更高品質的預訓練資料。
- 使用 Transformer-XL 模型的循環機制,來解決無法處理過長文字的問題。

3.11.8 RoBERTa 模型

人們在對 BERT 模型預訓練的重複研究中，透過對超參數調整和訓練資料集大小的影響的仔細評估，發現了 BERT 模型訓練不足的情況，並進行了改進，獲得了 RoBERTa 模型。

RoBERTa 模型與 BERT 模型一樣，都屬於預訓練模型。不同的是，它使用了更多的訓練資料、更久的訓練時間和更大的訓練批次。它所訓練的子詞達到 20480 億個 (50 萬步 ×8000 批次 ×512 樣本長度)，在 8 個 TPU 上訓練 50 萬步，需要 3200 小時。這種想法一定程度上與 GPT-2 模型的暴力擴充資料方法類似，但是需要消耗大量的計算資源。

RoBERTa 模型對超參數與訓練資料集的修改也很簡單，具體包括以下幾個方面。

- 使用動態隱藏 (Dynamic Masking) 策略：預訓練過程依賴於隨機掩蓋和預測被掩蓋字或單字。RoBERTa 模型為每個輸入序列單獨生成一個隱藏，讓資料訓練不重複，而在 BERT 模型的 MLM 中，只執行一次隨機掩蓋和替換，並在訓練期間儲存，這種靜態隱藏策略使得每次都使用了相同隱藏的訓練資料，影響了資料的多樣性。

- 使用了更多樣的資料。其中包括維基百科 (130GB)、書、新聞 (6300 萬筆)、社區討論、故事類資料。

- 取消了 BERT 模型中的 NSP 子任務，資料連續從一個或多個文件中獲得，直到長度為 512。經過 RoBERTa 模型和 XLNet 模型證明，NSP 子任務在 BERT 模型的預訓練過程中是可以去掉的。

- 最佳化器參數調整。

- 使用了更大的字元編碼。它是字元級和單字級之間的混合體，可以處理自然語言語料庫中常見的大詞彙，避免訓練資料出現更多的 [UNK]

標記符號，從而影響預訓練模型的性能。其中，[UNK] 標記符號表示當在 BERT 模型附帶字典 vocab.txt 中找不到某個字或英文單字時，則用 [UNK] 表示。

3.11.9 SpanBERT 模型

SpanBERT 模型不同於 RoBERTa 模型，它是透過修改模型的預訓練任務和目標，使模型達到更好的效果。其修改主要是以下 3 個機制。

- 空間隱藏 (Span Masking)。這個機制與之前 BERT 團隊提出的 WWM(Whole Word Masking) 類似，即在隱藏時掩蓋整個單字。每次掩蓋前，從一個幾何分佈中取樣得到需要掩蓋的 span 的長度，並等機率地對輸入中為該長度的 span 進行掩蓋，直到掩蓋完 15% 的輸入。

- 空間邊界隱藏 (Span Boundary Object)。使用 span 前一個詞和尾端後一個詞以及詞位置的 fixed-representation 表示 span 內部的詞，並以此來預測該詞，使用交叉熵作為新的損失值加入最終的損失函數。該機制使得模型在 Span-Level 的任務中能獲得更好的表現。

- 單序列訓練 (Single-Sequence Training)。直接輸入一整段連續的序列，這樣可以使得模型獲得更長的上下文資訊。

在這 3 個機制下，SpanBERT 模型使用與 BERT 模型相同的語料進行訓練，最終在 GLUE 資料集中獲得準確率 82.8% 的表現。

3.11.10 ELECTRA 模型

ELECTRA 模型透過類似生成對抗網路 (Generative Adversarial Network, GAN) 的結構和新的預訓練任務，在更少的參數量和資料下，不僅超越了 BERT 模型，而且僅用 1/4 的算力就達到了 RoBERTa 模型的效果。

1. ELECTRA 模型的主要技術

ELECTRA 模型使用了新的預訓練任務和框架，把生成式的 MLM 預訓練任務改成了判別式的替換詞檢測 (Replaced Token Detection, RTD) 任務，判斷當前詞是否被語言模型替換過。

2. 替換詞檢測任務

GAN 在 NLP 任務中一直存在一個問題，就是其所處理的每個數值都對應於詞表中的索引，這個值是離散類型，並不像影像處理中的像素值 (像素值是 0 ～ 255 的連續類型值)。這種離散類型值問題使得模型在最佳化過程中，判別器無法計算梯度。

由於判別器的梯度無法傳給生成器，ELECTRA 模型對 GAN 框架進行了一些改動，具體如下：

- 將 MLM 任務當作生成器的訓練目標；
- 將判斷每個詞是原始詞還是替換詞的任務當作判別器的訓練目標；
- 兩者同時訓練，但判別器的梯度不會傳給生成器。

概括地說，使用一個 MLM 的生成器來對輸入句子進行更改，然後丟給 D-BERT 去判斷哪個詞被改過。替換詞檢測任務如圖 3-31 所示。

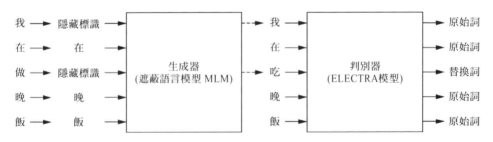

▲ 圖 3-31　替換詞檢測任務

ELECTRA 模型在計算生成器損失時，對序列中所有的詞進行計算；而 BERT 模型在計算 MLM 損失時，只對隱藏部分的詞進行計算 (會忽略沒被掩蓋的詞)。這是二者最大的差別。

3.11.11 T5 模型

T5 模型和 GPT-2 模型一樣，把所有的 NLP 問題都轉化為文字到文字 (Text-To-Text, T2T) 的任務。T5 模型是將 BERT 模型移植到 Seq2Seq 框架下，並使用乾淨的資料集，再配合一些訓練技巧所完成的 (參見 arXiv 網站上編號是 "1910.10683" 的論文，了解更多內容)。

1. T5 模型的主要技術

T5 模型使用了簡化的相對位置詞嵌入，即每個位置對應一個數值而非向量，將多頭注意力機制中的 Key 和 Query 相對位置的數值加在 softmax 的演算法之前，令所有的層共用一套相對位置詞嵌入。

這種在每一層計算注意力權重時都加入位置資訊的方式，讓模型對位置更加敏感。

2. T5 模型的使用

在使用模型進行預測時，標準的 Seq2Seq 框架常會使用貪婪解碼 (Greedy Decoding) 或集束搜尋 (Beam Search) 演算法進行解碼。在 T5 模型中，經過實驗發現，大部分情況下可以使用貪婪解碼進行解碼，對輸出句子較長的任務使用集束搜尋進行解碼。

3.11.12 ALBERT 模型

ALBERT 模型被稱為「瘦身成功版 BERT」，因為它的參數比 BERT 模型少了 80%，同時又提升了性能。

ALBERT 模型的改進與針對 BERT 模型的其他改進方法不同，它不再是透過增加預訓練任務或增多訓練資料等方法進行改進，而是採用了全新的參數共用機制。在提升了模型的整體效果同時，又大大減少了參數量。

對預訓練模型來說，透過提升模型的規模大小是能夠對下游任務的處理效果有一定提升，然而如果將模型的規模提升過大，則容易引起顯示記憶體或記憶體不足 (Out of Memory, OOM) 的問題。另外，對超大規模的模型進行訓練的時間過長，也可能導致模型出現退化的情況。

(參見 arXiv 網站上編號是 "1909.11942" 的論文，了解更多內容)。

ALBERT 模型與 BERT 模型相比，在減少記憶體、提升訓練速度的同時，又改進了 BERT 模型中的 NSP 的預訓練任務。其主要改進工作有以下幾個方向。

1. 對詞嵌入的因式分解 (Factorized Embedding Parameterization)

ALBERT 模型的解碼器部分與 BERT 模型一樣，都使用了 Transformer 模型的編碼器結構。不同的是，在 BERT 模型中詞嵌入與編碼器輸出的向量維度是一樣的，都是 768；而在 ALBERT 模型中詞嵌入的維度為 128，遠遠小於編碼器輸出的向量維度 (768)。這樣做的原理有以下兩點。

- 詞嵌入的向量依賴於詞的映射，其本身是沒有上下文依賴的表述。而隱藏層的輸出值不僅包括詞本身的意思，還包括一些上下文資訊。理論上來說，隱藏層的表述包含的資訊應該更多一些，所以讓編碼器輸出的向量維度更大一些，使其能夠承載更多的語義資訊。
- 在 NLP 任務中，通常詞典都會很大，詞嵌入矩陣 (Embedding Matrix) 的大小是 $E \times V$。如果和 BERT 模型一樣讓 $H=E$，那麼詞嵌入矩陣的參數量會很大，並且反向傳播的過程中，更新的內容也比較稀疏。

結合上述兩點，ALBERT 模型採用了一種因式分解的方法來減少參數量，即把原始的單層詞向量映射變成兩層詞向量映射，具體步驟如下。

（1）把維度大小為 V 的 One-hot 向量輸入一個維度很低的詞嵌入矩陣，
　　　 將其映射到一個低維度的空間，維度大小為 E。

（2）把維度大小為 E 的低維詞嵌入輸入一個高維的詞嵌入矩陣，最終映
　　　 射成 H 維詞嵌入。

這種變換把參數量從原有的 $V×H$ 降低到了 $V×E+E×H$。在 ALBERT 模型
中，E 的值為 128，遠遠小於 H 值 (768)，在這種情況下，參數量可以大
幅度減少。

2. 跨層的參數共用 (Cross-layer Parameter Sharing)

在 Transformer 模型中，不是只共用全連接層的參數，就是只共用注
意力層的參數。而 ALBERT 模型共用了編碼器內的所有參數，即將
Transformer 模型中的全連接層與注意力層都進行參數共用。

這種做法與同樣量級下的 Transformer 模型相比，雖然效果下降了，但減
少了大量的參數，同時也提升了訓練速度。同時，在訓練過程中還能夠
看到，ALBERT 模型每一層的輸出的詞嵌入比 BERT 模型振盪的幅度更
小。ALBERT 模型與 BERT 模型的訓練效果比較，如圖 3-32 所示。

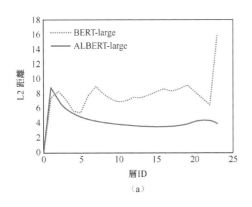
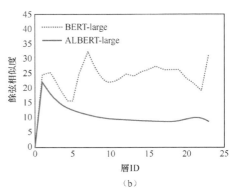

▲ 圖 3-32　ALBERT 模型與 BERT 模型的訓練效果比較

圖 3-32(a) 所示為 ALBERT-large 模型與 BERT-large 模型在訓練過程中各個參數的 L2 距離，圖 3-32(b) 所示為各個參數的餘弦相似度。

從圖 3-32 中可以看出，ALBERT-large 模型的參數變化曲線更為平緩，這表明參數共用還有穩定訓練效果的作用。

3. 句間連貫 (Inter-sentence Coherence Loss)

在 BERT 模型的 NSP 訓練任務中，訓練資料的正樣本是取樣同一個文件中的兩個連續的句子，而負樣本是取樣兩個不同的文件的句子。由於負樣本中的句子來自不同的文件，這需要 NSP 任務在進行關係一致性預測的同時，對主題進行預測。這是因為在不同主題中，上下文關係也會略有差異。舉例來説，介紹娛樂主題的新聞文章和介紹人工智慧科學研究主題的技術文章，其中的命名實體、語言風格都會有所不同。

在 ALBERT 模型中，為了只保留一致性任務去除主題辨識的影響，提出了一個新的任務句子順序預測 (Sentence-Order Prediction, SOP)。SOP 的正樣本和 NSP 的獲取方式是一樣的，負樣本把正樣本的順序反轉即可。SOP 因為是在同一個文件中選擇的，其只關注句子的順序，並去除了由於樣本主題不同而產生的影響。雖然 SOP 能解決 NSP 的任務，但是 NSP 並不能解決 SOP 的任務。SOP 使得 ALBERT 模型效果有了進一步的提升。

4. 移除 Dropout

在訓練 ALBERT 模型時，發現該模型在 1000000 次迭代訓練之後，仍然沒有出現過擬合現象，這表明 ALBERT 模型本身具有很強的泛化能力。在嘗試移除了 Dropout 之後，發現居然還會對下游任務的效果有一定的提升。

該實驗可以證明，Dropout 對大規模的預訓練模型會造成負面影響。

另外，為加快訓練速度，ALBERT 模型還使用 LAMB 作為最佳化器，並使用了大的批次 (4096) 來進行訓練。LAMB 最佳化器可以支持特別大 (高達 6 萬) 的批次樣本進行訓練。

ALBERT 模型與 BERT 模型的比較

在相同的訓練時間下，ALBERT 模型的效果比 BERT 模型的效果好。但是，如果不計算訓練時間，ALBERT 模型的效果仍然會比 BERT 模型的效果略差一些。其原因主要是 ALBERT 模型中的參數共用技術影響了整體效果。

相比 BERT 模型，ALBERT 模型的特點是記憶體佔用小、訓練速度快，但是精度略低。魚與熊掌不可兼得，尤其是對專案落地而言，在模型的選擇上，還需要在速度與效果之間做權衡。

ALBERT 模型的缺點就是時間複雜度太高，所需要的訓練時間更多，訓練 ALBERT 模型所需的時間要遠遠大於訓練 RoBERTa 模型所需的時間。

3.11.13 DistillBERT 模型與知識蒸餾

DistillBERT 模型是在 BERT 模型的基礎上，用知識蒸餾技術訓練出來的小型化 BERT 模型。知識蒸餾技術將模型大小減小了 40%(66MB)，推斷速度提升了 60%，但性能只降低了約 3%。

(參見 arXiv 網站上編號是 "1910.01108" 的論文，了解更多內容)。

1. DistillBERT 模型的具體做法

DistillBERT 模型的具體做法如下。

（1）指定原始的 BERT 模型作為教師模型，待訓練的模型作為學生模型。

（2）將教師模型的網路層數減半 (從原來的 12 層減少到 6 層)，同時去掉了 BERT 模型的池化層，得到學生模型。

（3）利用教師模型的軟標籤和教師模型的隱藏層參數來訓練學生模型。

在訓練過程中，移除了 BERT 模型原有的 NSP 子任務。

在訓練之前，還要用教師模型的參數對學生模型進行初始化。由於學生模型的網路層數是 6，而教師模型的層數是 12。在初始化時，用教師模型的第 2 層初始化學生模型的第 1 層，教師模型的第 4 層初始化學生模型的第 2 層，依此類推。

◈ 提示

在設計學生模型時，只是減小網路的層數，而沒有減小隱藏層大小。這樣做的原因是，經過實驗發現，降低輸出結果的維度 (隱藏層大小) 對計算效率提升不大，而減小網路的層數，則可以提升計算效率。

---

2. DistillBERT 模型的損失函數

DistillBERT 模型訓練時使用了以下 3 種損失函數。

- LceLce：計算教師模型和學生模型 softmax 層輸出結果 (MLM 任務的輸出) 之間的交叉熵。
- LmlmLmlm：計算學生模型中 softmax 層輸出結果和真實標籤 (One-Hot 編碼) 之間的交叉熵。
- LcosLcos：計算教師模型和學生模型中隱藏層輸出結果的餘弦相似度。

3.12 實例：用遷移學習訓練 BERT 模型來對中文分類

雖然 Transformers 函數庫中提供了大量的預訓練模型，但這些模型都是在通用資料集中訓練出來的，它們並不能適用於實際情況中的 NLP 任務。

想要根據自己的文字資料來訓練模型，還需要使用遷移學習的方式對預訓練模型進行微調。本例就來微調一個 BERT 模型，使其能夠對中文文字進行分類。

實例描述

對 Transformers 函數庫中的 BERT 模型進行微調，使其能夠對中文文字的新聞敘述進行分類。

BERT 模型的優勢之一是其可以直接以字為單位來處理輸入的中文文字。這省去了在樣本前置處理階段的分詞環節，大大簡化了操作過程。透過對本例的實現，讀者能夠更進一步地將 Transformers 函數庫應用在實際的任務中。

3.12.1 樣本介紹

本例所使用的資料集來自 GitHub 網站 (649453932/Bert-Chinese-Text-Classification-Pytorch)。

該資料集包含從 THUCNews 資料集中隨機取出的 20 萬筆新聞標題，每個樣本的長度為 20 ～ 30，一共 10 個類別，每類別 2 萬筆新聞標題。

10 個具體的類別分別是財經、房產、股票、教育、科技、社會、時政、體育、遊戲、娛樂。它們被放在檔案 class.txt 中。

資料集劃分如下：

- 訓練資料集：18 萬筆，在檔案 train.txt 中。
- 測試資料集：1 萬筆，在檔案 test.txt 中。
- 驗證資料集：1 萬筆，在檔案 dev.txt 中。

在本例中，資料集檔案被存放在當前程式的目錄 THUCNews\data 下。其中資料集檔案 train.txt、test.txt 與 dev.txt 中的內容格式完全一致。測試資料集內容如圖 3-33 所示。

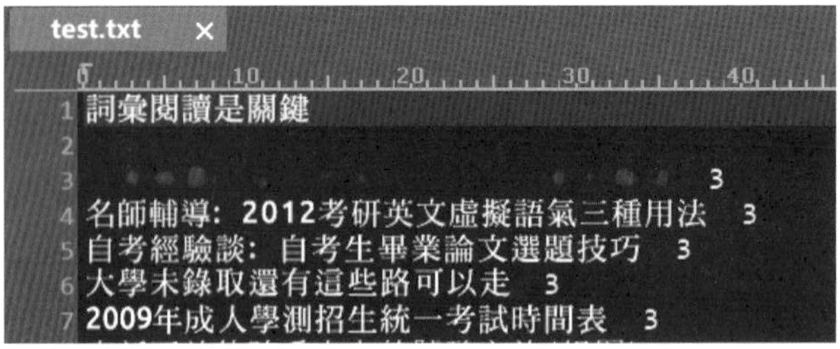

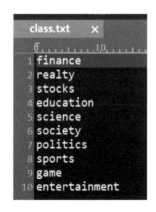

▲ 圖 3-33　測試資料集內容

圖 3-33 中顯示了測試資料集檔案 test.txt 的內容。可以看到，每筆樣本分為兩部分：文字字串和所屬的類別標籤索引。其中的類別標籤索引對應於 class.txt 檔案中的類別順序。類別名稱的內容如圖 3-34 所示。

▲ 圖 3-34　類別名稱的內容

3.12.2 程式實現：建構資料集

按照前文講解的製作資料集的內容，將資料集中的資料載入，並用 DataLoader 類別進行載入。具體程式如下：

程式檔案：code_14_BERT_CH.py

```
01   import os
02   import torch
03   # 引入 Transformers 函數庫中的相關模組
04   from transformers import ( AdamW, AutoConfig,
05                                AutoModelForSequenceClassification,
06                   get_linear_schedule_with_warmup, BertTokenizer  )
07   from torch.utils.data import DataLoader, dataset  # 引入資料集模組
08   import time
09   import numpy as np
10   from sklearn import metrics
11   from datetime import timedelta
12
13   data_dir='./THUCNews/data'                    # 設定資料集路徑
14   def read_file(path):                          # 定義函數，讀取資料集檔案
15     with open(path, 'r', encoding="UTF-8") as file:
16       docus = file.readlines()
17       newDocus = []
18       for data in docus:
19           newDocus.append(data)
20     return newDocus
21
22   class Label_Dataset(dataset.Dataset):         # 創建自訂資料集
23     def __init__(self, data):
24       self.data = data
25     def __len__(self):                          # 返回資料長度
26       return len(self.data)
27     def __getitem__(self, ind):                 # 返回具體資料
```

```
28        onetext = self.data[ind]
29        content, label = onetext.split('\t')
30        label = torch.LongTensor([int(label)])
31        return content, label
32    #讀取資料集內容
33    trainContent = read_file(os.path.join(data_dir, "train.txt"))
34    testContent = read_file(os.path.join(data_dir, "test.txt"))
35    #封裝成資料集類型
36    traindataset =Label_Dataset( trainContent )
37    testdataset =Label_Dataset( testContent )
38    #封裝成資料載入器
39    testdataloder = DataLoader(testdataset, batch_size=1, shuffle = False)
40    batch_size = 8                           #定義批次
41    traindataloder = DataLoader(traindataset, batch_size=batch_size,
42                                shuffle = True)
43    #載入類別名稱
44    class_list = [x.strip() for x in open(
45        os.path.join(data_dir, "class.txt")).readlines()]
```

從第 22 ～ 31 行程式可以看到，在自訂資料集類別中，返回具體資料時，對每筆資料使用 tab 符號進行分割；將資料中的中文字串和該字串所屬的類別索引分開。

3.12.3　程式實現：建構並載入 BERT 預訓練模型

Transformers 函數庫中提供了一個 BERT 的預訓練模型 "bert-base-chinese"，該模型權重由 BERT 模型在中文資料集中訓練而成，可以用它來進行遷移學習。

由於實例中的 NLP 任務屬於文字分類任務，按照 3.8 節介紹的 AutoModel 類別，應該使用 AutoModelForSequenceClassification 類別進行實例化。具體程式如下：

程式檔案：code_14_BERT_CH.py（續）

```
46   pretrained_weights = 'bert-base-chinese'   # 建構模型
47   tokenizer = BertTokenizer.from_pretrained(pretrained_weights)
48   config = AutoConfig.from_pretrained(
49           pretrained_weights, num_labels=len(class_list))
50   # 單獨指定 config，在 config 中指定類別個數
51   nlp_classif = AutoModelForSequenceClassification.from_pretrained(
52           pretrained_weights, config=config)
53   # 指定硬體
54   device = torch.device("cuda:0"if torch.cuda.is_available() else "cpu")
55   nlp_classif = nlp_classif.to(device)
```

第 48 ～ 49 行程式是建構 BERT 模型的關鍵，在實例化模型設定檔
AutoConfig 時，需要指定類別標籤個數 num_labels。參數 num_labels 決
定 AutoModelForSequenceClassification 類別輸出層的節點個數。

> ◈ 提示
> 第 46 ～ 52 行程式實現了一個自動下載模型的功能。如果由於網路因素
> 導致程式執行不暢，也可以換成手動方式進行載入。

3.12.4 BERT 模型類別的內部邏輯

在 3.8 節中介紹過，AutoModelForSequenceClassification 類別只是對底
層模型類別的封裝，該類別在載入預訓練模型時，會根據具體的模型檔
案，找到對應的底層模型類別進行呼叫。

1. 輸出類別與 num_labels 參數的關係

在本例中，AutoModelForSequenceClassification 類別最終呼叫的底層模型
類別為 BertForSequenceClassification。在 BertForSequenceClassification
類別中透過其內部的定義，可以看到輸出層與設定檔中 num_labels 參數

的關係。BertForSequenceClassification 類別的定義在 transformers 安裝目錄下的 modeling_bert.py 檔案中。舉例來說，作者本地的路徑如下。

```
D:\ProgramData\Anaconda3\envs\pt15\Lib\site-packages\transformers\modeling_
bert.py
```

在 modeling_bert.py 檔案中，BertForSequenceClassification 類別的定義程式如下：

程式檔案：modeling_bert.py（部分）

```
01   class BertForSequenceClassification(BertPreTrainedModel):
02   def __init__(self, config):
03     super().__init__(config)
04     self.num_labels = config.num_labels
05     self.bert = BertModel(config)          # 呼叫 BERT 基礎模型
06     self.dropout = nn.Dropout(config.hidden_dropout_prob)
07     self.classifier = nn.Linear(
08                       config.hidden_size, self.config.num_labels)
09     self.init_weights()
```

從第 07 ～ 08 行程式可以看到，BertForSequenceClassification 類別是在基礎類別 BertModel 之後增加了一個全連接輸出層。該層直接對 BertModel 類別的輸出做維度變換，生成 num_labels 維度的向量，該向量就是預測的分類結果。

2. 基礎模型 BertModel 類別的輸出結果

在前面講解的特徵提取實例中，預訓練模型的輸出結果形狀是 [批次 , 序列 , 維度]，這個形狀屬於三維資料，而全連接神經網路只能處理形狀是二維的資料。它們之間是如何匹配的呢？

在預訓練模型 "bert-base-chinese" 的設定檔中，可以看到有一個關於池化器的設定，如圖 3-35 所示。

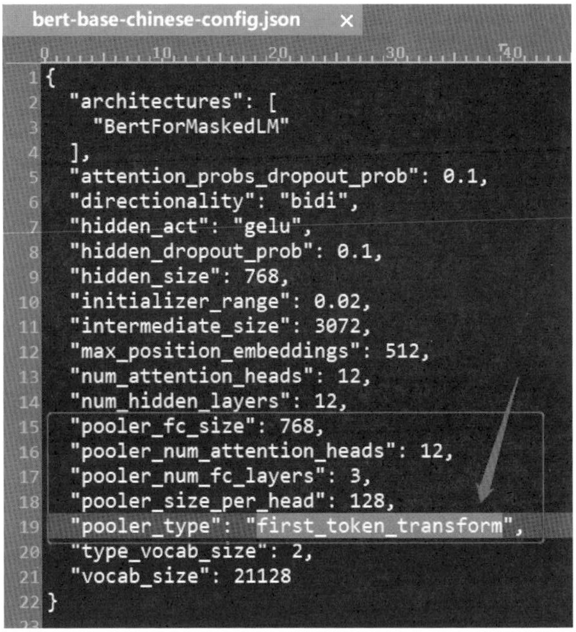

```json
bert-base-chinese-config.json    ×
{
  "architectures": [
    "BertForMaskedLM"
  ],
  "attention_probs_dropout_prob": 0.1,
  "directionality": "bidi",
  "hidden_act": "gelu",
  "hidden_dropout_prob": 0.1,
  "hidden_size": 768,
  "initializer_range": 0.02,
  "intermediate_size": 3072,
  "max_position_embeddings": 512,
  "num_attention_heads": 12,
  "num_hidden_layers": 12,
  "pooler_fc_size": 768,
  "pooler_num_attention_heads": 12,
  "pooler_num_fc_layers": 3,
  "pooler_size_per_head": 128,
  "pooler_type": "first_token_transform",
  "type_vocab_size": 2,
  "vocab_size": 21128
}
```

▲ 圖 3-35　設定檔

BertModel 類別在返回序列向量的同時，又會將序列向量放到池化器 BertPooler 類別中進行處理。圖 3-35 中的 pooler_type 表示從 BertModel 類別返回的序列向量中，取出第一個詞 (特殊標記 [CLS]) 對應的向量 (在實作方式時，又將取出的向量做了全連接轉換)。這樣池化器處理後的 BertModel 類別的結果，其形狀就變成了 [批次 , 維度]，可以與 BertForSequenceClassification 類別中的全連接網路相連了。

在 BertForSequenceClassification 類別的 forward 方法中，可以看到具體的設定值過程。具體程式如下：

```
01  ......
02  outputs = self.bert( input_ids, attention_mask=attention_mask,
03  token_type_ids=token_type_ids, position_ids=position_ids,
04  head_mask=head_mask, inputs_embeds=inputs_embeds, )
05
```

```
06   pooled_output = outputs[1]
07
08   pooled_output = self.dropout(pooled_output)
09   logits = self.classifier(pooled_output)
10   ......
```

第 02 行程式呼叫 BertModel 類別進行特徵的提取。

第 06 行程式從返回結果 outputs 物件中取出池化器處理後的結果 (outputs[0] 為全序列特徵結果，outputs[1] 為經過池化器轉換後的特徵結果)。

第 08、09 行程式實現了維度轉換，將其轉換成與標籤類別相同的輸出維度。

3.12.5 程式實現：用學習率衰減訓練模型

用 BERT 模型訓練時需要額外小心，不同的訓練方法訓練出來的模型精度會差別很大。在定義最佳化器時，使用了帶有權重衰減功能的 Adam 最佳化器 AdamW，並配合 Transformers 函數庫中特有的線性學習率衰減策略進行訓練，同時還加入了梯度剪輯和早停功能。具體程式如下：

程式檔案：code_14_BERT_CH.py（續）

```
56   time_start = time.time()              # 記錄開始時間
57   epochs = 2                            # 定義訓練次數
58   gradient_accumulation_steps = 1
59   max_grad_norm =0.1                    # 梯度剪輯的設定值
60
61   require_improvement = 1000 # 若超過 1000batch 效果還沒提升，則提前結束訓練
62   savedir = './myfinetun-bert_chinese/'
63   os.makedirs(savedir, exist_ok=True)
64   def get_time_dif(start_time):   # 獲取已使用時間
```

```
65    end_time = time.time()
66    time_dif = end_time - start_time
67    return timedelta(seconds=int(round(time_dif)))
68
69 def train( model, traindataloder, testdataloder): # 定義函數訓練模型
70    start_time = time.time()
71    model.train()
72    param_optimizer = list(model.named_parameters())
73    no_decay = ['bias', 'LayerNorm.bias', 'LayerNorm.weight']
74    optimizer_grouped_parameters = [
75        {'params':[p for n, p in param_optimizer if not any(nd in n for nd
     in no_decay)], 'weight_decay':0.01},
76        {'params':[p for n, p in param_optimizer if any(nd in n for nd in
     no_decay)], 'weight_decay':0.0}]
77    # 定義最佳化器
78    optimizer = AdamW(optimizer_grouped_parameters, lr=5e-5, eps=1e-8)
79
80    # 定義學習率衰減策略
81    scheduler = get_linear_schedule_with_warmup(
82              optimizer, num_warmup_steps=0,
83              num_training_steps=len(traindataloder) * epochs)
84
85    total_batch = 0              # 記錄進行到多少 batch
86    dev_best_loss = float('inf')
87    last_improve = 0             # 記錄上次驗證資料集 loss 下降的 batch 數
88      flag = False              # 記錄是否很久沒有效果提升
89
90    for epoch in range(epochs):  # 迭代訓練
91      print('Epoch [{}/{}]'.format(epoch + 1, epochs))
92      for i, (sku_name, labels) in enumerate(traindataloder):
93        model.train()
94        # 處理文字
95        ids = tokenizer.batch_encode_plus( sku_name,
```

```
96                pad_to_max_length=True, return_tensors='pt')
97          # 處理標籤
98          labels = labels.squeeze().to(device)
99          outputs = model(ids["input_ids"].to(device), labels=labels,
100                     attention_mask =ids["attention_mask"].to(device)   )
101
102          loss, logits = outputs[:2]
103
104          if gradient_accumulation_steps > 1:
105            loss = loss / gradient_accumulation_steps
106
107          loss.backward()              # 反向傳播
108
109          if (i + 1) % gradient_accumulation_steps == 0:
110          torch.nn.utils.clip_grad_norm_(model.parameters(), max_grad_norm)
111
112          optimizer.step()
113          scheduler.step()             # 更新學習率
114          model.zero_grad()
115
116          if total_batch % 100 == 0:    # 每 100batch 輸出在訓練資料集和驗證
                                            # 資料集上的效果
117            truelabel = labels.data.cpu()
118            predic = torch.argmax(logits, axis=1).data.cpu()
119            train_acc = metrics.accuracy_score(truelabel, predic)
120            dev_acc, dev_loss = evaluate( model, testdataloder)
121            if dev_loss < dev_best_loss:
122              dev_best_loss = dev_loss
123              model.save_pretrained(savedir)
124              improve = '*'
125              last_improve = total_batch
126            else:
127              improve = ''
128            time_dif = get_time_dif(start_time)
```

```
129          msg = 'Iter:{0:>6}, Train Loss:{1:>5.2}, Train Acc:{2:
             >6.2%}, Val Loss:{3:>5.2}, Val Acc:{4:>6.2%}, Time:{5} {6}'
130              print(msg.format(total_batch, loss.item(), train_acc,
                 dev_loss, dev_acc, time_dif, improve))
131          model.train()
132        total_batch += 1
133        if total_batch - last_improve > require_improvement:
134        # 驗證資料集 loss 超過 1000batch 沒下降，結束訓練
135        print("No optimization for a long time, auto-stopping...")
136        flag = True
137        break
138     if flag:
139        break
140
141 def evaluate(model, testdataloder):    # 驗證模型
142   model.eval()
143   loss_total = 0
144   predict_all = np.array([], dtype=int)
145   labels_all = np.array([], dtype=int)
146   with torch.no_grad():
147     for sku_name, labels in testdataloder:
148         ids = tokenizer.batch_encode_plus( sku_name,
149           pad_to_max_length=True, return_tensors='pt')
150         labels = labels.squeeze().to(device)
151         outputs = model(ids["input_ids"].to(device), labels=labels,
                   attention_mask =ids["attention_mask"].to(device) )
152
153
154         loss, logits = outputs[:2]
155         loss_total += loss
156         labels = labels.data.cpu().numpy()
157         predic = torch.argmax(logits, axis=1).data.cpu().numpy()
158         labels_all = np.append(labels_all, labels)
159         predict_all = np.append(predict_all, predic)
160   acc = metrics.accuracy_score(labels_all, predict_all)
```

```
161    return acc, loss_total / len(testdataloder)
162
163 train( nlp_classif, traindataloder, testdataloder)    #呼叫函數進行訓練
```

第 82 行程式中的 num_warmup_steps 參數是用來設定學習率預熱的。這
裡設為 0 表示不預熱。

◆ 提示
學習率預熱最開始是在 ResNet 模型的論文中提到的一種方法，是先在前
幾次迭代訓練或目標達到一個水準之前，以小於預設值的 lr 進行訓練，
然後恢復 lr 到初值。

第 95 ～ 96、148 ～ 149 行程式呼叫詞表工具對文字進行處理。這一過程
中，必須傳入 return_tensors='pt' 參數，否則 tokenizer 的 batch_encode_
plus 方法只會返回串列物件。還得對其結果進行張量的轉化。

程式執行後，輸出結果如下：

```
Epoch [1/2]
Iter:0, Train Loss:2.3, Train Acc:12.50%, Val Loss:2.3, Val Acc:12.70%,
Time:0:05:51 *
......
Iter:500, Train Loss:0.071, Train Acc:100.00%, Val Loss:0.57, Val
Acc:85.78%, Time:0:37:26 *
......
Iter:1200, Train Loss:0.08, Train Acc:100.00%, Val Loss:0.55, Val
Acc:88.00%, Time:1:21:49
Iter:1300, Train Loss:0.032, Train Acc:100.00%, Val Loss:0.53, Val
Acc:87.67%, Time:1:28:07
......
No optimization for a long time, auto-stopping...
```

3.12.6 擴充：更多的中文預訓練模型

在 GitHub 上提供了一個高品質中文預訓練模型集合專案，該專案中包含
先進大模型、最快小模型、相似度專門模型。

讀者可以從該專案 (/CLUEbenchmark/CLUEPretrainedModels 中下載) 最
新的中文預訓練模型，並將其應用在自己的專案中。

3.13 實例：用 R-GCN 模型了解文字中的代詞

代詞在語言中具有代替、指示作用。在一個句子中，被代詞所代替的語
言單位能做什麼成分，代詞就能做什麼成分。代詞的使用可以使語言的
描述變得簡潔，人們在了解句子時，會輕易辨識出句子中的指代關係。
但是對機器演算法來說，想要正確地了解句子中的指代關係卻是一個挑
戰。本例將使用關係圖卷積 (R-GCN) 模型來幫助 BERT 模型了解代詞的
指代關係。

> **實例描述**
>
> 指定一句含有代詞的文字以及文字中的幾個名詞，透過建構並訓練模型，
> 使其能夠辨識出目標代詞指的那個名詞。

本例使用 spaCy 函數庫作為語法依賴的解析器，並使用 DGL 函數庫將每
個相依樹狀結構轉為圖形物件。然後，可以將此 DGL 圖形物件用作 GCN
模型的輸入。透過 DGL 函數庫所實現的模型，將幾個圖形分組成一個較
大的 DGL 批次處理圖形物件，以進行批次處理訓練設定。

3.13.1 代詞資料集

本例使用的是一個性別模糊代詞 (Gendered Ambiguous Pronouns, GAP) 資料集。它是一個性別均衡的資料集，包含從 Wikipedia 取樣的 8908 個指代關係標籤對。

在 GAP 資料集中，每個樣本都包含一小段文字，文字中會提及目標代詞和該代詞所指代的主題名稱。GAP 資料集為每段文字中的代詞提供了兩個候選名稱，供解析程式選擇。GAP 資料集的列名稱及其描述如表 3-2 所示。

表 3-2　GAP 資料集的列名稱及其描述

列名稱	描述
ID	樣本標識
Text	包含代詞和兩個名稱的文字
Pronoun	文字中的目標代詞
Pronoun-offset	偏移文字中的字元偏移
A	文字中的第一個名稱 A
A-offset	A 在文字中的偏移位置
A-coref	該代詞是否指代 A
B	文字中的第二個名稱 B
B-offset	B 在文字中的偏移位置
A-coref	該代詞是否指代 B
URL	該句文字所來自的文章連結

GAP 資料集共有 4544 筆資料樣本，它們被分為訓練資料集、測試資料集和驗證資料集 3 部分。這 3 部分分別存放於 gap-development.tsv、gap-test.tsv、gap-validation.tsv 檔案中。

3.13.2 R-GCN 模型的原理與實現

R-GCN 模型主要用於對圖資料進行分類。它善於解決大規模關聯資料的分類問題。

1. R-GCN 模型的原理

與 GCN 模型類似，R-GCN 模型也是基於對局部鄰居資訊進行聚合的方法實現的，只不過 R-GCN 模型將 GCN 模型中的單圖型處理擴充成了多圖型處理，將 GCN 模型中對節點的分類擴充成了對圖的分類。

在圖資料中，節點與節點之間可能有多種關係，以任意一種關係作為邊，就可以組成一個圖資料。這也是 GCN 模型所支援的資料處理方式。

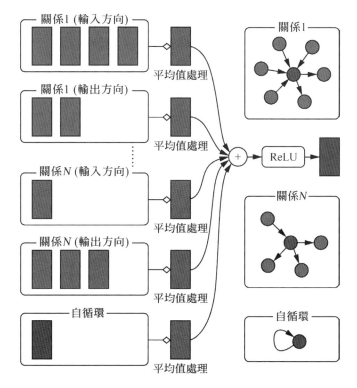

▲ 圖 3-36　R-GCN 模型的處理方式

而 R-GCN 模型引入了一個特定關係 (Relation-Specific) 的轉換機制，把節點間的多種關係壓縮到一個圖資料中進行處理，即節點與節點之間的邊可以包含多種方向的關係。在對節點的局部鄰居資訊聚合時，依次根據多種方向的關係進行聚合，然後將聚合後的資訊融合到一起。R-GCN 模型的處理方式如上頁圖 3-36 所示。這種結構可以使在對圖中節點的局部鄰居資訊聚合時，得到更豐富的圖特徵資訊。

圖 3-36 中顯示了對紅色節點進行局部鄰居資訊聚合的過程。圖中的圓圈代表節點，方塊代表聚合後的特徵結果。

圖 3-36 的右上角顯示了關係 1 的結構，該結構中有 4 條邊由鄰居節點指向自己，有 2 條邊由自己指向鄰居節點。對這兩種類型的邊進行聚合的結果分別對應於圖 3-36 左側的關係 1(輸入方向) 和關係 1(輸出方向)。然後，將每個聚合之後的結果進行平均值處理 (圖 3-36 的中間那列節點)。最後，將所有關係的平均值結果連接到一起，經過 ReLU 啟動函數運算得到最終的圖特徵資訊。

2. R-GCN 模型所面臨的問題與解決方法

R-GCN 模型將節點間的多種關係作用在一個圖中進行特徵處理，這種方式能夠得到豐富的圖特徵資訊，但同時也帶來一個問題：節點間關係種類的增加，會使模型很容易出現過擬合現象。

為了解決這個問題，R-GCN 模型引入兩種獨立的分解方法對 R-GCN 層進行正則化：基函數分解和塊對角分解。這兩種分解方法都是透過減少模型訓練中的學習參數量的方式，改善模型在節點間關係種類非常多的情況下容易出現的過擬合現象。

3. R-GCN 模型的實現

在 DGL 函數庫中，R-GCN 模型是透過 RelGraphConv 類別實現的。該類別將 R-GCN 模型中的正則化方法封裝起來，在實例化時可以透過參數 regularizer 進行選取。

- 當參數 regularizer 為 basis 時，RelGraphConv 類別會使用基函數分解的正則化方法。
- 當參數 regularizer 為 bdd 時，RelGraphConv 類別會使用塊對角分解的正則化方法。

處理資料時，RelGraphConv 類別的輸入有 4 個參數：DGL 圖物件、節點特徵向量、邊的關係類型及邊的歸一化因數。RelGraphConv 類別會按照邊的關係類型在 DGL 圖物件的結構中對節點進行聚合，最終輸出新的節點特徵。這一過程不會改變 DGL 圖物件的結構。

> ◈ 提示
>
> 輸入參數中的歸一化因數用於對節點聚合之後的平均值處理。舉例來說，在圖 3-36 的左上角的關係 1(輸入方向) 聚合結果中，一共有 4 個結果，則歸一化因數就需要設為 1/4。

具體程式在 DGL 安裝函數庫路徑下的 \nn\pytorch\conv\relgraphconv.py 中。舉例來說，作者的本機路徑如下。

```
D:\ProgramData\Anaconda3\envs\pt15\Lib\site-packages\dgl\nn\pytorch\conv\
relgraphconv.py
```

DGL 函數庫中的 relGraphConv 類別的具體實現如下：

程式檔案：relgraphconv.py（部分）
```
01  class RelGraphConv(nn.Module):
02    def __init__(self, in_feat,       # 輸入節點的維度
03                 out_feat,            # 輸出節點的維度
04                 num_rels,            # 節點間關係（邊關係）的種類個數
05                 regularizer="basis", # 正則化方法
```

```
06                 num_bases=None,          # 參與運算的邊關係個數
07                 bias=True,               # 是否使用偏置
08                 activation=None,         # 啟動函數
09                 self_loop=False,         # 是否為節點增加自環邊
10                 dropout=0.0):            # Dropout 的捨棄率
11        super(RelGraphConv, self).__init__()
12        ......
13     def forward(self, g, x, etypes, norm=None):
14        g = g.local_var()
15        g.ndata['h'] = x                  # 將節點特徵設定值到圖中
16        g.edata['type'] = etypes          # 將邊關係設定值到圖中
17        if norm is not None:
18          g.edata['norm'] = norm          # 將邊歸一化因數設定值到圖中
19        if self.self_loop:
20          loop_message = utils.matmul_maybe_select(x, self.loop_weight)
21        # 在訊息傳播中使用加法聚合
22        g.update_all(self.message_func, fn.sum(msg='msg', out='h'))
23        # 應用偏置和啟動函數變換
24        node_repr = g.ndata['h']          # 提取節點特徵
25        if self.bias:
26          node_repr = node_repr + self.h_bias
27        if self.self_loop:
28          node_repr = node_repr + loop_message
29        if self.activation:
30          node_repr = self.activation(node_repr)
31          node_repr = self.dropout(node_repr)    # 做 Dropout 處理
32        return node_repr                  # 返回處理後的節點特徵
```

第 22 行程式使用了 DGL 圖物件 g 的 update_all 方法，以訊息傳播的方式，在節點間實現聚合處理。其中聚合過程使用了求和的歸約計算方式。

在呼叫 update_all 方法時，RelGraphConv 類別會根據模型所設定的正則化方法，在訊息函數 message_func 中執行不同的分支。所有分支都會先

將輸入特徵的維度透過矩陣相乘的方式轉化成指定的輸出維度,然後進行節點間的聚合傳播。

3.13.3 將 GAP 資料集轉化成圖結構資料的想法

R-GCN 模型是一個處理圖結構資料的神經網路模型。如果要用其處理代詞辨識任務,則必須建構圖結構資料。

1. GAP 資料集轉化成圖結構資料的想法

在建構圖結構資料時,可以按照以下 3 個步驟對 GAP 資料集進行轉化。

(1)使用語法分析函數庫對 GAP 資料集中每筆樣本的文字 (Text 欄位) 進行語法分析,從語法入手,找到句子中所有單字之間的依存關係。

(2)使用 NLP 模型對 GAP 資料集中每筆樣本的文字進行處理,將句子中的單字按照原有的順序轉化成特徵向量。

(3)將句子中的單字作為節點,單字之間的依存關係作為節點間的邊關係,並將每個單字所對應的特徵向量當作節點的特徵屬性。這樣就完成了圖結構資料的轉化。

經過轉化後的 GAP 資料集,每筆樣本都對應一個圖結構資料,R-GCN 模型對多個圖結構資料進行特徵計算。

2. 代詞辨識任務中的圖結構資料轉化

在代詞辨識任務中,因為不需要關注上下文中與代詞無關的單字,所以可以對 GAP 資料集中每筆樣本所對應的圖結構資料進行簡化。具體簡化步驟如下。

(1)將 GAP 資料集中已經標注好的目標代詞 (Pronoun 欄位)、指代名稱 A(A 欄位)、指代名稱 B(B 欄位),當作圖資料中的種子節點。

(2)在每個句子的依存關係中,找到與種子節點有依存關係的連結節點。

（3）將種子節點和連結節點提取出來，作為簡化後的圖資料中的節點。

簡化後的圖資料只是從原始的圖資料中，將關心的節點單獨提取出來，形成一個子圖。在子圖中，每個節點的特徵向量和節點之間的邊還與原圖資料相同。

3. 制作圖資料的標籤

在 GAP 資料集中分別用欄位 A-coref 和 B-coref 來標注目標代詞所指代的名稱 A(A 欄位) 或名稱 B(B 欄位)。根據這兩個欄位即可製作每筆樣本對應的標籤，該標籤可以分為以下 3 種。

- 目標代詞指代名稱 A：欄位 A-coref 為 True，欄位 B-coref 為 False。
- 目標代詞指代名稱 B：欄位 A-coref 為 False，欄位 B-coref 為 True。
- 目標代詞二者都不指代：欄位 A-coref 和欄位 B-coref 都為 False。

在沒有問題的句子中，代詞只能代替上下文中的某一個成分，所以不存在欄位 A-coref 和欄位 B-coref 都為 True 的情況。

4. 圖資料轉化的具體實現方案

有了圖資料和圖資料對應的標籤，便可以使用 R-GCN 模型進行處理。

在具體實現時，圖資料中的節點間的關係是透過 spaCy 工具得到的，節點特徵是透過 BERT 模型得到的。

為了防止過擬合，在建構節點間的關係時，對原始的文字進行了前置處理：將原始文字中的標點符號去掉後，再用 spaCy 工具分析句子中的單字在語法層面的依存關係。而在建構節點特徵時，則分成兩個部分進行處理。

- 第一部分：目標代詞、名稱 A 和名稱 B 節點的特徵。對於這部分特徵，直接將原始文字輸入 BERT 模型，並輸出結果進行特徵提取。

■ 第二部分：與第一部分節點有依存關係的其他節點特徵。對於這部分
特徵，使用去掉標點符號後的文字傳入 BERT 模型，並輸出結果進行
特徵提取。

圖資料轉化過程如圖 3-37 所示。

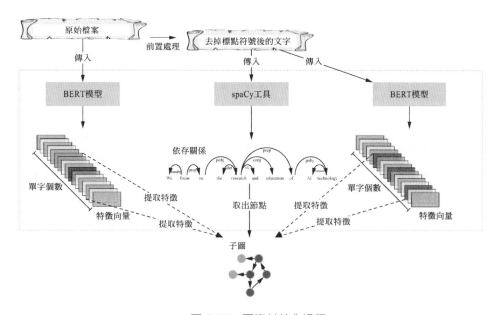

▲ 圖 3-37　圖資料轉化過程

圖 3-37 中，紅色代表目標代詞節點，橙色代表名稱 A 和名稱 B 節點，藍
色代表與目標代詞、名稱 A 和名稱 B 節點有依存關係的其他節點。

3.13.4　程式實現：用 **BERT** 模型提取代詞特徵

在原始樣本中，目標代詞、名稱 A 和名稱 B 的標注位置是以字元來計算
的，而 BERT 模型是基於句子分詞後的子詞進行特徵計算的。所以在提
取代詞特徵過程中，需要先計算代詞在子詞序列中的位置，再根據位置
偏移從 BERT 模型結果中進行特徵提取。

計算目標代詞、名稱 A 和名稱 B 的子詞偏移位置，可以透過向文字中插入特殊標記的方式來實現。提取代詞特徵的完整步驟如下。

（1）將目標代詞、名稱 A 和名稱 B 的特殊標記，按照字元位置插入文字。

（2）使用 BERT 模型的分詞工具 tokenizer 對句子進行子詞劃分。

（3）在劃分好的子詞序列中找到特殊標記，將其所在位置記錄下來，同時刪除該特殊標記，還原原始的子詞序列。

（4）將分詞後的子詞序列輸入 BERT 模型，得到每個子詞的特徵。

（5）根據偏移，找到具體子詞中具體位置特徵，將其提取出來。

具體程式如下：

程式檔案：code_15_BERT_PROPN.py（部分）

```
01   import pandas as pd
02   import pickle
03   import torch
04   from tqdm import tqdm
05   from transformers import BertTokenizer, BertModel, BertConfig
06
07   # 指定裝置
08   device = torch.device("cuda:0"if torch.cuda.is_available() else "cpu")
09   print(device)
10
11   # 讀取資料
12   df_test = pd.read_csv("gap-development.tsv", delimiter="\t")
13   df_train_val = pd.concat([
14     pd.read_csv("gap-test.tsv", delimiter="\t"),
15     pd.read_csv("gap-validation.tsv", delimiter="\t")
16   ], axis=0)
17
18   def getmodel():                          # 獲得模型，並增加特殊標記
19     # 載入詞表檔案 tokenizer
20     tokenizer = BertTokenizer.from_pretrained('bert-base-uncased')
21
```

```
22      # 增加特殊標記
23      special_tokens_dict = {'additional_special_tokens':
24                              ["[THISISA]", "[THISISB]", "[THISISP]"]}
25      tokenizer.add_special_tokens(special_tokens_dict)    # 增加特殊標記
26
27      model = BertModel.from_pretrained('bert-base-uncased') # 載入模型
28      return tokenizer, model
29
30  def insert_tag(row, hasbrack=True):                    # 將特殊標記插入文字
31      orgtag=["[THISISA] ", "[THISISB] ", "[THISISP] "]
32      if hasbrack==False:
33        orgtag=["THISISA ", "THISISB ", "THISISP "]
34
35      to_be_inserted = sorted([                          # 從大到小排序
36        (row["A-offset"], orgtag[0]),
37        (row["B-offset"], orgtag[1]),
38        (row["Pronoun-offset"], orgtag[2])], key=lambda x:x[0], reverse=True)
39
40      text = row["Text"]
41      for offset, tag in to_be_inserted:
42        text = text[:offset] + tag + text[offset:]    # 插入指定詞的前面
43      return text
44  # 將標籤分離，並返回標籤偏移位置
45  def tokenize(sequence_ind, tokenizer, sequence_mask= None):
46      entries = {}
47      final_tokens=[]
48      final_mask=[]
49      for i, one in enumerate(sequence_ind):            # 遍歷子詞
50        if one in tokenizer.additional_special_tokens_ids:# 尋找特殊標記
51          tokenstr = tokenizer.convert_ids_to_tokens(one)
52          entries[tokenstr] = len(final_tokens)         # 記錄偏移
53          continue
54        final_tokens.append(one)                        # 儲存其他詞
55        if sequence_mask is not None:                   # 儲存隱藏標識
56          final_mask.append(sequence_mask[i])
57
```

```
58      return  final_tokens, (entries["[THISISA]"], entries["[THISISB]"],
59                      entries["[THISISP]"]) , final_mask
60  ……
```

第 23 ～ 25 行程式向分詞工具 tokenizer 物件中增加特殊標記 [THISISA]、[THISISB] 和 [THISISP]，分別用於計算名稱 A、名稱 B 和目標代詞的偏移位置。系統會為每個特殊標記自動分配一個 ID 號 (該 ID 號不可修改)。

第 30 行程式定義了函數 insert_tag，用於將特殊標記插入文字。在插入過程中，需要按照偏移值從大到小進行插入，這樣才能保證先插入的標記不會對後插入的標記造成影響。

輸入參數 sequence_mask 代表隱藏標識。當使用 tokenizer 物件的 encode_plus 方法對文字進行分詞時，會生成根據文字長度補零的隱藏。

第 59 行程式之後的部分，是將序列子詞輸入 BERT 模型，並從結果中提取特徵的程式。這部分程式不再詳述。

該程式執行之後，會將提取的特徵儲存到 test_bert_outputs_forPROPN.pkl 與 bert_outputs_forPROPN.pkl 檔案中。這兩個檔案分別對應於 df_test 和 df_train_val 物件中的內容。

> ◈ 提示
>
> 在執行過程中，如果由於網路原因導致預訓練模型無法下載，則可以使用手動方式先將預訓練模型下載到本地，再進行載入。
>
> 舉例來說，將書中配套的模型資料夾 bert-base-uncased 放到程式的同級目錄下，將 getmodel 函數替換成如下：
>
> ```
> def getmodel():
>     tokenizer = BertTokenizer.from_pretrained(
>             r'./bert-base-uncased/bert-base-uncased-vocab.txt')
> ```

```
# 增加特殊標記
special_tokens_dict = {'additional_special_tokens':
                          ["[THISISA]", "[THISISB]", "[THISISP]"]}
tokenizer.add_special_tokens(special_tokens_dict)     # 增加特殊標記


config = BertConfig.from_json_file('./bert-base-uncased/bert-base-
uncased-config.json')
model = BertModel.from_pretrained(
        r'./bert-base-uncased/bert-base-uncased-pytorch_model.bin',
    config = config)
return tokenizer, model
```

3.13.5 程式實現：用 **BERT** 模型提取其他詞特徵

用 BERT 模型對其他詞提取特徵的方式與 3.13.4 小節類似。與 3.13.4 小節不同的是，需要先將文字中的標點符號去掉。具體程式如下：

程式檔案：code_16_BERT_NoPUNC.py（部分）

```
01  import re
02  import pickle
03  import torch
04  from tqdm import tqdm
05
06  from code_15_BERT_PROPN import (device, df_test, df_train_val,
07                                  getmodel, insert_tag, tokenize)
08
09  def clean_and_replace_target_name(row):  # 去掉標點符號
10    text = row['TextClean']
11    text = re.sub("[^a-zA-Z]", "", text) # 只保留英文字元，去掉標點符號和數字
12    A = re.sub("[^a-zA-Z]", "", row['A'])    # 只保留英文字元
13    B = re.sub("[^a-zA-Z]", "", row['B'])    # 只保留英文字元
14
```

```
15      # 只保留名稱 A 中的子詞
16      text = re.sub(str(A), tokenizer.tokenize(A)[0], text)
17      # 只保留名稱 B 中的子詞
18      text = re.sub(str(B), tokenizer.tokenize(B)[0], text)
19      # 還原特殊標記
20      text = re.sub(r"THISISA", r"[THISISA]", text)
21      text = re.sub(r"THISISB", r"[THISISB]", text)
22      text = re.sub(r"THISISP", r"[THISISP]", text)
23      text = re.sub(' +', ' ', text) # 去掉多個空格
24      return text
25
26  def savepkl(df, prename=''): # 儲存樣本前置處理的結果
27      offsets_lst = []              # 定義串列，用於儲存代詞的偏移值
28      tokens_lst = []               # 定義串列，用於儲存去掉標點符號後的子詞序列
29      bert_prediction = []          # 定義串列，用於儲存 BERT 模型的結果
30      max_len=269                   # 設定處理文字的最大長度
31
32      for _, row in tqdm(df.iterrows(), total=len(df)):
33
34          row.loc['TextClean']  = insert_tag(row, hasbrack= False)
35          # 去除標點符號、空格，並壓縮被指代的名詞
36          text = clean_and_replace_target_name(row)
37          encode_rel= tokenizer.encode_plus(text, max_length=max_len,
38                      pad_to_max_length=True)                # 向量化
39          # 獲取標籤偏移
40          tokens, offsets , masks= tokenize(encode_rel['input_ids'] ,
41                                  tokenizer, encode_rel['attention_mask'])
42          offsets_lst.append(offsets)        # 儲存代詞的偏移值
43          tokens_lst.append(tokens)          # 儲存去掉標點符號後的子詞序列
44      ......
```

第 26 行程式定義了 savepkl 函數，完成樣本前置處理的整個流程。

第 34 行程式向文字中插入不帶中括號的特殊標記：THISISA、THISISB、

THISISP。這樣做是防止在對文字進行去標點符號處理的過程中，對特殊標記中的中括號進行改變。

第 36 行程式呼叫了 clean_and_replace_target_name 函數，完成將文字中的標點符號去掉，並對特殊標記進行了還原 (使其變成帶有中括號的特殊標記)。

在 clean_and_replace_target_name 函數中，第 16、18 行程式用名稱 A、名稱 B 中的第一個子詞進行代替 (舉例來說，dehner 的子詞為 ['de', '##hner']，只取其第一個子詞 de)。這樣做可以使名稱 A、名稱 B 不可再分，在 3.13.6 小節中向圖資料轉化時，能夠得到更清晰的圖節點結構。

第 37 ～ 38 行程式對去掉標點符號後的文字進行子詞劃分和向量化處理。該過程使用了 encode_plus 方法，並指定了最大長度，將返回的子詞序列長度進行對齊處理。

第 40 ～ 43 行程式將子詞中的特殊標記去掉，並返回特殊標記的偏移。在第 43 行之後的程式便是使用 BERT 模型生成特徵，這裡不再詳述。

程式執行後，系統會生成以下 6 個前置處理檔案。

- offsets_NoPUNC.pkl：在訓練資料集中，目標代詞、名稱 A 和名稱 B 的偏移位置。
- tokens_NoPUNC_padding.pkl：在訓練資料集中，文字的子詞向量序列。
- bert_outputs_forNoPUNC.pkl：在訓練資料集中，BERT 模型的輸出結果。
- est_offsets_NoPUNC.pkl：在測試資料集中，目標代詞、名稱 A 和名稱 B 的偏移位置。
- test_tokens_NoPUNC_padding.pkl：在測試資料集中，文字的子詞向量序列。
- test_bert_outputs_forNoPUNC.pkl：在測試資料集中，BERT 模型的輸出結果。

3.13.6 用 spaCy 工具對句子依存分析

本節將介紹用 spaCy 工具對句子進行依存分析。

1. 什麼是依存分析

依存分析 (Dependency Parsing) 屬於句法分析的一種，句法是指句子的各個組成部分之間的相互關係。

句法分析分為句法結構分析 (Syntactic Structure Parsing) 和依存分析。句法結構分析用於獲取整數個句子的句法結構，依存分析用於獲取詞彙之間的依存關係。目前的句法分析已經從句法結構分析轉向依存分析。

依存分析透過分析語言「單位」內成分之間的依存關係揭示其句法結構。它主張句子中核心動詞是支配其他成分的中心成分，而本身卻不受其他任何成分的支配，所有受支配成分都以某種依存關係從屬於支配者。

在 20 世紀 70 年代，Robinson 提出依存分析中關於依存關係的 4 個公理：

- 一個句子中只有一個成分是獨立的；
- 其他成分直接依存於某一成分；
- 任何一個成分都不能依存於兩個或兩個以上的成分；
- 如果 A 成分直接依存於 B 成分，而 C 成分在句中位於 A 和 B 之間，那麼 C 或直接依存於 B，或直接依存於 A 和 B 之間的某一成分。

2. 獲得依存關係的方法

依存關係是一個中心詞與其從屬之間的二元非對稱關係，一個句子的中心詞通常是動詞 (Verb)，所有其他詞不是依賴於中心詞，就是透過依賴路徑與它連結。

使用 spacy 實例化物件的 parser 方法，即可得到該句子的依存關係。範例程式如下。

```
import spacy
from spacy import displacy
from pathlib import Path
parser = spacy.load('en_core_web_sm')                    # 載入模型
doc = "We focus on the research and education of AI technology" # 定義句子
doc = parser(doc)                                        # 分析句子
svg = displacy.render(doc, style='dep', jupyter=False)   # 視覺化
output_path = Path("./dependency_plot.svg")              # 定義儲存路徑
output_path.open("w", encoding="utf-8").write(svg)       # 儲存圖片
```

該程式執行後，會在本地生成圖片檔案 dependency_plot.svg。依存分析結果如圖 3-38 所示。

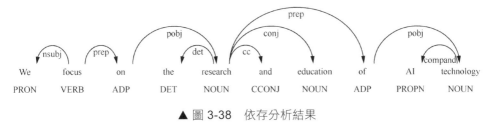

▲ 圖 3-38　依存分析結果

圖 3-38 列出了句子中每個單字的詞性和彼此間的依存關係。從上到下，可以分為 3 部分，弧線部分、原始文字、詞性部分。下面針對弧線部分、詞性部分進行重點介紹。

3. 弧線部分的解釋

圖 3-38 所示的弧線部分表示單字之間的關係。其中 nsubj 表示名詞主語，prep 表示介詞修飾語，pobj 表示介詞的賓語，det 表示限定詞，cc 表示連詞，conj 表示連接兩個並列的詞，compand 表示組合詞。

4. 詞性部分的解釋

圖 3-38 所示的最下面一行，是每個單字的詞性部分。該詞性的種類有 ADP、NOUN、VERB、PROPN 等，其中文解釋分別對應於介詞、名詞、動詞、代詞等。

5. 依存關係的內部結構

透過以下程式可以將圖 3-38 所示的內部結構顯示出來。

```
parse_rst = doc.to_json()
print(parse_rst['tokens'])
```

該程式執行後，輸出結果如下。

```
[{'id':0, 'start':0, 'end':2, 'pos':'PRON', 'tag':'PRP', 'dep':'nsubj',
'head':1}, {'id':1, 'start':3, 'end':8, 'pos':'VERB', 'tag':'VBP',
'dep':'ROOT', 'head':1}, {'id':2, 'start':9, 'end':11, 'pos':'ADP',
'tag':'IN', 'dep':'prep', 'head':1}, {'id':3, 'start':12, 'end':15,
'pos':'DET', 'tag':'DT', 'dep':'det', 'head':4}, {'id':4, 'start':16,
'end':24, 'pos':'NOUN', 'tag':'NN', 'dep':'pobj', 'head':2}, {'id':5,
'start':25, 'end':28, 'pos':'CCONJ', 'tag':'CC', 'dep':'cc', 'head':4},
{'id':6, 'start':29, 'end':38, 'pos':'NOUN', 'tag':'NN', 'dep':'conj',
'head':4}, {'id':7, 'start':39, 'end':41, 'pos':'ADP', 'tag':'IN',
'dep':'prep', 'head':4}, {'id':8, 'start':42, 'end':44, 'pos':'PROPN',
'tag':'NNP', 'dep':'compound', 'head':9}, {'id':9, 'start':45, 'end':55,
'pos':'NOUN', 'tag':'NN', 'dep':'pobj', 'head':7}]
```

從輸出結果中可以看出，串列中有 10 個元素，分別對應於句子中的 10 個單字。每個元素的欄位解讀如下。

- id：單字序號。
- start：單字的起始位置。
- end：單字的結束位置。
- pos：詞性標注。
- tag：另一種格式的詞性標注。
- dep：依存關係。
- head：所依賴的單字 (圖 3-38 所示的指向自己的單字)。

在本例中，主要使用 head 欄位完成圖結構資料的轉化。

3.13.7 程式實現：使用 spaCy 和批次圖方法建構圖 資料集

在制作圖資料集的環節，需要先使用 spaCy 工具對句子進行依存分析，將依存分析後的結果儲存成圖結構資料；再用 PyTorch 中的 Dataset 和 DataLoader 類別，將圖結構資料封裝成資料集。

1. 生成圖結構資料

將依存分析結果中的單字當作節點，將單字之間的關係當作邊，便可以得到文字的圖結構資料。在得到圖結構資料之後，還需要進行子圖提取和邊關係擴充這兩種操作。

- 子圖提取：在 3.13.3 小節介紹過，在代詞辨識任務中，只會選取目標代詞、名稱 A 和名稱 B 節點，以及與這 3 個節點有直接關係的其他節點進行運算。
- 邊關係擴充：為了使圖特徵表現更為明顯，在原始的邊關係中，增加了依存關係的反方向邊和自環邊。圖資料中的 3 種邊關係如圖 3-39 所示。

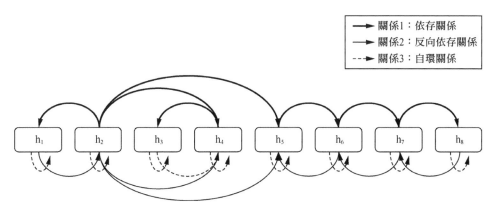

▲ 圖 3-39　圖資料中的 3 種邊關係

在實現時，子圖資料和 3 種邊關係都是在函數 getGraphsData 中完成的。具體程式如下。

程式檔案：code_17_RGCNDGL.py（部分）

```
01  ……
02  ''' 載入前置處理檔案 '''
03  offsets_NoPUNC = pickle.load(open('offsets_NoPUNC.pkl', "rb"))
04  tokens_NoPUNC = pickle.load(open('tokens_NoPUNC_padding.pkl', "rb"))
05  bert_forNoPUNC = pickle.load(open('bert_outputs_forNoPUNC.pkl', "rb"))
06  test_offsets_NoPUNC = pickle.load(open('test_offsets_NoPUNC.pkl', "rb"))
07  test_tokens_NoPUNC = pickle.load(
08                       open('test_tokens_NoPUNC_padding.pkl', "rb"))
09  test_bert_forNoPUNC = pickle.load(
10                       open('test_bert_outputs_forNoPUNC.pkl', "rb"))
11
12  PROPN_bert = pickle.load(open('bert_outputs_forPROPN.pkl', "rb"))
13  test_PROPN_bert  = pickle.load(
14                       open('test_bert_outputs_forPROPN.pkl', "rb"))
15
16  tokenizer, _ = getmodel()       # 載入 BERT 分詞工具
17  parser = spacy.load('en')       # 載入 spaCy 模型
18
19  # 生成圖資料
20  def getGraphsData(tokens_NoPUNC, offsets_NoPUNC, PROPN_bert,
21                    bert_forNoPUNC):
22    all_graphs = []          # 存放所有的子圖
23    gcn_offsets = []         # 存放子圖中目標代詞、名稱 A 和名稱 B 節點的索引
24    for i, sent_token in enumerate(tokens_NoPUNC):# 遍歷每筆樣本
25      # 找到句子結束符號
26      SEPid = sent_token.index(tokenizer.convert_tokens_to_ids('[SEP]'))
27
28      sent = ' '.join(          # 還原句子，並刪除所有 "#"
29      re.sub("[#]", "", token) for token in tokenizer.convert_ids_to_tokens(
30          ent_token[1:SEPid]))
31      doc = parser(sent)              # 將句子切分成單字，英文中一般使用空格分隔
32      parse_rst = doc.to_json() # 獲得句子中各個單字間的依存關係樹
```

```python
33      # 將所有的偏移值都去掉一個 [CLS]
34      target_offset_list = [item - 1 for item in offsets_NoPUNC[i]]
35
36      # 定義帶有順序的字典。其中 key 為句子中的 ID, value 為節點的真實索引
37      nodes = collections.OrderedDict()
38      edges = []
39      edge_type = []
40
41      for i_word, word in enumerate(parse_rst['tokens']): # 解析依存關係
42          # 生成的圖中，找到目標代詞節點和對應的邊
43          if (i_word  in target_offset_list) or (word['head']  in
    target_offset_list):
44              if i_word not in nodes:
45                  nodes[i_word] = len(nodes)          # 增加依存關係節點
46                  edges.append( [i_word, i_word] ) # 為節點增加自環
47                  edge_type.append(0)                # 自環關係的索引為 0
48              if word['head'] not in nodes:
49                  nodes[word['head']] = len(nodes) # 增加依存關係節點
50                  # 為節點增加自環
51                  edges.append( [word['head'], word['head']] )
52                  edge_type.append(0)
53
54              if word['dep'] != 'ROOT':
55                  # 增加依存關係邊 (head 指向 node)
56                  edges.append( [word['head'], word['id']] )
57                  edge_type.append(1)                # 依存關係的索引為 1
58                  # 增加反向依存關係邊 (node 指向 head )
59                  edges.append( [word['id'], word['head']] )
60                  edge_type.append(2)                # 反向依存關係的索引為 2
61
62      tran_edges = []
63      for e1, e2 in edges:# 將句子中的邊，換成節點間的邊
64        tran_edges.append( [nodes[e1], nodes[e2]] )
65      # 將句子中的代詞位置，換成節點中的代詞索引
```

```
66      gcn_offset = [nodes[offset] for offset in target_offset_list]
67      gcn_offsets.append(gcn_offset) #儲存目標代詞、名稱 A、名稱 B 對應的
                                       #節點索引

68

69      G = dgl.DGLGraph()              # 生成 DGL 圖資料
70      G.add_nodes(len(nodes))        # 生成 DGL 節點
71      G.add_edges(list(zip(*tran_edges))[0], list(zip(*tran_edges))[1])
72      #給每個節點增加特徵屬性
73      for i_word, word in nodes.items():
74         # 從 PROPN_bert 中獲取目標代詞、名稱 A、名稱 B 節點的特徵
75         if (i_word in target_offset_list):
76           G.nodes[ [ nodes[i_word] ]].data['h'] = torch.from_numpy(
77              PROPN_bert[i][0][target_offset_list.index(i_word)]
78                        ).unsqueeze(0).to(device)
79         else:                        # 從 bert_forNoPUNC 中獲取其他詞節點的特徵
80           G.nodes[ [ nodes[i_word] ]].data['h'] = torch.from_numpy(
81               bert_forNoPUNC[i][0][i_word + 1]
82                        ).unsqueeze(0).to(device)
83      edge_norm = []                  # 歸一化運算元（計算平均值時的分母）
84      for e1, e2 in tran_edges:
85         if e1 == e2:
86           edge_norm.append(1)        # 如果是自環邊，則歸一化運算元為 1
87         else:       # 如果是非自環邊，則歸一化運算元為 1 除以去掉自環的度
88      edge_norm.append( 1 / (G.in_degree(e2) - 1 ) )# 去掉自環的度

89

90      #將類型轉為張量
91      edge_type = torch.from_numpy(np.array(edge_type)
92                               ).type(torch.long)
93      edge_norm = torch.from_numpy(
94           np.array(edge_norm)).unsqueeze(1).float().to(device)

95

96      G.edata.update({'rel_type':edge_type, })    # 更新邊特徵
97      G.edata.update({'norm':edge_norm})
98      all_graphs.append(G)                        # 儲存子圖
```

```
99
100     return all_graphs, gcn_offsets
101
102 def getLabelData(df):                        # 生成標籤
103     tmp = df[["A-coref", "B-coref"]].copy()
104     # 增加一個列（名稱 A 和 B 都不指代的情況）
105     tmp["Neither"] = ~ (df["A-coref"] | df["B-coref"])
106     y = tmp.values.astype("bool").argmax(1)       # 變成 one-hot 索引
107     return y
```

第 26 ～ 30 行程式將句子中的向量還原成句子文字，並將子詞中的 "#" 刪除。目的是，spaCy 在對句子進行依存分析時不會受到 "#" 的干擾。

> **注意**
>
> 第 26 ～ 30 行程式使用了手動方式，將單字向量還原成句子文字。這一過程千萬不能使用 tokenizer.decode 方法進行還原。
>
> 因為 tokenizer.decode 方法在還原文字的同時，還會將子詞合併。這樣會使目標代詞、名稱 A、名稱 B 的偏移發生串位。

第 75 ～ 82 行程式對節點特徵進行設定值。其中儲存目標代詞、名稱 A、名稱 B 節點的特徵來自普通的 BERT 模型結果，直接根據偏移值進行索引即可；其他詞節點的特徵來自去掉標點符號後的 BERT 模型結果，該結果是以 [CLS] 進行計算的，所以在獲取特徵時，需要將偏移值加 1。

第 91 ～ 92 行程式將邊關係的類型索引 edge_type 轉成了長整數。這是一步非常重要的操作。因為在 PyTorch 中，張量的索引必須是長整數。如果是 uint8 類型，則在執行過程中會出現錯誤。

第 102 行程式定義了函數 getLabelData。該函數會生成一個對應於每個子圖的標籤。

2. 用 Dataset 和 DataLoader 類別進行資料集封裝

DGL 函數庫中 relGraphConv 類別的輸入一次只有一個圖物件，無法處理批次圖資料。在使用該類別時，還需要對傳入的批次圖資料進行轉換。

使用 DGL 函數庫的批次圖方法 (batch) 可以將批次中的多個圖物件合併成一個圖物件，如圖 3-40 所示。

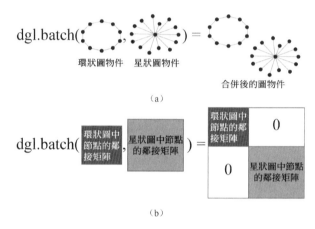

▲ 圖 3-40　批次圖功能

圖 3-40 中有兩行，上面一行顯示了批次圖型處理的外部過程 (基於圖物件進行處理)，下面一行顯示了其內部的合併原理。在合併過程中，DGL 函數庫會將多個圖中的節點和邊關係重新編號，並按照每個圖中節點關係的鄰接矩陣重新拼接。

待運算結束之後，再使用 unbatch 方法，將其拆成多個子圖。

> **注意**
> 使用批次圖方法合併後的圖是唯讀的，無法對其結構進行二次修改。

使用 Dataset 和 DataLoader 類別對圖資料進行資料集封裝，並對批次圖進行合併。具體程式如下：

程式檔案：code_17_RGCNDGL.py（續）

```
108  # 建構資料集
109  class GPRDataset(Dataset):
110    def __init__(self, y, graphs, bert_offsets,
111                    gcn_offsets, bert_embeddings):
112      self.y = y
113      self.graphs = graphs
114      self.bert_offsets = bert_offsets
115      self.bert_embeddings = bert_embeddings
116      self.gcn_offsets = gcn_offsets
117    def __len__(self):                    # 返回長度
118      return len(self.graphs)
119    def __getitem__(self, idx):           # 返回資料
120      return (self.graphs[idx], self.bert_offsets[idx],
121        self.gcn_offsets[idx], self.bert_embeddings[idx], self.y[idx])
122
123  def collate(samples):                    # 對批次資料重新加工
124    # 行列轉換變成 list
125    graphs, bert_offsets, gcn_offsets, bert_embeddings, labels =
126                                        map(list, zip(*samples))
127    batched_graph = dgl.batch(graphs)      # 對批次圖進行合併
128    # 對其他資料進行張量轉化
129    offsets_bert = torch.stack(
130                [torch.LongTensor(x) for x in bert_offsets], dim=0)
131    offsets_gcn = torch.stack(
132                [torch.LongTensor(x) for x in gcn_offsets], dim=0)
133    one_hot_labels = torch.from_numpy(
134          np.asarray(labels)).type(torch.long)
135    bert_embeddings = torch.from_numpy(np.asarray(bert_embeddings))
136    return (batched_graph, offsets_bert, offsets_gcn,
137          bert_embeddings, one_hot_labels)
138
139  all_graphs, gcn_offsets = getGraphsData(    # 將訓練資料集轉化為圖資料
140          tokens_NoPUNC, offsets_NoPUNC, PROPN_bert, bert_forNoPUNC)
```

```
141 train_y = getLabelData(df_train_val)          # 獲取訓練資料集的標籤
142 # 將測試資料集轉化為圖資料
143 test_all_graphs, test_gcn_offsets = getGraphsData(test_tokens_NoPUNC,
144          test_offsets_NoPUNC, test_PROPN_bert, test_bert_forNoPUNC)
145 test_y = getLabelData(df_test)                 # 獲取測試資料集的標籤
146 # 生成測試資料集
147 test_dataset = GPRDataset(test_y, test_all_graphs, test_offsets_NoPUNC,
148          test_gcn_offsets, test_PROPN_bert)
149 # 生成測試資料集的載入器
150 test_dataloarder = DataLoader( test_dataset, collate_fn = collate,
151          batch_size = 4 )
```

第 123 行程式定義了 collate 函數，實現了資料集自訂的批次組合功能。
第 127 行程式對批次圖進行了合併。

◈ 提示

由於 DataLoader 類別打包批次的資料預設不支持 DLG 圖物件，因此在
程式中必須使用自訂函數 collate 對子圖資料進行二次包裝。否則會報以
下錯誤：

TypeError:default_collate:batch must contain tensors:numpy
arrays:numbers:dicts or lists; found <class 'dgl.graph.DGLGraph'>

具體如圖 3-41 所示。

```
    File "D:\ProgramData\Anaconda3\envs\pt13\lib\site-packages\torch\utils\data
\_utils\collate.py", line 79, in default_collate
      return [default_collate(samples) for samples in transposed]

    File "D:\ProgramData\Anaconda3\envs\pt13\lib\site-packages\torch\utils\data
\_utils\collate.py", line 79, in <listcomp>
      return [default_collate(samples) for samples in transposed]

    File "D:\ProgramData\Anaconda3\envs\pt13\lib\site-packages\torch\utils\data
\_utils\collate.py", line 81, in default_collate
      raise TypeError(default_collate_err_msg_format.format(elem_type))

TypeError: default_collate: batch must contain tensors, numpy arrays,
numbers, dicts or lists; found <class 'dgl.graph.DGLGraph'>
```

▲ 圖 3-41　DataLoader 類別相容性錯誤

3.13.8 程式實現：架設多層 R-GCN 模型

為了使 R-GCN 模型的擬合能力更強，在 relGraphConv 類別的基礎上，架設多層 R-GCN 模型。具體程式如下。

程式檔案：code_17_RGCNDGL.py（續）

```
152 class RGCNModel(nn.Module):              # 多層 R-GCN 模型
153   def __init__(self, h_dim, num_rels, out_dim=256, num_hidden_layers=1):
154     super(RGCNModel, self).__init__()
155     self.layers = nn.ModuleList()          # 定義網路層串列
156     for _ in range(num_hidden_layers):
157       rgcn_layer = RelGraphConv(h_dim,
158                                 out_dim, num_rels, activation=F.relu)
159     self.layers.append(rgcn_layer)
160   def forward(self, g):
161     for layer in self.layers:              # 逐層處理
162       g.ndata['h']=layer(g, g.ndata['h'].to(device),
163                           etypes=g.edata['rel_type'].to(device),
164                           norm=g.edata['norm'].to(device))
165     rst_hidden = []
166     for sub_g in dgl.unbatch(g):           # 按批次解壓縮
167       rst_hidden.append(( sub_g.ndata['h']   )
168     return rst_hidden
```

第 166 行程式使用 unbatch 方法，將圖資料的處理結果，按批次解壓縮。RGCNModel 類別最終按指定的輸出維度返回圖中每個節點的聚合結果。

3.13.9 程式實現：架設神經網路分類層

在得到 R-GCN 模型的結果之後，還需要透過輸出層，將其維度按照所要分類的類別個數進行轉化。

輸出層部分是透過兩層全連接網路實現的。其輸入的向量是由 R-GCN 模型的結果和 BERT 模型原始的特徵經過線性變化後的結果連接而成的。
完整的模型結構如圖 3-42 所示。

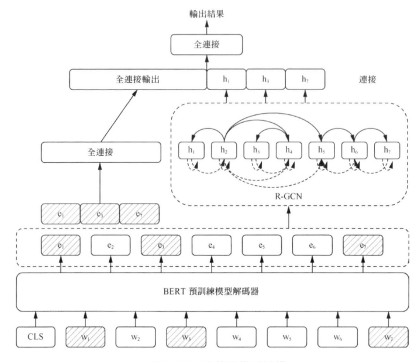

▲ 圖 3-42　完整的模型結構

撰寫程式，定義包含一個全連接網路層的模型類別 BERT_Head，完成
對 BERT 模型輸出結果的轉化；定義包含兩個全連接網路層的模型類別
Head，用於輸出模型分類結果；定義全域模型類別 GPRModel，在其內
部將 RGCNModel 類別與 BERT_Head 類別的輸出結果連接起來，並輸入
Head 類別中進行預測。具體程式如下：

程式檔案：code_17_RGCNDGL.py（續）

```
169 class BERT_Head(nn.Module):      # 處理 BERT 模型輸出的特徵結果
170    def __init__(self, bert_hidden_size:int):
171       super().__init__()
172       self.fc = nn.Sequential(      # 全連接
```

```
173          nn.BatchNorm1d(bert_hidden_size * 3),
174          nn.Dropout(0.5),
175          nn.Linear(bert_hidden_size * 3, 512 * 3),
176          nn.ReLU(), )
177      for i, module in enumerate(self.fc):# 初始化
178        if isinstance(module, (nn.BatchNorm1d, nn.BatchNorm2d)):
179            nn.init.constant_(module.weight, 1)
180            nn.init.constant_(module.bias, 0)
181        elif isinstance(module, nn.Linear):
182          if getattr(module, "weight_v", None) is not None:
183              nn.init.uniform_(module.weight_g, 0, 1)
184              nn.init.kaiming_normal_(module.weight_v)
185              assert model[i].weight_g is not None
186          else:
187              nn.init.kaiming_normal_(module.weight)
188            nn.init.constant_(module.bias, 0)
189
190    def forward(self, bert_embeddings):
191      outputs = self.fc(bert_embeddings.view(
192                          bert_embeddings.shape[0], -1))
193      return outputs
194
195 class Head(nn.Module):            # 全連接模型
196    def __init__(self, gcn_out_size:int, bert_out_size:int):
197      super().__init__()
198      self.bert_out_size = bert_out_size
199      self.gcn_out_size = gcn_out_size
200      self.fc = nn.Sequential(        # 兩層全連接
201        nn.BatchNorm1d(bert_out_size * 3 + gcn_out_size * 3),
202        nn.Dropout(0.5),
203        nn.Linear(bert_out_size * 3 + gcn_out_size * 3, 256),
204        nn.ReLU(),
205        nn.BatchNorm1d(256),
206        nn.Dropout(0.5),
```

```
207          nn.Linear(256, 3),                    # 輸出 3 個分類
208      )
209      for i, module in enumerate(self.fc):   # 初始化
210      if isinstance(module, (nn.BatchNorm1d, nn.BatchNorm2d)):
211          nn.init.constant_(module.weight, 1)
212          nn.init.constant_(module.bias, 0)
213      elif isinstance(module, nn.Linear):
214          if getattr(module, "weight_v", None) is not None:
215              nn.init.uniform_(module.weight_g, 0, 1)
216              nn.init.kaiming_normal_(module.weight_v)
217              assert model[i].weight_g is not None
218          else:
219              nn.init.kaiming_normal_(module.weight)
220          nn.init.constant_(module.bias, 0)
221
222  def forward(self, gcn_outputs, offsets_gcn, bert_embeddings):
223      # 從子圖中提取目標代詞、名稱 A、名稱 B 節點的特徵
224      gcn_extracted_outputs = [gcn_outputs[i].unsqueeze(0).gather(
225      1, offsets_gcn[i].unsqueeze(0).unsqueeze(2).expand(
226          -1, -1, gcn_outputs[i].unsqueeze(0).size(2))).view(
227 gcn_outputs[i].unsqueeze(0).size(0), -1) for i in range(len(gcn_outputs))]
228
229      gcn_extracted_outputs = torch.stack(gcn_extracted_outputs,
230                                          dim=0).squeeze()
231      embeddings = torch.cat((gcn_extracted_outputs, bert_embeddings), 1)
232
233      return self.fc(embeddings)
234
235 class GPRModel(nn.Module):                      # 全域模型類別
236   def __init__(self):
237     super().__init__()
238     self.RGCN =  RGCNModel(h_dim = 768, out_dim=256, num_rels = 3)
239     self.BERThead = BERT_Head(768)       # 768 是 BERT 模型的輸出維度
240     self.head = Head(256, 512)           # 512 是 R-GCN 模型的輸出維度
```

```
241
242    def forward(self, offsets_bert, offsets_gcn, bert_embeddings, g):
243        gcn_outputs = self.RGCN(g)
244        bert_head_outputs = self.BERThead(bert_embeddings)
245        head_outputs = self.head(gcn_outputs, offsets_gcn,
246                                 bert_head_outputs)
247    return head_outputs
```

程式中所使用的 BERT 預訓練模型版本是 bert-base-cased，spaCy 模型版本是 en_core_web_sm，這兩個模型並不是精度最好的。

如果想得到更好的效果，可以將 BERT 預訓練模型版本換成 bert-large-cased，spaCy 模型版本換成 en_core_web_lg。

◈ 提示

BERT 預訓練模型版本 bert-large-cased，所輸出的特徵維度是 1024。如果要使用該版本，需要將第 239 行程式的 768 改成 1024。每個版本的輸出維度都可以在其對應的 config 檔案中找到。

3.13.10 使用 5 折交換驗證方法訓練模型

在訓練過程中，使用 5 折交換驗證方法進行訓練。該方法透過以下兩行程式，將訓練資料集分成 5 個互斥子集。

```
kfold = StratifiedKFold(n_splits = 5)
kfold.split(df_train_val, train_y)
```

在訓練時，每次只用其中一個子集作為測試資料集，剩下的 4 個子集作為訓練資料集。透過 5 次模型的訓練和測試，得到 5 個測試結果。最終對這 5 個結果取平均值，便得到模型的最終能力評分。

具體程式可以參考本書的書附資源。

程式執行後，輸出結果如下：

```
====================
Fold 1
====================
Dataloader Success---------------------
Learning rate = 0.000010
Epoch 0, loss 8.9258, ce_loss 2.0665, reg_loss 6.8593
Epoch 0, loss 8.9258
Epoch 0, val_loss 1.5681, val_acc 0.2676
......
Epoch 96, loss 7.1465, ce_loss 0.4632, reg_loss 6.6832
Epoch 96, loss 7.1465
Epoch 96, val_loss 0.5666, val_acc 0.7696
Learning rate = 0.000001
......
Epoch 99, loss 7.1640, ce_loss 0.4811, reg_loss 6.6829
Epoch 99, loss 7.1640
Epoch 99, val_loss 0.5645, val_acc 0.7717
This fold, the best val loss is:0.5520091159799234
```

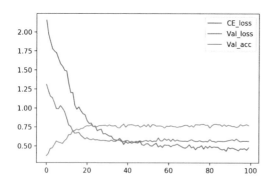

```
This fold, the test loss is:tensor(0.5475, device='cuda:0')  acc is  0.779
====================
Fold 2
......
```

神經網路的可解釋性

機器學習模型已經在多個領域獲得了廣泛應用。隨著模型在工業領域的應用不斷拓展,模型的結構也變得更加複雜。對機器學習的開發人員而言,深入了解模型的原理並具備向他人解釋原理的能力非常重要。

4.1 了解模型解釋函數庫

神經網路的解釋工具 (模型解釋函數庫) 層出不窮,有 IBM 公司的 AI Explainability 360 工具套件、Microsoft 公司的 expltml 工具和 TensorWatch 工具,以及 Facebook 公司的 Captum 工具。

這些模型解釋函數庫能夠幫助開發人員開發更加可信賴、可預測、效果更優的人工智慧系統。透過對系統工作原理進行解釋,開發人員也能夠為決策過程提供資訊,並與他人建立可信賴的聯繫。另外,隨著多模態模型的出現,模型解釋函數庫對多種類型的資訊提供無差別解釋和視覺化的能力將變得更加重要。

Captum 工具與 PyTorch 都出自同一家公司。Captum 工具實現了針對 PyTorch 生態系統中多種類類型資料的無差別解釋能力。它為所有最新的演算法提供了解釋性，幫助研究人員和開發人員更進一步地了解對模型預測結果產生作用的具體特徵、神經元及神經網路層。

Captum 工具與其他工具相比，用起來更為方便，功能強大、靈活。本章主要對 Captum 工具的使用做詳細的介紹。

4.1.1 了解 Captum 工具

Captum 是一個基於 PyTorch 的模型解釋函數庫。它實現了當今主流的神經網路可解釋性演算法，如整合梯度 (Integrated Gradient)、深度彎曲 (DeepLIFT) 和傳導 (Conductance) 等。

這些演算法可以幫助人們深入了解神經網路中的神經元和層屬性，解釋人工智慧在多模態環境中做出的決策，並能幫助研究人員把結果與資料庫中現有的模型進行比較。

Captum 工具透過包括視覺化和文字在內的多種形式提供了模型解釋，並為新演算法的設計提供了可拓展性。

在其首頁中，列出了當今主流的神經網路可解釋性演算法和對應的論文。

研究人員還能夠以 PyTorch 函數庫中的演算法為基準，使用 Captum 工具快速地對自己的演算法進行評估。

在評估過程中，可以使用 Captum 工具來辨識模型中對結果產生較大影響的特徵，更快速地對模型效果進行提升，並對模型的輸出進行偵錯。

4.1.2 視覺化可解釋性工具 Captum Insights

Captum 工具還有一個配套的視覺化可解釋性工具 Captum Insights。

Captum Insights 能夠處理包括圖片、文字等類型的多種特徵，並幫助使用者了解特徵的屬性。目前，該工具實現了對 Integrated Gradients 演算法的支援。更多資訊可以參見 Captum 首頁。

4.2 實例：用可解釋性了解數值分析神經網路模型

《全格局使用 PyTorch - 深度學習和圖神經網路基礎篇》的第 5 章講解了一個多層全連接網路的實例。本節將從模型的可解釋性角度了解神經網路模型的功能。

> **實例描述**
>
> 《全格局使用 PyTorch - 深度學習和圖神經網路基礎篇》的第 5 章對多層全連接網路進行了可解釋性分析，透過演算法實現以下 3 個問題的可解釋性。
>
> （1）模型對乘客的哪些屬性更為敏感？
> （2）模型中每個神經網路層的神經元工作狀態如何？
> （3）模型中每個神經元具體關注哪些屬性？

在 PyTorch 中，提供了一個非常方便的工具 Captum。該工具整合了目前主流的可解釋性演算法，使用者透過幾行程式便可以實現模型的可解釋性計算。

該工具可以透過以下命令進行安裝。

```
pip install captum
```

4.2.1 程式實現：載入模型

將《全格局使用 PyTorch - 深度學習和圖神經網路基礎篇》的第 5 章的程式檔案 code_05_Titanic.py 載入，并用其實例化模型物件，同時將《全格局使用 PyTorch - 深度學習和圖神經網路基礎篇》的第 5 章中訓練好的模型檔案也一併載入。具體程式如下。

程式檔案：code_18_TitanicInterpret.py

```
01   import numpy as np
02   import torch
03   import matplotlib.pyplot as plt
04   from scipy import stats
05   from captum.attr import IntegratedGradients,
06                          LayerConductance,NeuronConductance
07   from code_05_Titanic import ThreelinearModel,
08                          test_features , test_labels,feature_names
09
10   net = ThreelinearModel()      # 實例化模型物件
11   net.load_state_dict(torch.load('models/titanic_model.pt'))# 載入模型檔案
12   print("Model Loaded!")
13
14   # 測試模型
15   test_input_tensor = torch.from_numpy(test_features).type(
16                                              torch.FloatTensor)
17   out_probs = net(test_input_tensor).detach().numpy()
18   out_classes = np.argmax(out_probs, axis=1)
19   print("Test Accuracy:", sum(out_classes == test_labels) / len(test_labels))
```

程式執行後，輸出結果如下。

```
Test Accuracy: 0.8015267175572519
```

4.2.2 程式實現：用梯度積分演算法分析模型的敏感屬性

梯度積分 (Integrated Gradient) 中的梯度 (Gradient) 是指從輸出結果開始對輸入資料求梯度，積分 (Integrated) 是指在輸入資料的特徵從無到有的過程中，分別計算每個階段的梯度，並將它們「累加」。

這就好比一個人從遠到近逐漸走過來，我們腦中一點點對「他是誰」這個問題形成了答案。隨著人越來越近，我們的答案也越來越清晰。

1. 計算梯度積分

在實現時，可以直接利用 Captum 工具中的 IntegratedGradients 函數來完成。具體程式如下。

程式檔案：code_18_TitanicInterpret.py（續）

```
20   ig = IntegratedGradients(net)     # 選擇並使用可解釋性演算法（梯度積分）
21
22   test_input_tensor.requires_grad_()   # 將輸入張量設定為可以被求梯度
23
24   # 利用梯度積分演算法，求出原資料的可解釋特徵
25   attr, delta = ig.attribute(test_input_tensor,target=1,
26   return_convergence_delta=True)
27   attr = attr.detach().numpy()
```

第 22 行程式將輸入張量 test_input_tensor 的屬性設定為可以被求梯度。這是因為梯度積分演算法需要對輸入求偏導。

第 25 行程式使用梯度積分演算法求出輸入張量 test_input_tensor 中的特徵屬性，梯度積分演算法物件 ig 的 attribute 方法會返回一個與輸入張量 test_input_tensor 形狀相同的張量。該方法還有以下兩個很重要的參數。

- 參數 baselines：預設值是 0，代表計算梯度的起始輸入，即讓輸入值從 0 開始。
- 參數 n_steps：預設值是 50，代表將 baselines 與真實的輸入之間分成 50 份，分別放到模型中，並求各自的梯度。

物件 ig 的 attribute 方法最終的返回值：attr 是 n_steps 次梯度的和；delta 是每一次梯度的平均值。

梯度積分演算法物件 ig 的 attribute 方法中，輸入參數 target 表明要使用模型的第幾個輸出求輸入的偏導。本例中模型的輸出節點為 2，其中 0 索引代表未生存類，1 索引代表生存類。這裡將 target 參數設為 1，表明要查看與生存結果相關的敏感屬性。

2. 視覺化梯度積分

由於每個樣本都會產生一個梯度積分，為了巨觀統計，將所有樣本按照屬性維度求平均值，並使用 pyplot 套件將平均後的梯度積分以柱狀圖的形式顯示出來。具體程式如下。

程式檔案：code_18_TitanicInterpret.py（續）

```
28  # 定義視覺化函數
29  def visualize_importances(feature_names, importances, title="Average
    Feature Impor tances", plot=True, axis_title="Features"):
30      print(title)
31      for i in range(len(feature_names)):
32          print(feature_names[i], ": ", '%.3f' %(importances[i]))
33      x_pos = (np.arange(len(feature_names)))
34      if plot:
35          plt.figure(figsize=(12,6))
36          plt.bar(x_pos, importances, align='center')
37          plt.xticks(x_pos, feature_names, wrap=True)
38          plt.xlabel(axis_title)
39          plt.title(title)
```

```
40   # 呼叫視覺化函數
41   visualize_importances(feature_names, np.mean(attr, axis=0))
```

程式執行後，輸出結果如下。

```
age :  -0.573
sibsp :  -0.026
parch :  0.016
fare :  -0.022
female :  0.202
male :  -0.221
embark_C :  0.025
embark_Q :  -0.005
embark_S :  -0.014
class_1 :  0.140
class_2 :  0.037
class_3 :  -0.245
```

根據平均值結果所生成的柱狀圖，如圖 4-1 所示。

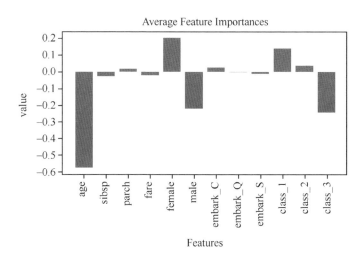

▲ 圖 4-1　梯度積分視覺化

從圖 4-1 中可以看出，乘客是否能夠活下來的最大影響因素是年齡 (age)，而且是與年齡成反比的。另外，女性乘客的存活機率大於男性乘客。乘客的社會地位也與其存活機率有關，社會地位越高越容易存活 (class_1 是最高等級)。

3. 視覺化某一個屬性的分佈情況

如果不對梯度積分取平均值，則可以看到在梯度積分中每一個屬性的分佈情況。以 sibsp 屬性為例，具體程式如下。

程式檔案：code_18_TitanicInterpret.py（續）

```
42  # 查看某一個屬性的分佈
43  plt.hist(attr[:,1], 100);
44  plt.title("Distribution of Sibsp Attribution in %d"%len(test_labels))
```

程式執行後，輸出結果如圖 4-2 所示。

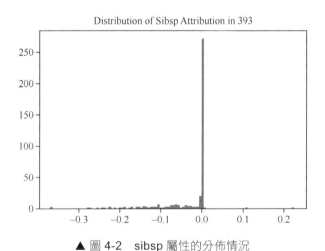

▲ 圖 4-2　sibsp 屬性的分佈情況

圖 4-2 顯示了 sibsp 屬性在梯度積分中的分佈情況。該情況說明在 393 個樣本中，模型對大部分結果的判定是不考慮 sibsp 屬性的 (sibsp 屬性值為 0 的樣本超過了 250 個)。

4.2.3 程式實現：用 Layer Conductance 方法查看單一網路層中的神經元

使用 Layer Conductance 方法可以查看每層的屬性。舉例來說，在訓練過程中，發現每一層中哪些神經元學到了特徵，而哪些神經元什麼也沒學到。

有關 Layer Conductance 方法，參見 arXiv 網站上編號為 "1805.12233" 的論文，這裡不再介紹。

1. 實現 Layer Conductance 方法

在實現時，可以直接利用 Captum 工具中的 LayerConductance 函數來完成，以 ThreelinearModel 中的第一層為例，具體程式如下。

> **程式檔案：code_18_TitanicInterpret.py（續）**

```
45   cond = LayerConductance(net, net.mish1)# 查看第一層的處理屬性
46   cond_vals = cond.attribute(test_input_tensor,target=1)
47   cond_vals = cond_vals.detach().numpy()
48   # 將第一層的 12 個節點學習到的內容視覺化
49   visualize_importances(range(12),np.mean(cond_vals, axis=0),
50               title="Average Neuron Importances", axis_title="Neurons")
```

程式執行後，輸出結果如下。

```
Average Neuron Importances
0 :   0.068
1 :  -0.034
2 :   0.002
3 :  -0.008
4 :   0.004
5 :   0.015
6 :   0.228
7 :  -0.000
```

```
8 :  -0.127
9 :  0.151
10 :  -0.878
11 :  -0.114
```

以上結果是第一層中 12 個節點所輸出的特徵值。將其視覺化後，如圖
4-3 所示。

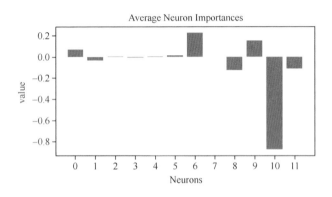

▲ 圖 4-3　第一層的神經元輸出情況

從圖 4-3 中可以看出，索引為 7 的神經元幾乎沒有學到任何東西，貢獻最
大的是索引為 10 的神經元。

2. 視覺化神經元的分佈情況

同樣，可以查看平均值前的神經元對於每一個樣本所輸出值的分佈情
況。以索引為 7、10 的神經元為例，具體程式如下。

程式檔案：code_18_TitanicInterpret.py（續）

```
51  plt.figure()
52  plt.hist(cond_vals[:,7], 100)
53  plt.title("Neuron 7 Distribution")
54  plt.figure()
55  plt.hist(cond_vals[:,10], 100)
56  plt.title("Neuron 10 Distribution")
```

程式執行後，輸出結果如圖 4-4 所示。

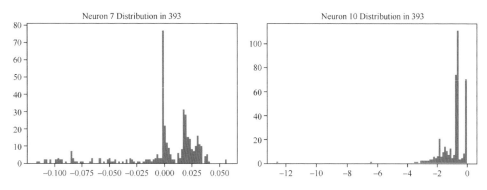

▲ 圖 4-4　索引為 7、10 的神經元輸出的分佈情況

從圖 4-4 中可以看出，索引為 7 的神經元輸出值大多都接近於 0，表明該神經元沒有學到輸入樣本的潛在特徵；索引為 10 的神經元輸出值大多都小於 0，表明該神經元學到的特徵與乘客最終生存下來的結果負相關。

4.2.4　程式實現：用 NeuronConductance 方法查看每個神經元所關注的屬性

使用 Captum 工具中的 NeuronConductance 函數可以查看指定神經元對每個樣本中每個屬性的關注特徵。

有關 NeuronConductance 方法，參見 arXiv 網站上編號為 "1805.12233" 的論文，這裡不再介紹。

具體程式如下。

程式檔案：code_18_TitanicInterpret.py（續）

```
57   neuron_cond = NeuronConductance(net, net.mish1) # 分析指定層的神經元
58   # 指定索引為 10 的神經元
59   neuron_cond_vals_10 = neuron_cond.attribute(test_input_tensor,
     neuron_index=10, target=1)
```

```
60
61   # 指定索引為 6 的神經元
62   neuron_cond_vals_6 = neuron_cond.attribute(test_input_tensor,
     neuron_index=6, target=1)
63   # 視覺化索引為 6 的神經元
64   visualize_importances(feature_names,
     neuron_cond_vals_6.mean(dim=0).detach().numpy(), title="Average
     Feature Importances for Neuron 6")
65   # 視覺化索引為 10 的神經元
66   visualize_importances(feature_names,
     neuron_cond_vals_10.mean(dim=0).detach().numpy(), title="Average
     Feature Importances for Neuron 10")
```

程式執行後，輸出結果如圖 4-5 所示。

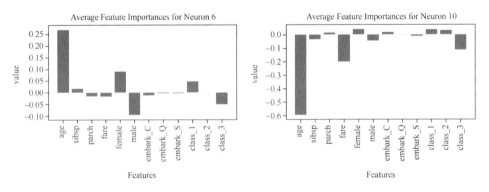

▲ 圖 4-5　神經元所關注的屬性

從圖 4-5 中可以看到以下現象。

- 索引為 6 的神經元所關注的屬性有年齡、女性 (female)、男性 (male)，而索引為 10 的神經元所關注的屬性有年齡、票價 (fare)、社會地位比較低的乘客 (class_3)。
- 索引為 6 的神經元所關注的年齡屬性與生存結果正相關，索引為 10 的神經元所關注的年齡屬性與生存結果負相關。

本例對一個簡單的模型進行可解釋性分析，雖然它無法適用於大型網路，但是利用本例中的這幾種方法，還是可以使模型的可解釋性得到改善。它可以幫助人們更深入地了解並正確地使用神經網路，打破了神經網路的傳統「黑盒子」特徵。

4.3 實例：用可解釋性了解 NLP 相關的神經網路模型

在 3.5 節的實例中，實現了一個 TextCNN 模型對電影評論的資料分類。本節將從模型的可解釋性角度了解該網路模型的功能。

實例描述

對 3.5 節 TextCNN 模型進行可解釋性分析，透過演算法實現每個句子中單字的可解釋性。

本節同樣使用 Captum 工具進行可解釋性計算。

4.3.1 詞嵌入模型的可解釋性方法

詞嵌入模型最大的特點就是對輸入資料進行兩次基於權重的逸出。

（1）用詞嵌入向量表將輸入詞映射為詞嵌入。
（2）對映射好的詞嵌入進行神經網路處理，得到最終結果。

詞嵌入模型的兩次逸出如下頁圖 4-6 所示。

因為詞嵌入向量表可以表示詞與詞之間的遠近關係，本身具有可解釋性，所以基於詞嵌入模型的可解釋性分析可以直接逸出為分析神經網路對詞嵌入的處理。

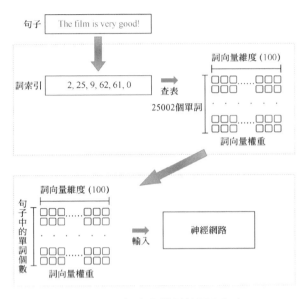

▲ 圖 4-6　詞嵌入模型的兩次逸出

在實現過程中，一般會先把輸入詞映射為詞嵌入這一步驟隔離出來，直接對映射好的詞嵌入做梯度積分，從而反向映射出模型對文字中重點單字的關注度。詞嵌入模型的可解釋過程如圖 4-7 所示。

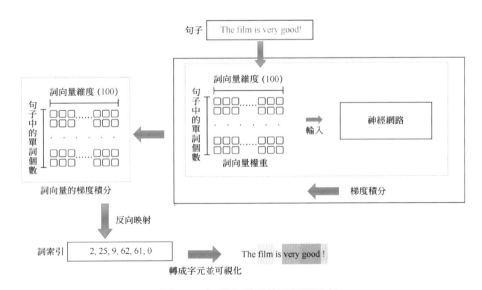

▲ 圖 4-7　詞嵌入模型的可解釋過程

在 Captum 工 具 中 有 一 個 非 常 好 用 的 函 數 configure_interpretable_embedding_layer，它可以把原有模型中的詞嵌入層包裝起來，單獨提取。利用該函數配合梯度積分演算法，即可實現詞嵌入的可解釋性。

4.3.2 程式實現：載入模型類別並將其處理過程拆開

按照 4.3.1 小節介紹的方法，需要將原有的 TextCNN 模型處理過程拆開，分成詞嵌入層之前與詞嵌入層之後兩部分。

- 詞嵌入層之前的處理部分可以由 Captum 工具中提供的工具來完成。
- 詞嵌入層之後的處理部分需要自己撰寫。

將 3.5.3 小節的程式檔案 code_10_TextCNN.py 載入，並在其基礎上創建子類別 TextCNNInterpret。

在子類別 TextCNNInterpret 中，多載正向傳播方法，使其可以支援從詞嵌入層之後開始處理。具體程式如下。

程式檔案：code_19_TextCNNInterpret.py

```
01  import spacy                            # 引入分詞庫
02  import torch                            # 引入 PyTorch 函數庫
03  import torch.nn.functional as F
04  # 引入解釋函數庫
05  from captum.attr import (IntegratedGradients, TokenReferenceBase,
06              visualization, configure_interpretable_embedding_layer,
07              remove_interpretable_embedding_layer)
08  # 引入本地程式庫
09  from code_10_TextCNN import TextCNN, TEXT,LABEL
10  # 定義 TextCNN 的子類別
11  class TextCNNInterpret(TextCNN):
12    def __init__(self, *args, **kwargs):      # 透傳參數
13      super().__init__(*args, **kwargs)
14    def forward(self, text):                  # 多載模型處理方法
```

```
15        embedded = self.embedding(text)                # 從詞嵌入層之後開始處理
16        # 後面的程式與 TextCNN 一樣
17        embedded = embedded.unsqueeze(1)
18        conved = [self.mish(conv(embedded)).squeeze(3) for conv in self.convs]
19        pooled = [F.max_pool1d(conv, conv.shape[2]).squeeze(2) for conv in
                    conved]
20        cat = self.dropout(torch.cat(pooled, dim = 1))
21        return self.fc(cat)
```

第 14 行程式實現了子類別正向傳播方法的多載。在該方法中，去掉了原來父類別中對輸入參數 text 的維度變換敘述，直接從詞嵌入層之後開始處理。

注意

這樣的模型顯然是不能直接執行的。它需要用 Captum 函數庫中的 API 處理後才可以使用。讀者現在看不懂沒關係，待看完 4.3.3 小節的處理方法就會明白。

4.3.3 程式實現：實例化並載入模型權重，提取模型的詞嵌入層

用 TextCNN 子類別 TextCNNInterpret 實例化模型，並載入模型權重。然後呼叫 Captum 工具的函數 configure_interpretable_embedding_layer，對模型中的詞嵌入層進行封裝，使其可以單獨使用。具體程式如下。

程式檔案：code_19_TextCNNInterpret.py（續）

```
22    # 定義模型參數
23    INPUT_DIM = len(TEXT.vocab) #25002
24    EMBEDDING_DIM = TEXT.vocab.vectors.size()[1] #100
25    N_FILTERS = 100
```

```
26   FILTER_SIZES = [3,4,5]
27   OUTPUT_DIM = 1
28   DROPOUT = 0.5
29   PAD_IDX = TEXT.vocab.stoi[TEXT.pad_token]
30   # 實例化模型
31   model = TextCNNInterpret(INPUT_DIM, EMBEDDING_DIM, N_FILTERS,
32                             FILTER_SIZES, OUTPUT_DIM, DROPOUT, PAD_IDX)
33
34   # 載入模型權重
35   model.load_state_dict(torch.load('textcnn-model.pt') )
36   print('Vocabulary Size: ', len(TEXT.vocab))
37   # 對詞嵌入層進行封裝並提取
38   interpretable_embedding  = configure_interpretable_embedding_layer
     (model, 'embedding')
```

實例化和載入模型權重的程式與 code_10_TextCNN.py 檔案中的幾乎一致，這裡不再詳述。

第 38 行程式是提取詞嵌入層的部分。在呼叫函數 configure_interpretable_embedding_layer 時，指定好模型物件和模型中的詞嵌入層，即可對該模型中的詞嵌入層進行封裝並提取。

注意

在詞嵌入層被提取之後的模型中，原有的詞嵌入層將不會進行任何操作。即第 15 行程式相當於以下程式。

```
embedded = text
```

被封裝後的模型還可以透過呼叫 remove_interpretable_embedding_layer 函數進行還原。

4.3.4 程式實現：用梯度積分演算法計算模型的可解釋性

定義梯度積分演算法物件和 interpret_sentence 函數。在 interpret_sentence 函數中對處理指定句子的模型進行可解釋性計算，並將結果生成視覺化物件，儲存到串列中。具體程式如下。

程式檔案：code_19_TextCNNInterpret.py（續）

```
39   ig = IntegratedGradients(model)      # 創建梯度積分演算法物件
40   vis_data_records_ig = []             # 定義串列，存放視覺化記錄
41   nlp = spacy.load('en')               # 為分詞庫載入英文語言套件
42
43   # 定義函數，對句子進行可解釋性分析
44   def interpret_sentence(model, sentence, min_len = 7, label = 0):
45       sentence=sentence.lower()         # 將句子轉為小寫
46       model.eval()                      # 設定模型執行方式
47       # 分詞處理
48       text = [tok.text for tok in nlp.tokenizer(sentence)]
49       if len(text) < min_len:           # 對小於指定長度的句子進行填充
50          text += [TEXT.pad_token] * (min_len - len(text))
51
52       # 將句子中的單字轉為索引
53       indexed = [TEXT.vocab.stoi[t] for t in text]
54       model.zero_grad()                         # 將模型中的梯度歸零
55       input_indices = torch.LongTensor(indexed)  # 轉為張量
56       input_indices = input_indices.unsqueeze(0) # 增加維度
57
58       # 轉為詞嵌入
59       input_embedding interpretable_embedding.indices_to_embeddings(input_
                indices)
60
61       # 將詞嵌入輸入模型，進行預測
62       pred = torch.sigmoid(model(input_embedding)).item()
```

```
63    pred_ind = round(pred)                          # 計算輸出結果
64
65    # 創建梯度積分的初始輸入值
66    PAD_IDX = TEXT.vocab.stoi[TEXT.pad_token]        # 獲得填補字元的索引
67    token_reference = TokenReferenceBase(reference_token_idx=PAD_IDX)
68    # 製作初始輸入索引：複製指定長度的 token_reference，並擴充維度
69    reference_indices = token_reference.generate_reference(len(indexed),
70    device='cpu').unsqueeze(0)
71    print("reference_indices",reference_indices)
72    # 將製作好的輸入索引轉成詞嵌入
73    reference_embedding = interpretable_embedding.indices_to_embeddings(
74    reference_indices)
75    # 用梯度積分演算法計算可解釋性
76    attributions_ig, delta = ig.attribute(input_embedding,
77                                           reference_embedding,
78                                           n_steps=500,
79                                           return_convergence_delta=True)
80    # 輸出可解釋性結果
81    print('attributions_ig, delta',attributions_ig.size(), delta.size())
82    print('pred: ', LABEL.vocab.itos[pred_ind], '(', %.2f'%pred, ')',',
      delta:', abs(delta))
83    # 加入視覺化記錄中
84    add_attributions_to_visualizer(attributions_ig, text, pred, pred_
      ind, label, delta, vis_data_records_ig)
85
86  # 定義函數，將解釋性結果放入視覺化記錄中
87  def add_attributions_to_visualizer(attributions, text, pred, pred_ind,
    label, delta, vis_data_records):
88    attributions = attributions.sum(dim=2).squeeze(0)
89    attributions = attributions / torch.norm(attributions)
90    attributions = attributions.detach().numpy()
91
92    # 將結果增加到串列裡
93    vis_data_records.append(visualization.VisualizationDataRecord(
```

```
94                          attributions,
95                          pred,
96                          LABEL.vocab.itos[pred_ind],
97                          LABEL.vocab.itos[label],
98                          LABEL.vocab.itos[1],
99                          attributions.sum(),
100                         text[:len(attributions)],
101                         delta))
```

第 76 ～ 79 行程式為可解釋性計算的主要部分。該部分程式呼叫了梯度
積分物件的 attribute 方法進行計算。該方法目前只支援 CPU 運算，所以
在第 69 ～ 70 行程式製作初始輸入索引時，指定的裝置為 CPU。

> **注意**
>
> 本例計算梯度積分時，沒有用 0 作為起始的輸入值，而是用了 <pad>
> 的詞向量。這種表述方式更適合詞嵌入模型。

另外，第 66 ～ 74 行程式看著比較複雜，其實實現的邏輯很簡單，步驟
解析如下。

（1）生成與輸入相等長度的陣列，元素全為字元 <pad> 的索引。

（2）將其轉為詞向量。

第 78 行程式設定 n_steps 參數為 500，表明將從全部都是 <pad> 所對應
的詞向量開始，到輸入句子的詞向量中間均勻分成 500 份。然後將這 500
份依次放到模型中，求出相鄰分數之間的梯度，並進行加和。

4.3.5 程式實現：輸出模型可解釋性的視覺化圖型

指定幾個測試句子輸入 interpret_sentence 函數，並將模型的可解釋性結
果輸出。具體程式如下。

程式檔案：code_19_TextCNNInterpret.py（續）

```
102 # 輸入幾個測試句子
103 interpret_sentence(model, 'It was a fantastic performance !', label=1)
104 interpret_sentence(model, 'The film is very good ! ', label=1)
105 interpret_sentence(model, 'I think this film is not very bad ! ', label=1)
106
107 # 根據視覺化記錄生成網頁
108 visualization.visualize_text(vis_data_records_ig)
109
110 # 還原模型的詞嵌入層
111 remove_interpretable_embedding_layer(model, interpretable_embedding)
```

第 103 ～ 105 行程式指定了 3 個句子進行可解釋性計算。

第 108 行程式將可解釋性結果轉化成網頁進行顯示。

> **注意**
>
> 第 108 行程式的 visualize_text 函數內部是透過 IPython.display 模組實現的，所以該程式只能在 Jupyter Notebook 上顯示結果。

第 111 行程式將提取的詞嵌入層刪除，還原原有模型的處理流程。

程式執行後，輸出結果如下。

```
reference_indices tensor([[1, 1, 1, 1, 1, 1, 1]])
attributions_ig, delta torch.Size([1, 7, 100]) torch.Size([1])
pred:  pos ( 0.98 ) , delta:  tensor([0.0002])
reference_indices tensor([[1, 1, 1, 1, 1, 1, 1]])
attributions_ig, delta torch.Size([1, 7, 100]) torch.Size([1])
pred:  pos ( 0.86 ) , delta:  tensor([0.0001])
reference_indices tensor([[1, 1, 1, 1, 1, 1, 1, 1, 1]])
attributions_ig, delta torch.Size([1, 9, 100]) torch.Size([1])
pred:  neg ( 0.35 ) , delta:  tensor([0.0001])
```

從輸出結果的最後一行可以看到，模型預測了 "I think this film is not very bad ！" 這句話是消極語義。這表明模型對一般的語言描述具有很好的判斷力，但是對雙重否定句的判斷力不足。

接下來可以透過可解釋性的視覺化結果，查看模型的判斷依據，如圖 4-8 所示。

Target Lable	Predicted Label	Attribution Lalbel	Attribution Score	Word Importance
pos	pos(0.98)	pos	0.98	it was a fantastic performance ! #pad
pos	pos(0.86)	pos	0.89	the film is very good ! #pad
pos	neg(0.35)	pos	−0.59	i think this film is not very bad !

▲ 圖 4-8　模型的可解釋性

從圖 4-8 中的最後一行可以看到，模型過度關注了 bad，並將 bad 作為了負向特徵 (紅色)，所以使得整體判斷錯誤。

◇ 提示

如果想在 Spyder 之類的非 Jupyter Notebook 編譯器上查看視覺化結果，也可以直接修改 visualization.visualize_text 原始程式。具體方法如下。

（1）找到 visualization.visualize_text 原始程式函數的原始程式檔案。舉例來說，作者本地的路徑如下。

```
D:\ProgramData\Anaconda3\envs\pt15\Lib\site-packages\captum\attr\_
utils\visualization.py
```

（2）在該檔案的最下面 (visualize_text 函數的最後) 增加以下程式即可。

```
with open('a.html', 'w+') as f:    # 以二進位的方式打開一個檔案
f.write( ("".join(dom)))  # 以文字的方式寫入一個用二進位打開的檔案會顯示出錯
print("save table ok ! in a.html")
```

該程式的意思是將生成的 html 字元儲存到檔案中。

程式執行後，即可在本地路徑下找到 a.html 檔案。再將其用瀏覽器打開，便可以看到視覺化結果。

透過模型的可解釋性可以看出，TextCNN 模型對句子中的關鍵字更為敏感，而對連續詞之間的語義辨識比較欠缺。這與卷積神經網路更善於發現彼此之間沒有連結的特徵有關。

可解釋性不僅可以分析模型的預測結果，還可以幫助開發人員了解模型的特點。

4.4 實例 : 用 Bertviz 工具視覺化 BERT 模型權重

BERT 模型結構複雜，參數許多，很難直觀地了解其內部權重的含義。使用第三方工具 Bertviz 可以對 BERT 模型權重進行視覺化，方便了解該模型的可解釋性。

實例描述

使用第三方工具 Bertviz 對 BERT 模型權重進行視覺化，並了解其視覺化後的權重含義。

本節將使用第 3 章中使用到的 BERT 預訓練模型 "bert-base-uncased", 進行視覺化處理。

4.4.1 什麼是 Bertviz 工具

Bertviz 是專門針對 BERTology 系列模型權重視覺化的工具。該工具完全相容 Transformer 函數庫中的模型和介面，同時也使用 PyTorch 程式進行呼叫。具體網址如下。

```
https://github.com/jessevig/bertviz
```

在該網址中，包含 Transformer 函數庫中很多視覺化模型 (如 BERT、ALBERT、GPT-2 等模型) 的原始程式例子。這些例子都以 ".ipynb" 結尾，它們可以用 Jupyter Notebook 工具打開。

1. Bertviz 工具的安裝

Bertviz 工具並沒有提供安裝套件，在使用時，需要下載整個專案的原始程式，在程式中直接引入 Bertviz 工具，便可以執行。可以使用 Git 工具，將原始程式下載到本地。具體命令如下。

```
git clone https://github.com/jessevig/bertviz.git
```

2. Bertviz 工具的執行環境

為了提升視覺化的互動效果，Bertviz 工具中的視覺化部分整合了 JavaScript 程式。因為該程式需要透過瀏覽器進行繪製才可以把效果顯示出來，所以需要在 Jupyter Notebook 工具中使用該程式進行視覺化操作。

Jupyter Notebook 工具是一個跨平台的 Python 程式編輯器。它支援以 Web 的方式進行撰寫和執行的 Python 程式，能夠在 Windows 和 Linux 作業系統下使用。

4.4.2 程式實現：載入 BERT 模型並視覺化其權重

在 Bertviz 工具中，提供了 3 個有關 BERT 模型的視覺化程式檔案，具體如下。

- head_view_bert.ipynb：用於視覺化 BERT 模型中多個注意力頭 (multi-head attention) 之間的具體權重。

- model_view_bert.ipynb：用於視覺化 BERT 模型中每個網路層的多個注意力頭之間的具體權重。
- neuron_view_bert.ipynb：用於視覺化 BERT 模型中每個神經元的權重。

這 3 個檔案儲存在 Bertviz 的資料夾根目錄下。

一般直接使用 Jupyter Notebook 工具打開這 3 個檔案就可以執行。但是由於網路因素，有可能會出現因為 BERT 模型無法完成下載，而導致程式執行失敗。這時可以手動載入已經下載好的 BERT 預訓練模型，具體操作如下。

1. 修改 head_view_bert.ipynb 檔案

將 head_view_bert.ipynb 檔案中的自動載入 BERT 模型程式改成手動載入 BERT 模型程式，具體程式如下。

```
############## 原來的自動載入 BERT 模型程式 ( 已被註釋 )#######
#model_version = 'bert-base-uncased'
#do_lower_case = True
#model = BertModel.from_pretrained(model_version, output_attentions=True)
#tokenizer = BertTokenizer.from_pretrained(model_version, do_lower_
case=do_lower_case)
#sentence_a = "The cat sat on the mat"
#sentence_b = "The cat lay on the rug"
############## 新的手動載入 BERT 模型程式 #######
import os
model_dir = r'G:\pytorch2\08/bert-base-uncased'
tokenizer = BertTokenizer.from_pretrained(
        os.path.join(model_dir,"bert-base-uncased-vocab.txt"),
        do_lower_case=True)
model = BertModel.from_pretrained(
        os.path.join(model_dir,"bert-base-uncased-pytorch_model.bin"),
        config = os.path.join(model_dir,"bert-base-uncased-config.json"),
        output_attentions=True )
```

```
sentence_a = "Who is Li Jinhong ?"
sentence_b = "Li Jinhong is a programmer"
```

程式中的 model_dir 所指向的路徑為作者已經下載好的 bert-base-uncased 預訓練模型檔案的所在路徑。該檔案可以在本書的書附資源中找到。

model_view_bert.ipynb 檔案的修改方式與 head_view_bert.ipynb 檔案的修改方式一致，這裡不再介紹。下面介紹 neuron_view_bert.ipynb 檔案的修改方式。

2. 修改 neuron_view_bert.ipynb 檔案

將 neuron_view_bert.ipynb 檔案中的自動載入 BERT 模型程式改成手動載入 BERT 模型程式，具體程式如下。

```
############## 原來的自動載入 BERT 模型程式 ( 已被註釋 )#######
#model_version = 'bert-base-uncased'
#do_lower_case = True
#model = BertModel.from_pretrained(model_version)
#tokenizer = BertTokenizer.from_pretrained(model_version,
            do_lower_case=do_lower_case)
#sentence_a = "The cat sat on the mat"
#sentence_b = "The cat lay on the rug"
############## 新的手動載入 BERT 模型程式 #######
import os
model_dir = r'G:\pytorch2\08/bert-base-uncased'
tokenizer = BertTokenizer.from_pretrained(
            os.path.join(model_dir,"bert-base-uncased-vocab.txt"),
            do_lower_case=True)
config = BertConfig.from_pretrained(os.path.join(model_dir,
        "bert-base-uncased-config.json"))
model = BertModel.from_pretrained(
        os.path.join(model_dir,"bert-base-uncased-pytorch_model.bin"),
        config = config          )
```

```
sentence_a = "Who is Li Jinhong ?"
sentence_b = "Li Jinhong is a programmer"
```

3. 執行程式

在修改完成之後，可以分別在 3 個網頁上執行這 3 個程式檔案。最終得到的視覺化結果如圖 4-9 所示。

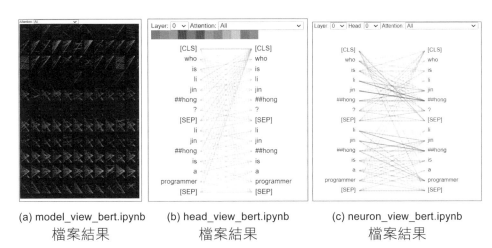

(a) model_view_bert.ipynb 檔案結果　(b) head_view_bert.ipynb 檔案結果　(c) neuron_view_bert.ipynb 檔案結果

▲ 圖 4-9　BERT 模型的權重視覺化

圖 4-9 中的描述如下。

圖 4-9(a) 顯示了 BERT 模型的全部視覺化結果。該模型共有 12 層 (對應 12 行)，每層有 12 個注意力頭 (對應 12 列)。每個注意力頭都可以單獨點擊，進行放大查看，如圖 4-10 所示。

圖 4-9(b) 顯示了 BERT 模型中，每層權重的視覺化結果，即將圖 4-9(a) 中每行的權重圖疊加到一起。可以選擇該圖頂端的下拉式功能表來查看具體的層。下拉式功能表下面的一行彩色方塊共有 12 個，代表該層的 12 個注意力頭 (12 列)。每個方塊都可以透過點擊的方式，來控制其是否顯示。如圖 4-11 所示，將該圖中紅框標注的方塊全部點擊，即可看到第 1 層第 1 個注意力頭權重視覺化結果。該結果與圖 4-10 完全一致。

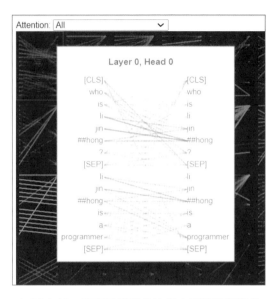

▲ 圖 4-10　BERT 模型的注意力頭權重視覺化

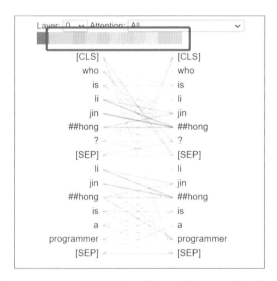

▲ 圖 4-11　BERT 模型的第 1 層第 1 個注意力頭權重視覺化

圖 4-9(c) 顯示了 BERT 模型中，每個注意力頭中神經元的權重視覺化結果。透過選擇該圖頂部的層和注意力索引，即可定位查看某個具體的注意力頭。當把滑鼠指標移到文字序列時，會顯示一個加號 (如圖 4-12 所示)。點擊該加號，即可看到神經元的運算過程，如圖 4-13 所示。

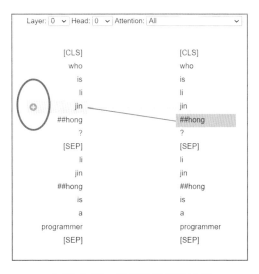

▲ 圖 4-12　查看詳細權重按鈕

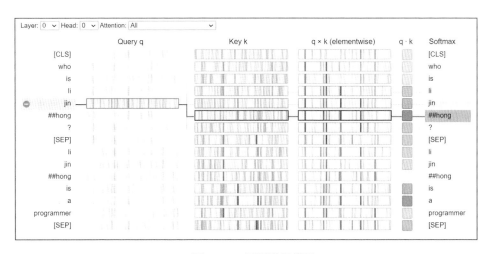

▲ 圖 4-13　展開詳細權重

圖 4-13 顯示了每個詞進入 BERT 模型後的詳細運算過程。其中 Query q 代表輸入詞 jin 的 64 維向量，該向量與每個詞對應的 64 維向量 Key 做哈達瑪積 (Hadamard Product)，最終得到 q×k 列的結果，如圖 4-14 所示。

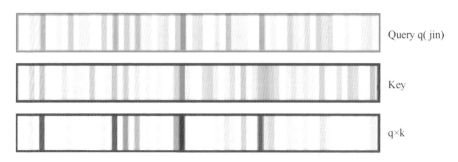

▲ 圖 4-14 注意力機制計算過程

從圖 4-14 中可以看到，藍色代表正值，橙色代表負值。顏色越深代表 (正、負方向) 值越大，顏色越接近白色代表值越接近 0。

4.4.3 解讀 BERT 模型的權重視覺化結果

在 BERT 模型的權重視覺化結果中 (見圖 4-11)，將輸入文字分成了左右兩列，左側代表要查看的輸入詞，右側代表該輸入詞在整個句子中所關注的其他詞。左右之間透過連線的粗細來反映關注度的強弱。從圖 4-9(a) 中可以看出，BERT 模型對輸入詞的注意力關係有以下幾種情況。

1. 每個子詞會關注該句子中的其他子詞

圖 4-11 顯示了 BERT 模型的第 1 層第 1 個注意力頭權重視覺化。用滑鼠在該圖左側子詞中依次點擊，可以清晰地看到模型中每個子詞所關注的其他詞，如圖 4-15 所示。

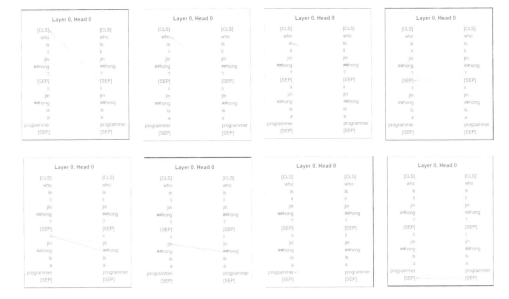

▲ 圖 4-15　BERT 模型中子詞關注的其他詞

從圖 4-15 中可以看到，除了特殊字元 [CLS] 和 [SEP] 之外，每個子詞只關注本句中的其他詞。形成這種注意力效果主要是由於在向模型輸入句子的同時，還輸入了上下句的位置標識。

這種段編碼機制在模型的起初為每個子詞劃分好了上下句位置，為其後來基於上下句關係所完成的子任務做好鋪陳。

2. 每個子詞會關注其上一詞和下一詞

從圖 4-9(a) 中，可以很容易地找到明顯斜線注意力視覺化圖型，如下頁圖 4-16 所示的標記部分。

▲ 圖 4-16　BERT 模型中上一詞和下一詞的注意力關係 1

圖 4-16 中帶有標記的部分，是輸入資料關注每個子詞上一詞或下一詞的注意力視覺化結果。以第 3 層的第 1 個多頭注意力機制 (第 3 行第 1 列) 和第 4 層的第 6 個多頭注意力機制 (第 4 行第 6 列) 為例，查看該視覺化結果的詳細資訊，如圖 4-17 所示。

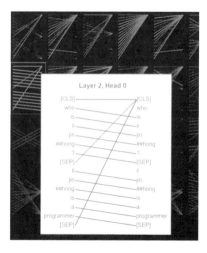
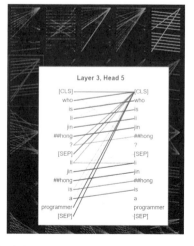

▲ 圖 4-17　BERT 模型中下一詞和上一詞的注意力關係 2

從圖 4-17 可以看到，除了特殊字元 [CLS] 和 [SEP] 之外，左側部分的每個子詞都特別注意其對應的下一詞；右側部分的每個子詞都特別注意其對應的上一詞。這種與位置有關的關注能力，主要是由於在向模型輸入句子的同時，還輸入了帶位置的詞嵌入。

這種能夠注意到上一詞和下一詞的效果，已經與雙向 RNN 序列關係非常相似了。這也是 BERT 模型能夠完成下一詞預測任務的依據。

3. 每個子詞會關注與自己相同或相關的子詞

從圖 4-9(a) 中，可以很容易地找到明顯直線注意力視覺化圖型。以最後一層中的第 9 個注意力圖像為例，如圖 4-18 所示。

▲ 圖 4-18　明顯直線注意力視覺化圖型

查看圖 4-18 中標記部分的詳細資訊，可以看到每個子詞都會關注與自己相同或相關的子詞，如圖 4-19 所示。

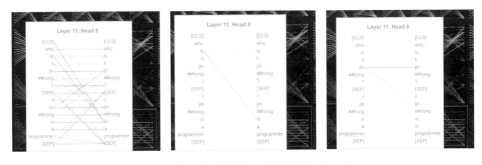

▲ 圖 4-19　關注與自己相同或相關的子詞

從圖 4-19 中可以看到，BERT 模型能夠注意到每個輸入句子中與自己相同或相關的子詞。該注意力方式可以幫助模型完成克漏字任務。

4. 克漏字任務的其他解釋

BERT 模型能夠成功地完成克漏字任務，僅靠相同或相關詞的注意力機制是不夠的。在其視覺化圖型中，還會找到以下兩種情況，它們可以更進一步地解釋為何 BERT 模型能夠完成克漏字，如圖 4-20 和圖 4-21 所示。

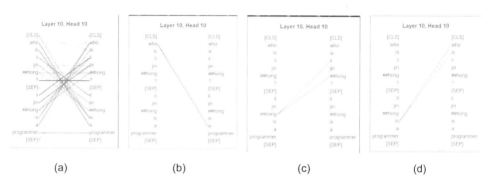

▲ 圖 4-20　關注其他句子中與自己相同或相關的子詞

圖 4-20 顯示了 BERT 模型跨句子關注相同或相關子詞的注意力。如圖 4-20(b) 所示，模型對第一句中的子詞 who 特別注意的是第二句中的 a，其次關注的是第二句中的 is。這種連結關係會幫助模型根據上下敘述的內容對 [mask] 部分進行填充。

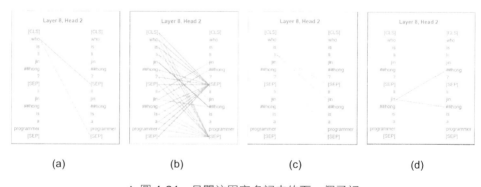

▲ 圖 4-21　只關注固定名詞中的下一個子詞

圖 4-21 顯示了 BERT 模型對固定名詞的注意力。如圖 4-21(b) 所示，模型對第一句中的子詞 li 特別注意的是第二句中的 jin；如圖 4-21(c) 所示，模型對第一句中的子詞 jin 特別注意的是第二句中的 ##hong。而對非固定名詞中的子詞，模型會將其關注到句子分隔符號中的特殊字元上 (作為預設關注項)。如圖 4-21(d) 所示，模型對第一句中的 who 關注到了兩個 [SEP] 特殊字元。從這裡也可以了解特殊字元在 BERT 模型中的作用。

4.5 實例：用可解釋性了解影像處理相關的神經網路模型

本節將從模型的可解釋性角度了解神經網路模型的功能。

本節同樣使用 Captum 工具進行可解釋性計算。

4.5.1 程式實現：載入模型並進行圖型分類

將《全格局使用 PyTorch - 深度學習和圖神經網路基礎篇》的第 7 章的程式檔案 code_10_CNNModel.py 載入，並用其實例化模型物件，同時將《全格局使用 PyTorch - 深度學習和圖神經網路基礎篇》第 7 章中訓練好的模型檔案也一併載入。具體程式如下。

程式檔案：code_20_CNNModelInterpret.py

```
01   import torchvision
02   import torch                                    # 引入 PyTorch 函數庫
03   from torch.nn import functional as F
04   import numpy as np
05   # 引入解釋函數庫
06   from captum.attr import (IntegratedGradients,Saliency,DeepLift,
07                            NoiseTunnel, visualization)
```

```
08
09  # 引入本地程式庫
10  from code_10_CNNModel import myConNet,
11                          classes,test_loader,imshow,batch_size
12  # 實例化模型
13  network = myConNet()
14  network.load_state_dict(torch.load( './CNNFashionMNIST.pth')) # 載入模型
15
16  # 使用模型
17  dataiter = iter(test_loader)
18  inputs, labels = dataiter.next()          # 取一批次 (10 個 ) 樣本
19  print(' 樣本形狀 :',np.shape(inputs))
20  print(' 樣本標籤 :',labels)
21
22  imshow(torchvision.utils.make_grid(inputs,nrow=batch_size))
23  print(' 真實標籤 : ', ' '.join('%5s' % classes[labels[j]] for j in
                                range(len(inputs))))
24  outputs = network(inputs)
25  _, predicted = torch.max(outputs, 1)
26
27  print(' 預測結果 : ', ' '.join('%5s' % classes[predicted[j]]
                                for j in range(len(inputs))))
28
```

第 13、14 行程式實例化模型，並將其權重檔案載入。

第 24 ～ 28 行程式將部分資料登錄模型並查看預測結果。

程式執行後，輸出結果如下。

真實標籤 : Ankle_Boot Pullover Trouser Trouser Shirt Trouser Coat Shirt
    Sandal Sneaker
預測結果 : Ankle_Boot Pullover Trouser Trouser Pullover Trouser Coat
    Shirt Sandal Sneaker

同時也將輸入圖片的內容視覺化，如圖 4-22 所示。

▲ 圖 4-22　模型的輸入圖片

4.5.2 程式實現：用 4 種可解釋性演算法對模型進行可解釋性計算

本小節將使用 4 種可解釋性演算法對模型進行可解釋性計算，其中包括 Saliency、IntegratedGradients(梯 度 積 分)、SmoothGrad Squared、DeepLift。

它們在 Captum 工具中都有具體實現和描述，詳細資訊請參考 GitHub 中 Captum 的網頁內容。

具體程式如下。

> **程式檔案：code_20_CNNModelInterpret.py（續）**

```
29  ind = 3  # 指定分類標籤
30  img = inputs[ind].unsqueeze(0)   # 提取單張圖片，形狀為 [1, 1, 28, 28]
31  img.requires_grad = True
32  network.eval()
33
34  saliency = Saliency(network)       # 計算 Saliency 可解釋性
35  grads = saliency.attribute(img, target=labels[ind].item())
36  grads = np.transpose(grads.squeeze(0).cpu().detach().numpy(), (1, 2, 0))
37
38  ig = IntegratedGradients(network)   # 計算梯度積分可解釋性
39  network.zero_grad()
40  attr_ig, delta = ig.attribute(img,target=labels[ind], baselines=img * 0,
```

```
41   return_convergence_delta=True )
42   attr_ig = np.transpose(attr_ig.squeeze(0).cpu().detach().numpy(),
     (1, 2, 0))
43
44   ig = IntegratedGradients(network)     #計算 SmoothGrad Squared 的梯度積分
                                           #可解釋性
45   nt = NoiseTunnel(ig)
46   network.zero_grad()
47   attr_ig_nt = nt.attribute(img, target=labels[ind],baselines=img * 0,
48   nt_type='smoothgrad_sq', n_samples=100, stdevs=0.2)
49   attr_ig_nt = np.transpose(attr_ig_nt.squeeze(0).cpu().detach().numpy(),
     (1, 2, 0))
50
51   dl = DeepLift(network)                #計算 DeepLift 可解釋性
52   network.zero_grad()
53   attr_dl = dl.attribute(img,target=labels[ind], baselines=img * 0)
54   attr_dl = np.transpose(attr_dl.squeeze(0).cpu().detach().numpy(),
     (1, 2, 0))
55
56   print('Predicted:', classes[predicted[ind]],     #輸出預測結果
57         'Probability:', torch.max(F.softmax(outputs, 1)).item())
```

第 29、30 行程式從輸入模型的批次圖片中取出索引值為 3 的圖片，作為
測試圖片。

第 34 ～ 54 行程式用 4 種可解釋性演算法實現可解釋性計算。

程式執行後，輸出結果如下。

```
Predicted: Trouser   Probability: 1.0
```

該輸出結果表明模型對圖 4-22 所示的索引值為 3 的圖片預測結果為
Trouser(褲子)。

4.5.3 程式實現：視覺化模型的 **4** 種可解釋性演算法 結果

將 4.5.2 小節的 4 種可解釋性演算法結果進行視覺化。具體程式如下。

程式檔案：code_20_CNNModelInterpret.py（續）

```
58  original_image = np.transpose(inputs[ind].cpu().detach().numpy(),
    (1, 2, 0))
59
60  # 顯示輸入的原始圖片
61  visualization.visualize_image_attr(None, original_image[...,0],
62                      method="original_image", title="Original Image")
63
64  # 顯示 Saliency 可解釋性結果
65  visualization.visualize_image_attr(grads, original_image,
66  method="blended_heat_map", sign="absolute_value",
67  show_colorbar=True, title="Overlayed Gradient Magnitudes")
68
69  # 顯示 IntegratedGradients 可解釋性結果
70  visualization.visualize_image_attr(attr_ig, original_image,
71              method="blended_heat_map",sign="all",
72              show_colorbar=True, title="Overlayed Integrated Gradients")
73
74  # 顯示帶有 SmoothGrad Squared 的 IntegratedGradients 可解釋性結果
75  visualization.visualize_image_attr(attr_ig_nt, original_image,
76      method="blended_heat_map", sign="absolute_value", outlier_perc=10,
77      show_colorbar=True, title="Overlayed IG\n with SmoothGrad Squared")
78
79  # 顯示 DeepLift 可解釋性結果
80  visualization.visualize_image_attr(attr_dl, original_image,
    method="blended_heat_map",sign="all",show_colorbar=True,
81          title="Overlayed DeepLift")
```

第 61 ～ 62、65 ～ 67、70 ～ 72、75 ～ 77、80 ～ 81 行程式分別呼叫了 visualization.visualize_image_attr 函數進行視覺化處理。該函數實現將兩個圖片疊加並顯示的效果。用這種方法顯示模型關注的特徵在原圖中的區域。

程式執行後輸出圖片，如圖 4-23 所示。

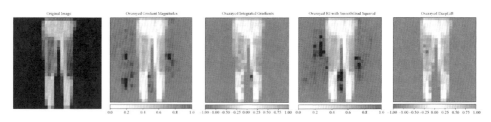

▲ 圖 4-23　視覺化結果

圖 4-23 中一共有 5 張圖片，第一張圖片是原始圖片，後面 4 張圖片分別代表 4 種可解釋性演算法的視覺化結果。

4.6 實例：用可解釋性了解圖片分類相關的神經網路模型

在 1.7 節的實例中，我們使用了一個深度卷積神經網路模型 ResNet18 對圖型進行分類。本節將從模型的可解釋性角度了解該網路模型的功能。

實例描述

對 1.7 節深度卷積神經網路模型 ResNet18 進行可解釋性分析，透過演算法實現該模型的可解釋性。

本節將使用 Grad-CAM 方法對深度卷積神經網路模型 ResNet18 進行可解釋性計算。

> ◆ 提示
>
> 本例用到了 OpenCV 模組 opencv-python，可直接使用以下命令安裝
> opencv-python 模組：
>
> ```
> pip install opencv-python
> ```

4.6.1 了解 Grad-CAM 方法

Grad-CAM(Gradient Class Activation Maps) 是一種基於梯度定位的深層網
路視覺化方法。

Grad-CAM 方法以熱力圖的形式解釋深度神經網路模型的分類依據，也就
是透過圖片的像素做出類別判斷。原始圖片與分類依據像素如圖 4-24 所
示。

(a) 原始圖片　　　　　　　　　　　(b) 分類依據像素

▲ 圖 4-24　原始圖片與分類依據像素

其中，圖 4-24(a) 所示為原始圖片，圖 4-24(b) 所示為一個人物辨識模型
在原始圖片上標出的分類依據像素。

從圖 4-24 中可以看出，在該人物辨識模型中，是以與人臉相關的像素內
容來進行辨識的。

1. Grad-CAM 方法的基本原理

Grad-CAM 方法是一種基於梯度定位的深層網路視覺化方法。具體做法是在最後一個全域平均池化層之前，類別啟動映射 (Class Activation Map,CAM) 圖片被生成為累計加權啟動，它被放大到原始圖片的大小。

Grad-CAM 方法的基本原理是：計算最後一個卷積層中每個特徵圖對圖片類別的權重，然後求每個特徵圖的加權和，最後把加權和的特徵圖映射到原始圖片中。

Grad-CAM 方法的結構如圖 4-25 所示。

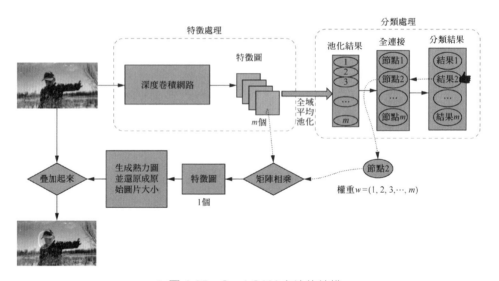

▲ 圖 4-25　Grad-CAM 方法的結構

在圖 4-25 中，輸入的圖片經過多個 CNN 卷積層，對最後一個卷積層的特徵圖型計算全域平均池化；然後將池化結果展平成一維，使其成為一個全連接層；接著透過 softmax 啟動函數，預測得到分類結果。

同時計算最後一個卷積層中所有特徵圖對圖片類別的權重，然後對這些特徵圖進行加權求和，最後以熱力圖的形式把特徵圖映射到原始圖片中。

2. Grad-CAM 方法實現的具體步驟

Grad-CAM 方法對深度神經網路進行視覺化的基本步驟如下。

（1）把模型的全連接層全部移除。

（2）在最後一個卷積層後面接上全域平均池化層。

（3）再接上一個不帶偏置的 softmax 層直接作為分類預測結果。

（4）計算最後一個卷積層中所有特徵圖對圖片類別的權重。

（5）計算最後一個卷積層中所有特徵圖的加權和。

（6）把加權和的特徵圖映射到原始圖片中。

在第 (4) 步中，第 k 個特徵圖對類別 c 的權重記為 α_k^c，其計算公式是

$$\alpha_k^c = \frac{1}{z} \sum_{i \in w} \sum_{i \in h} \frac{\partial y^c}{\partial A_{ij}^k} \tag{4-1}$$

其中的符號意義如下。

■ w、h 分別表示特徵圖的寬度和高度。

■ z 表示特徵圖的像素個數。

■ y^c 表示未經過 softmax 層之前時類別 c 的得分，是輸入 softmax 層之前的值。

■ A_{ij}^k 表示第 k 個特徵圖中位置 (i,j) 的像素值。

在第 (5) 步中，計算出所有特徵圖對類別 c 的權重後，求特徵圖的加權和即可得到熱力圖。計算公式是

$$L_{\text{Grad-CAM}}^c = \text{ReLU}\left(\sum_{k \in k} \alpha_k^c \times A^k \right) \tag{4-2}$$

其中的符號意義如下。

■ ReLU 是啟動函數。

■ A^k 表示第 k 個特徵圖。

■ $L_{\text{Grad-CAM}}^c \in R^{u \times v}$，其中 u、v 分別表示特徵圖的寬度和高度。

Grad-CAM 方法的優勢就是不必重新訓練網路。Grad-CAM 方法不僅可以用在圖片分類任務的視覺化中，也可以用在圖片描述、視覺問答等任務的視覺化中。

4.6.2 程式實現：載入 ResNet18 模型並註冊鉤子函數提取特徵資料

按照 4.6.1 小節所介紹的流程，需要將 ResNet18 模型中，全域平均池化層之前的特徵資料提取出來。在 PyTorch 中，採用以下兩種方式可以從模型的中間層提取特徵資料。

- 模型重組：將原有模型中的第一層特徵資料到中間層特徵資料提取出來單獨組成一個模型。
- 鉤子函數：直接對中間層註冊一個鉤子函數，在鉤子函數中提取特徵資料。

在本例中，除了需要得到模型的中間層特徵資料以外，還需要得到最終的分類結果，所以優先使用鉤子函數的方式。仿照 1.7 節的實例，將 ResNet18 模型載入，並為其全域池化層註冊鉤子函數，在鉤子函數中提取特徵資料。具體程式如下。

程式檔案：code_21_ResNetModelCam.py

```
01  import os
02  import numpy as np
03  import cv2
04  from PIL import Image                          # 引入基礎函數庫
05
06  import torch                                   # 引入 PyTorch 函數庫
07  import torch.nn.functional as F
08  from torchvision import models, transforms     # 引入 torchvision 函數庫
09
10  model = models.resnet18(pretrained=False)      # True 代表下載
```

```
11   model.load_state_dict(torch.load( 'resnet18-5c106cde.pth'))
12
13   in_list= []                              # 存放輸出的特徵資料
14   def hook(module, input, output):         # 定義鉤子函數
15     in_list.clear()                        # 清空串列
16     for i in range(input[0].size(0)):      # 遍歷批次個數，一個一個儲存特徵
17         in_list.append(input[0][i].cpu().numpy())
18   # 註冊鉤子函數
19   model.avgpool.register_forward_hook(hook)
```

第 14 行程式定義了鉤子函數 hook。在 hook 函數中，可以透過 input 和 output 兩個參數獲取該層的輸入、輸出特徵資料。輸入參數 input 是一個元組類型，其內部的元素代表該層的輸入項。在 ResNet18 模型中，全域池化層的輸入項只有一個，所以 input 中只有一個元素。

第 16 ～ 17 行程式透過 input[0].size(0) 來獲取輸入項中批次個數。按照批次個數進行遍歷，依次將特徵資料存入串列 in_list 中。

第 19 行程式為 ResNet18 模型的全域池化層註冊鉤子函數。該模型的全域池化層 avgpool 可以透過 ResNet18 模型的程式定義找到，也可以透過 print(model) 敘述，從輸出的模型結構中找到。

4.6.3 程式實現：呼叫模型提取中間層特徵資料和輸出層權重

將圖片輸入模型，得到預測結果和中間層特徵資料。再將模型的輸出層權重提取出來，用於區域視覺化。具體程式如下。

程式檔案：code_21_ResNetModelCam.py（續）

```
20   def preimg(img):                         # 定義圖片前置處理函數
21     if img.mode=='RGBA':                   # 相容 RGBA 圖片
22       ch = 4
23       print('ch',ch)
```

```
24      a = np.asarray(img)[:,:,:3]
25      img = Image.fromarray(a)
26    return img
27  transform = transforms.Compose([          # 對圖片尺寸前置處理
28  transforms.Resize(256),
29  transforms.CenterCrop(224),
30  transforms.ToTensor(),
31  transforms.Normalize(                      # 對圖片歸一化前置處理
32      mean=[0.485, 0.456, 0.406],
33      std=[0.229, 0.224, 0.225]
34      )
35  ])
36
37  photoname = 'bird.jpg'
38  im =preimg( Image.open(photoname) )        # 打開圖片
39  transformed_img = transform(im)            # 調整圖片尺寸
40  inputimg = transformed_img.unsqueeze(0)    # 增加批次維度
41
42  with torch.no_grad():
43    output = model(inputimg)                 # 輸入模型
44  output = F.softmax(output, dim=1)          # 獲取結果
45
46  # 從預測結果中取出前 3 名
47  _, pred_label_idx = torch.topk(output, 3)
48  pred_label_idx = pred_label_idx.detach().numpy()[0]  # 獲取結果的標籤 ID
49  preindex = pred_label_idx[0]               # 獲得最終的預測結果
50
51  print(model.fc)
52  class_weights = list(model.fc.parameters())[0]    # 獲取輸出層的權重
53
54  conv_outputs = in_list[0]                  # 獲取中間層的特徵資料
55  # 定義視覺化後的輸出圖片名稱
56  output_file = os.path.join('./', f"{preindex}.{photoname}")
```

第 20 ～ 49 行程式將圖片前置處理後，輸入模型，並得到預測結果。

第 52 行程式從輸出層中獲取權重參數。使用 model.fc 的 parameters 方法可以獲取輸出層的權重和偏置。這裡只需要獲取其權重參數即可。權重參數 class_weights 的形狀為 (1000, 512)，其中 1000 代表 1000 個分類，512 代表中間層的特徵圖有 512 個通道。

第 54 行程式獲取鉤子函數儲存的中間層特徵資料 conv_outputs。conv_outputs 的形狀為 (512, 7, 7)，其中 512 代表中間層的特徵圖有 512 個通道，7 代表中間層的特徵圖尺寸。

4.6.4 程式實現：視覺化模型的辨識區域

定義函數 plotCMD，實現以下步驟。

（1）從輸出層權重參數 class_weights 中獲取預測類別所對應的具體參數。
（2）將該參數與中間層特徵資料 conv_outputs 矩陣相乘。
（3）將第 (2) 步的結果按照輸入圖片的尺寸進行變換，並以熱力圖的形式顯示在原始圖片上。

具體程式如下。

程式檔案：code_21_ResNetModelCam.py（續）

```
57    # 在原始圖片上繪製熱力圖
58    def plotCMD(photoname, output_file, predictions, conv_outputs):
59      img_ori = cv2.imread(photoname)          # 讀取原始圖片
60      if img_ori is None:
61        raise ("no file!")
62        return
63
64      #conv_outputs 的形狀為 ( 512,7,7)
65      cam = conv_outputs.reshape(in_list[0].shape[0],-1)# 形狀為 (512,49)
```

```
66          # 取出預測值對應的權重，形狀為 (1,512)
67          class_weights_w = class_weights[preindex,:].view(1,
68                                              class_weights.shape[1])
69
70          class_weights_w = class_weights_w.detach().numpy()
71          cam = class_weights_w @ cam              # 兩個矩陣相乘
72          cam = np.reshape(cam, (7, 7))            # 矩陣變成 7×7 大小
73          cam /= np.max(cam)                       # 歸一化
74          # 特徵圖變到原始圖片大小
75          cam = cv2.resize(cam, (img_ori.shape[1], img_ori.shape[0]))
76          # 繪製熱力圖
77          heatmap = cv2.applyColorMap(np.uint8(255 * cam), cv2.COLORMAP_JET)
78          heatmap[np.where(cam < 0.2)] = 0         # 熱力圖設定值為 0.2
79          img = heatmap * 0.5 + img_ori            # 在原始圖片上疊加熱力圖
80          cv2.imwrite(output_file, img)            # 儲存圖片
81  plotCMD(photoname,output_file, preindex,conv_outputs) # 呼叫函數，生成熱力圖
```

將圖片檔案 bird.jpg 和 ResNet18 模型檔案 resnet18-5c106cde.pth 放到本地程式的同級目錄下，執行程式後，即可看到在本地路徑下有圖片檔案 463.bird.jpg 生成。Grad-CAM 視覺化如圖 4-26 所示。

(a) 原始圖片   (b) Grad-CAM 視覺化圖片

▲ 圖 4-26　Grad-CAM 視覺化

其中，圖 4-26(a) 所示為原始圖片，圖 4-26(b) 所示為 Grad-CAM 視覺化圖片，該圖片中暖色的熱力圖區域就是模型輸出判定結果的依據。

辨識未知分類的方法——
零次學習

純監督學習在很多工上都達到了讓人驚歎的效果。但是這種基於資料
　　驅動的演算法在訓練模型時需要大量的標籤樣本，獲取足夠數量且
合適的標籤資料集 (樣本) 的成本往往很高。即使是有大量的標籤樣本，
所得到的模型「能力」仍然有限——訓練好的模型只能夠辨識出樣本所提
供的類別。

舉例來說，利用貓、狗圖片所訓練出來的分類器 (模型)，就只能對貓、
狗進行分類，無法辨識出其他的物種 (如雞、鴨)。這樣的模型顯然不符
合要求。

零次學習 (Zero-Shot Learning, ZSL) 是為了讓模型具有推理能力，令其透
過推理，來辨識新的類別。即能夠從已知分類中複習規律，推理辨識出
其從沒「見過」的類別。

5.1 了解零次學習

零次學習方法可以被歸類為遷移學習的一種,該方法偏重於對毫無連結的訓練資料集和測試資料集進行圖片分類的工作。

本節將介紹有關零次學習的基礎知識。

5.1.1 零次學習的思想與原理

零次學習的思想是,基於物件高維特徵的描述對圖片分類,而非僅利用訓練圖片訓練出對應的特徵對圖片分類。

用於分類的物件描述沒有任何限定,它可以包括與物件有關的各方面,如形狀、顏色,甚至地理資訊等。樣本分類的高維特徵描述如圖 5-1 所示。

▲ 圖 5-1　樣本分類的高維特徵描述

如果把每個類別與其對應的高維特徵描述對應起來，則零次學習可以視為在物件的多個特徵描述之間，實現一定程度的遷移學習。

在人類的了解中，某個類別的描述可以用文字來對應 (如斑馬可以用有黑色、有白色、不是棕色、有條紋、不在水裡、不吃魚來描述)。

在神經網路的了解中，某個類別的描述已經被該類別文字所翻譯成的詞向量所代替 (如在 BERT 模型中，斑馬可以用兩個包含 768 個浮點數數字的向量來表示)。這個詞向量中所蘊含的語義便是該類別的高維描述。人類和神經網路對類別的描述如圖 5-2 所示。

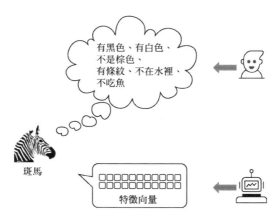

▲ 圖 5-2　人類和神經網路對類別的描述

1. 零次學習的一般做法

零次學習的一般做法可以分為以下 4 步。

（1）準備兩套類別沒有交集的資料集，一個作為訓練資料集，另一個作為測試資料集。

（2）用訓練資料集上的資料訓練模型。

（3）借助類別的描述，建立訓練資料集和測試資料集之間的聯繫。

（4）將訓練好的模型應用在測試資料集上，使其能夠對測試資料集的資料進行分類。

舉例來說，模型對訓練資料集中的馬、老虎、熊貓類別進行學習，掌握了這些類別的特徵和對應的描述。則模型可以在測試資料集中，按照描述的要求找出斑馬。其中描述的要求是：具有馬的輪廓，身上有像老虎一樣的條紋，而且它像熊貓一樣毛是黑白色的動物，該動物叫作斑馬。ZSL 概念如圖 5-3 所示。

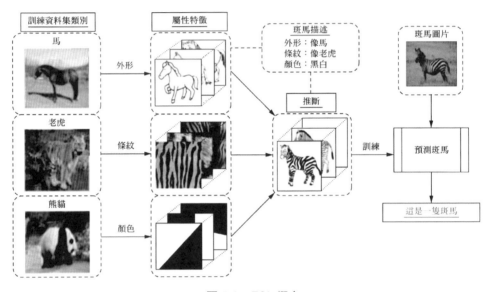

▲ 圖 5-3　ZSL 概念

圖 5-3 所示的具體實現步驟如下。

（1）訓練類別可以表示成屬性向量 Y。
（2）測試類別 (未知類別) 可以表示為屬性向量 Z。
（3）訓練一個分類器，在完成對訓練資料集分類時，又生成樣本的特徵向量 A，並讓該特徵向量 A 與訓練類別的屬性向量 Y 對應起來。
（4）測試時，利用該分類器可得到測試樣本的特徵向量 A，比較測試資料集類別的屬性向量 Z，即可預測出測試分類的結果。

2. 零次學習的主要工作

具有 ZSL 功能的模型，在工作過程中，需要執行以下兩部分計算。

- 計算出關於類別名稱的高維特徵，需要使用 NLP 相關的模型來完成。
- 計算出關於圖片資料的高維特徵，需要使用圖片分類相關的模型來完成。

這兩部分主要工作是 ZSL 的核心，ZSL 的效果完全依賴於完成這兩部分工作的模型。即類別屬性描述模型和分類器模型的性能越好，ZSL 對未知分類的辨識能力就越強。

5.1.2 與零次學習有關的常用資料集

在 ZSL 相關的研究中，對資料集有以下兩點要求。

- 訓練集與測試集中的樣本不能有重疊。
- 可見分類標籤 (訓練集中的標籤) 與不可見分類標籤 (測試集中的標籤) 語義上有一定的相關性。

如果將訓練集的樣本當作來源域，則測試集的樣本就是 ZSL 需要辨識的目的域，而可見分類標籤與不可見分類標籤之間的語義相關性就是連接來源域與目的域的橋樑，ZSL 訓練的模型就是要完成這個橋樑的擬合工作。

在滿足這兩點要求的資料集中，常用的有以下 5 種資料集。

1. AwA (Animal with Attributes)

AwA 資料集包括 50 個類別的圖片 (都是動物分類)，其中 40 個類別作為訓練集，10 個類別作為測試資料集。

AwA 資料集中每個類別的語義為 85 維，總共有 30475 張圖片。但是目前由於版權問題，已經無法獲取這個資料集的圖片了，作者便提出了 AwA2，與前者類似，總共 37322 張圖片。

2. CUB-200

CUB-200 共有兩個版本，Caltech-UCSD Birds-200-2010 與 Caltech-UCSD Birds-200-2011。每個類別含有 312 維的語義資訊。

Caltech-UCSD Birds-200-2011 相當於 Caltech-UCSD Birds-200-2010 的擴充版，對每一類擴充了一倍的圖片。並針對 ZSL 方法，將 200 類資料集分為 150 類訓練資料集和 50 類測試資料集。

3. SUN (SUN database)

SUN 總共有 717 個類別，每個類別 20 張圖片，類別語義為 102 維。傳統的分法是訓練集 707 類，測試資料集 10 類。具體可查 csail 官網。

4. aPY (Attribute Pascal and Yahoo dataset)

aPY 共有 32 個類，其中 20 個類作為訓練資料集，12 個類作為測試資料集，類別語義為 64 維，共有 15339 張圖片。具體可查 vision 官網。

5. ILSVRC2012/ILSVRC2010 (ImNet-2)

利用 ImageNet 做成的資料集，由 ILSVRC2012 的 1000 個類作為訓練資料集，ILSVRC2010 的 360 個類作為測試資料集，有 254000 張圖片。它由 4.6MB 的 Wikipedia 資料集訓練而得到，共 1000 維。

上述資料集中前 4 個都是較小型 (Small-Scale) 的資料集，第 5 個是大型 (Large-Scale) 資料集。雖然前 4 個資料集已經提供了人工定義的類別語義，但也可以從維基語料庫中自動提取出類別的語義表示，來檢測自己的模型。

5.1.3 零次學習的基本做法

在 ZSL 中，會把利用深度網路提取的圖片特徵稱為特徵空間 (Visual Feature Space)，把每個類別所對應的語義向量稱為語義空間。而 ZSL 要做的，就是建立特徵空間與語義空間之間的映射。

為了辨識不可見類的物件，大多數現有的 ZSL 首先基於來源可見類的資料學習公共語義空間和視覺空間之間的相容投影函數，然後將其直接應用於目標不可見分類。

5.1.4 直推式學習

直推式學習 (Transductive Learning) 常用在測試資料集只有圖片資料，沒有標籤資料的場景下。它是一種類似於遷移學習的 ZSL 實現方法。在訓練模型時，先用已有的分類模型對測試資料集資料計算特徵向量，並將該特徵向量當作測試資料集類別的先驗知識，進行後面的推理預測。相關內容請參考論文 (參見 arXiv 網站上編號是 "1501.04560" 的論文)。

5.1.5 泛化的零次學習任務

泛化的 ZSL(Generalized ZSL) 對普通的 ZSL 提出了更高的要求，在測試模型時，測試資料集中的資料，並不是純粹的未知分類資料，還包含已知分類資料。這種任務更符合 ZSL 的實際應用情況，也更能表現出 ZSL 模型的能力。

5.2 零次學習中的常見問題

在 ZSL 的研究中，常會遇到以下問題，它們也是影響 ZSL 效果的主要問題。

5.2.1 領域漂移問題

領域漂移問題 (Domain Shift Problem) 是指同一種屬性在不同的類別中，視覺特徵的表現可能差別很大。

1. 領域漂移問題的根本原因

斑馬和豬都有尾巴，但是在類別的語義表示中，兩者尾巴的視覺特徵卻相差很大，如圖 5-4 所示。

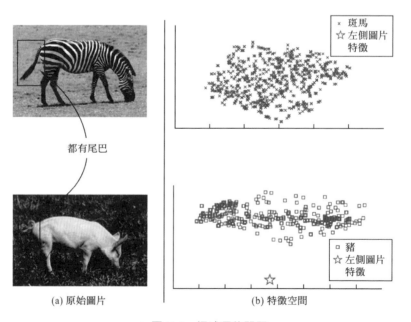

▲ 圖 5-4　領域漂移問題

圖 5-4 中第 1 行描述了一個學習斑馬分類語義和圖片屬性對應的模型結果。右側藍色的叉號為根據圖片所預測出的語義特徵，紅色的五角星為圖片本身的特徵。將該模型用於不可見分類豬的圖片上，便得到第 2 行右側的特徵分佈。可以看到，所預測出來豬的語義特徵與豬圖片本身的特徵相差很大。這就是領域漂移問題，它導致了學習斑馬分類的模型無法對未見過的豬分類做出正確的預測。

因為樣本的特徵維度往往比語義的維度大，所以在建立從圖片到語義映射的過程中，往往會遺失資訊。這是領域漂移問題的根本原因。

2. 領域漂移問題的解決想法

比較通用的解決想法是將映射到語義空間中的樣本再重建回去，這樣學習到的映射就能夠保留更多的資訊。如語義自編碼模型 (SAE)(參見 arXiv 網站上編號是 "1704.08345" 的論文)。

重建過程的方法與非監督訓練中的重建樣本分佈方法完全一致。如自編碼模型的解碼器部分，或是 GAN 模型的生成器部分。它可以完全使用非監督訓練中重建樣本分佈的相關技術進行實現。

利用重建過程生成測試資料集的樣本之後，就可以將問題轉化成一個傳統的監督分類任務，提高了預測的準確率。

5.2.2 原型稀疏性問題

原型稀疏性 (Prototype Sparsity) 問題是指每個類中的樣本個體不足以表示類內部的所有可變性，或無法幫助消除類間相重疊特徵所帶來的問題。即，在同一類別中的不同樣本個體之間的差異往往是巨大的，這種差異大導致的類間相似性，會使 ZSL 分類器難以預測出正確的結果 (參見 arXiv 網站上編號為 "1501.04560" 的論文)。

該問題本質還是個體和分佈之間的關係問題，5.2.1 小節的解決想法同樣適用於該問題。

5.2.3 語義間隔問題

語義間隔 (Semantic Gap) 問題是指樣本在特徵空間中所組成的流形與語義空間中類別組成的流形不一致。

樣本的特徵往往是視覺特徵，如用深度網路提取到的特徵，而語義表示卻是非視覺的。當二者對應到資料上時，很容易會出現流形不一致的現象。語義間隔問題如圖 5-5 所示。

> ◈ 提示
> 流形是指局部具有歐幾里德空間性質的空間，在數學中用於描述幾何形體。

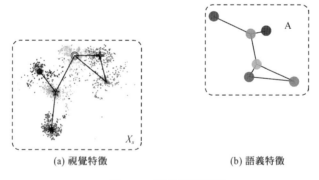

(a) 視覺特徵　　　　(b) 語義特徵

▲ 圖 5-5　語義間隔問題

這種現象使得直接學習兩者之間的映射變得困難。

解決此問題的想法要從將兩者的流形調節一致入手。在實現時，先使用傳統的 ZSL 方法，將樣本特徵映射到語義特徵上；再提取樣本特徵中潛在的類級流形，生成與其流形結構一致的語義特徵 (流形對齊)；最後訓練模型實現樣本特徵到流形對齊後的語義特徵之間的映射 (參見 arXiv 網站上編號為 "1703.05002" 的論文)，如圖 5-6 所示。

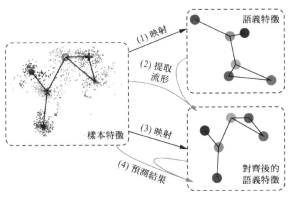

▲ 圖 5-6　流形對齊

5.3 帶有視覺結構約束的 VSC 模型

視覺結構約束 (Visual Structure Constraint,VSC) 模型使用了一種新的視覺結構約束，來提高訓練資料集圖片特徵與分類語義特徵之間的投影通用性，從而緩解 ZSL 中的領域漂移問題。

下面將介紹 VSC 模型中所涉及的主要技術。

5.3.1 分類模型中視覺特徵的本質

分類模型的主要作用之一就是能夠計算出圖片的視覺特徵。這個視覺特徵在模型的訓練過程中，會根據損失函數的約束向表現出類別特徵的方向接近。

從這個角度出發，可以看出，分類模型之所以可以正確辨識圖片的分類，是因為其所計算出來的視覺特徵中，都含有該類別的特徵資訊。

在分類模型中，即使去掉最後的輸出層，單純對圖片的視覺特徵進行聚類，也可將相同類別的圖片分到一起。圖片的視覺特徵聚類如圖 5-7 所示。

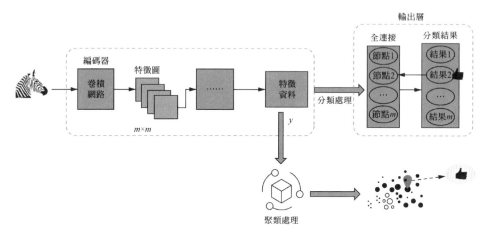

▲ 圖 5-7　圖片的視覺特徵聚類

5.3.2　VSC 模型的原理

VSC 模型的原理可以從以下幾個方面進行分解。

1. 視覺特徵聚類

VSC 模型就是以圖 5-7 所描述的理論為出發點，對訓練資料集和測試資料集中所有圖片的視覺特徵進行聚類，使相同類別的圖片聚集在一起。這樣就可以將單張圖片的分類問題，簡化成多張圖片的分類問題。

2. 直推方式的應用

透過視覺特徵的聚類方法可以將未知分類的圖片分成不同的簇，然後將不同的簇與未知分類的類別標籤一一對應。

在視覺特徵簇與分類標籤對應的工作中，使用直推 ZSL 的方式，對測試資料集 (未知分類) 的類別的屬性特徵和測試資料集的視覺特徵簇中心進行對齊，從而實現辨識未知分類的功能。VSC 模型的原理如圖 5-8 所示。

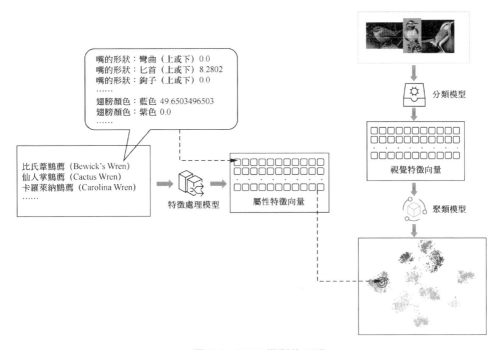

▲ 圖 5-8　VSC 模型的原理

圖 5-8 中涉及 3 個模型：分類模型、聚類模型及特徵處理模型。整個 ZSL 的任務可以了解成訓練特徵處理模型，使其對類標籤計算後生成的類屬性特徵能夠與圖片的視覺特徵聚類中心點對齊。

如果特徵處理模型能夠將任意的目標類別標籤轉換成該類別視覺特徵的中心點，則可以根據待測圖片距離中心點的遠近，來辨識該圖片是否屬於目標類別。這便是 VSC 模型的原理。

3. VSC 模型的核心任務和關鍵問題

分類模型可以使用遷移學習方法對通用的預訓練分類模型進行微調而得到。而聚類演算法也是傳統的機器學習範圍，可以直接拿來使用。如何訓練出有效的特徵處理模型便是 VSC 模型的核心任務。

在 5.5 節的例子中，特徵處理模型的輸入和輸出很明確。輸入是資料集中帶有類別標注的 312 個屬性值，輸出是該類別的視覺特徵中心點。

在實現時，可以用一個兩層的神經網路模型來作為特徵處理模型的結構，並將其輸入向量的維度設為 312(與類別標注的 312 個屬性值對應)，輸出向量的維度設為 2048(與視覺特徵的維度相同)。

因為對圖片視覺特徵聚類後會產生多個簇，但並不知道每個簇與未知類別的對應關係，所以在訓練過程中，必須要找到與類別對應的簇，才能夠使用損失函數拉近兩個類別的屬性特徵與簇中心點間的距離。

4. VSC 模型中關鍵問題的解決方法

在訓練 VSC 模型時，使用了以下 4 種約束方法來訓練特徵處理模型。

- 基於視覺中心點學習 (Visual Center Learning , VCL) 的約束方法。
- 基於倒角距離的視覺結構約束 (Chamfer-Distance-based Visual Structure constraint , CDVSc) 方法。
- 基於二分匹配的視覺結構約束 (Bipartite-Matching-based Visual Structure constraint, BMVSc) 方法。
- 基於 Wasserstein 距離的視覺結構約束 (Wasserstein-Distance-based Visual Structure Constraint, WDVSc)

在特徵處理模型的訓練過程中，使用了訓練集和測試集的兩種資料。其中使用訓練集時，可以採取 VCL 的約束方法；使用測試集時，可以採取 CDVSc 或 BMVSc 方法。

下面將依次介紹 VCL、CDVSc、BMVSc 和 WDVSc 這 4 種約束方法的內容和應用。

5.3.3 基於視覺中心點學習的約束方法

VCL 的約束方法本質就是計算類別屬性特徵與視覺特徵簇中心點之間的均方誤差 (Mean Square Error ,MSE)。

由於該方法要求事先必須知道每個類別的屬性特徵與該類別的視覺特徵簇之間的一一對應關係，因此其只適用於模型在訓練集上的訓練 (因為在訓練集中，會有每個圖片的分類資訊，能夠實現類別和圖片的一一對應)。

VCL 的約束方法使用訓練資料集中的資料對每個類進行屬性特徵和視覺特徵的擬合。這種方式可以使模型從已有的資料中學到屬性特徵與視覺特徵之間的關係。直接將 VCL 的約束方法作用到測試集，也能夠對未知分類實現一定的辨識能力。

如果在 VCL 的約束方法的基礎上，讓模型還能夠從未知分類的資料中學到屬性特徵與視覺特徵的對應關係，則模型的準確率還會進一步提升。這也是採用 CDVSc 或 BMVSc 方法的動機。

5.3.4 基於倒角距離的視覺結構約束方法

CDVSc 方法作用於模型在測試資料集上的訓練。它的目的是使每個未知分類的屬性特徵和視覺特徵擬合。

其中，類的屬性可以透過類屬性標注檔案獲取；每個類的視覺特徵就是測試資料集中圖片視覺特徵的聚類中心點。

由於測試集中圖片的類別標籤未知，類別的屬性特徵與類別的視覺特徵無法一一對應。這種擬合問題，就變成了兩個集合間的映射關係，即對類別的屬性特徵集合與類別的視覺特徵集合進行擬合。

這種問題可以使用處理 3D 點雲任務中的損失值計算方法 (對稱的倒角距離) 來進行處理。對稱的倒角距離的主要過程是在另一個集合中找到最近的點，並將其距離的平方求和 (參見 arXiv 網站上編號為 "1612.00603" 的論文)。

5.3.5 什麼是對稱的倒角距離

倒角距離 (Chamfer-Distance, CD) 表示的意思是：先對集合 1 中的每個點，分別求出其到集合 2 中每個點的最小距離，再將每個最小距離平方求和。

對稱的倒角距離就是在倒角距離的基礎上，對集合 2 中的每個點，分別求出其到集合 1 中每個點的最小距離，再將每個最小距離平方求和。

對稱的倒角距離演算法是一個連續可微的演算法。該演算法可以被直接當作損失函數使用，因為它具有以下特性：

- 在點的位置上是可微的；
- 計算效率高，能滿足資料多次在網路中前傳和後傳；
- 對少量的離群點也具有較強的穩健性。

對稱的倒角距離演算法的特點是能更好的儲存物體的詳細形狀，並且每個點之間是獨立的，所以很容易分佈計算。

5.3.6 基於二分匹配的視覺結構約束方法

雖然 CDVSc 方法有助保持兩個集合的結構相似性，但是也可能會產生兩個集合元素間多對一的匹配現象。而在 ZSL 中，是需要類別的屬性特徵與類別的視覺特徵兩個集合中的元素一一對應。

在使用 CDVSc 方法進行訓練的過程中，當兩個集合中的元素出現多對一匹配的情況時，屬性特徵中心點將被拉到錯誤的視覺特徵中心點，從而導致對未知分類的辨識錯誤。

為了解決這個問題，可以使用資料建模領域中的指派問題 (見 5.3.7 小節) 的解決方法進行處理。這種方法就叫作 BMVSc 方法。

5.3.7 什麼是指派問題與耦合矩陣

指派問題是數學建模中的經典問題。接下來將透過一個具體的例子，來描述指派問題。

舉例來說，指派 3 個人去做 3 件事，每人只能做一件事。這 3 個人做這 3 件事的時間可以表示為以下矩陣 (矩陣的行資料表示人，矩陣的列資料表示事)。

$$\begin{bmatrix} 4 & 1 & 2 \\ 5 & 3 & 1 \\ 2 & 2 & 3 \end{bmatrix}$$

如何分配人和事之間的指派關係，來使整體的時間最短？

由於資料量比較小，可以直接看出這個問題的答案：第 1 個人做第 2 件事，第 2 個人做第 3 件事，第 3 個人做第 1 件事。

對於資料量比較大的任務，就要使用專門的演算法來進行解決了，如匈牙利演算法 (Hungarian Algorithm)、最大權匹配演算法 (Kuhn-Munkres Algorithm, KM) 等。

在具體實現時，不再需要讀者詳細了解演算法的實現過程，直接在 Python 環境中使用 SciPy 函數庫中的 linear_sum_assignment 函數便可以對指派問題求解 (linear_sum_assignment 函數使用的是 KM 演算法)。具體程式如下。

```python
import numpy as np
from scipy.optimize import linear_sum_assignment


task=np.array([[4,1,2],[5,3,1],[2,2,3]])
row_ind,col_ind=linear_sum_assignment(task)  # 返回計算結果的行、列索引
print(row_ind)                                # 輸出行索引:[0 1 2]
print(col_ind)                                # 輸出列索引:[1 2 0]
print(task [row_ind,col_ind])                 # 輸出每個人的消耗時間:[1 1 2]
print(cost[row_ind,col_ind].sum())            # 輸出整體消耗時間:4
```

在處理指派任務中，通常把程式中 task 對應的矩陣叫作係數矩陣，把行、列索引 row_ind、col_ind 所表示的矩陣叫作耦合矩陣 (Coupling Matrix)。耦合矩陣可以反映出指派關係的最終結果。該問題的耦合矩陣如下。

$$
\begin{bmatrix}
0 & 1 & 0 \\
0 & 0 & 1 \\
1 & 0 & 0
\end{bmatrix}
$$

指派問題的最佳解有這樣一個性質，若從係數矩陣的一行 (列) 各元素中分別減去該行 (列) 的最小元素，得到新矩陣，那麼以新矩陣為係數矩陣求得的最佳解和用原係數矩陣求得的最佳解相同。利用這個性質，可使原係數矩陣變換為含有很多 0 元素的新矩陣，而最佳解保持不變。

5.3.8 基於 W 距離的視覺結構約束方法

5.3.7 小節中指派問題的例子需要一個前提條件——每個人都是被獨立指派去完成一個完整的事情。從機率的角度來看，3 個待分配事件被指派給 1 個人的機率，不是是 0，就是是 1。這種方式也叫作硬匹配。

如果打破 5.3.7 小節例子中的前提條件，每個人可以將精力分成多份，同時去做多件事情，每件事情只做一部分。這樣，從機率的角度來看，3 個待分配事件被指派給 1 個人的機率，便可以是 0 ～ 1 的小數。這種方式便叫作軟匹配。軟匹配方式使分配規則更為細化，與硬匹配方式相比，它會使 3 個人完成 3 件事所消耗的總時間變得更少。

基於 W 距離的視覺結構約束 (Wasserstein-Distance-based Visual Stucture Constraint,WDVSc) 方法本質上就是一種軟匹配的解決方法。

1. 軟匹配的應用

在現實中，軟匹配的人事安排也會提升企業整體的工作效率。企業中的員工大多都會被同分時配多個任務，或被劃分到多個專案小組中。根據專案的匹配程度，來分配自身投入的百分比。

在 ZSL 中，由於樣本中的雜訊存在，或是特徵轉換過程中的誤差存在，類別的屬性特徵與類別的視覺特徵兩個集合的中心點，並不會完全按照 0、1 機率這樣硬匹配。所以在訓練過程中，使用軟匹配方式會更符合實際的情況。

2. 最佳傳輸中的軟匹配

在最佳傳輸 (Optimal Transport,OT) 領域中，這種軟匹配方式又叫作推土距離 (Earth Mover's 距離或 Wasserstein 距離)，也被人們常稱為 W 距離。

W 距離是指從一個分佈變為另一個分佈的最小代價，可以用來測量兩個分佈之間的距離。

在最佳傳輸理論中，W 距離被證明是衡量兩個離散分佈之間距離的良好度量，其目的是找到可以實現最小匹配距離的最佳耦合矩陣 X。其原理與指派問題的解決想法相同，但 X 表示軟匹配的機率值，而非 {0, 1}(如 5.3.7 小節中的耦合矩陣)。

3. WDVSc 方法的實現

在實現過程中，可以將擬合類別的屬性特徵與類別的視覺特徵兩個集合的約束當作最佳傳輸問題，透過帶有熵正則化的 Sinkhorn 演算法解決。

WDVSc 方法可以用來測量兩個分佈之間的距離，能產生相較於 CD 演算法更緊湊的結果，但有時會過度收縮局部結構。

5.3.9 什麼是最佳傳輸

隨著神經網路的不斷強大，在日漸成熟的學術環境中，想要進一步改善演算法、提升性能，沒有數學的支撐是不行的。而最佳傳輸 (Optimal Transport，簡稱 OT) 便是神經網路的數學理論中的重要環節。它對於改進人工智慧演算法具有很大的潛力。

最佳傳輸問題最早是由法國數學家蒙日 (Monge) 於 1780 年提出，由俄國數學家 Kantorovich 證明了其解的存在性，由法國數學家 Brenier 建立了最佳傳輸問題和凸函數之間的內在聯繫。

1. 最佳傳輸描述

最佳傳輸理論可以用蒙日所舉的例子來非正式地描述：把一堆沙子裡的每一鏟沙子都對應到一個沙雕上的一鏟沙子，怎麼搬沙子最省力氣，這就是最佳傳輸問題。

> ◇ 提示
> 「省力氣」相當於成本函數 (Cost Function)。

最佳傳輸的關鍵點是要考慮怎樣把多個資料點同時從一個空間映射到另一個空間上，而非只考慮一個資料點。

很明顯能夠看出最佳傳輸和機器學習之間千絲萬縷的關係，如 GAN 本質上就是從輸入的空間映射到生成樣本的空間。同時最佳傳輸也被越來越多地用於解決成像科學 (如顏色或紋理處理)、電腦視覺和圖形 (用於形狀操縱) 或機器學習 (用於回歸、分類和密度擬合) 中的各種問題 (參見 arXiv 網站上編號為 "1803.00567" 的論文)。

了解最佳傳輸中的數學理論，可以更輕鬆地閱讀前端的學術文章、更有方向性地對模型進行改進。

2. 最佳傳輸中的常用概念

在 5.3.7 小節中介紹了耦合矩陣，它反映了兩個集合間元素的對應關係。在最佳傳輸中，更確切地說，耦合矩陣應該表示為從集合 A 中的元素到集合 B 中的元素上需要分配的機率質量。

為了計算出質量分配的過程需要做多少功，還需要引入第二個矩陣：成本矩陣。

成本矩陣是用來描述將集合 A 中的每個元素移動到集合 B 中的成本。

距離矩陣是定義這種成本的一種方式，它是由集合 A 和 B 中元素之間的歐幾里德距離所組成的，也被稱為地面距離 (ground distance)。

舉例來說，將集合 {1,2} 移動到集合 {3,4} 上，其成本矩陣為

$$C = \begin{bmatrix} 3-1 & 4-1 \\ 3-2 & 4-2 \end{bmatrix} = \begin{bmatrix} 2 & 3 \\ 1 & 2 \end{bmatrix} \tag{5-1}$$

假設耦合矩陣 P 為

$$\begin{bmatrix} 1/2 & 0 \\ 0 & 1/2 \end{bmatrix}$$

則整體成本可以表示為 P 和 C 之間的 Frobenius 內積，即

$$\langle C, P \rangle = \sum_{ij} C_{ij} P_{ij} = 1 \tag{5-2}$$

5.3.10 什麼是最佳傳輸中的熵正則化

最佳傳輸中的熵正則化是一種正則化方法，而熵正則化則是使用熵來作為正則化懲罰項的。

1. 熵正則化的原理

在 L2 正則化中，L2 範數會隨原目標之間的損失值變化，損失值越大，正則化的懲罰項 L2 範數就越大；損失值越小，正則化的懲罰項 L2 範數就越小。

在最佳傳輸中，最關心的是集合 A 傳輸到集合 B 中的成本，它可以寫成由集合 A 中每個元素到集合 B 中的距離矩陣與耦合矩陣之間的 Frobenius 內積，見式 (5-2)。

耦合矩陣的熵也會隨集合 A 傳輸到集合 B 中的成本變化，即成本越大，耦合矩陣的熵就越大；成本越小，耦合矩陣的熵就越小。

最佳傳輸中的熵正則化，就是計算耦合矩陣的熵。

2. 熵正則化與集合間的重疊關係

如果集合中的質量都相等，則耦合矩陣直接會與兩個集合間的距離有關。因此耦合矩陣的熵也可以反應出兩個集合間的重疊關係，如圖 5-9 所示。

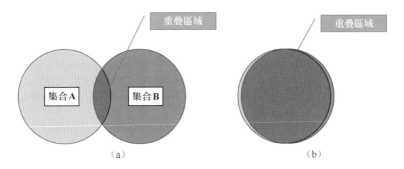

▲ 圖 5-9 集合的重疊關係

圖 5-9(a) 的兩個集合重疊區域會比圖 5-9(b) 的兩個集合重疊區域小,其耦合矩陣的熵也會比圖 5-9(b) 的耦合矩陣的熵小。

3. 熵正則化與最佳傳輸方案

熵可以表示為

$$(H,\boldsymbol{U}) = -\sum_{i=1}^{n} p_i \log(p_i) \tag{5-3}$$

其中 U 可以當作集合 A 和集合 B 間的耦合矩陣,p 可以當作耦合矩陣中集合 A 中某個元素轉移到集合 B 中某個元素的機率。

由熵的極值性可以推出,成本矩陣中的 p 分佈均勻時 (所有 p 的機率設定值都相同),U 的資訊熵達到了最大。

在元素的質量相同的情況下,如果將集合 A 中每個元素都均勻地分開,並傳輸到集合 B 中每個元素的位置上,則耦合矩陣中的 p 分佈將非常均勻。此時的熵最大,表明這種做法成本最大。

相反,如果將集合 A 中每個元素都整體地傳輸到集合 B 中的某個位置上,則耦合矩陣中的 p 分佈將非常稀疏 (沒有傳輸的位置,p 都是 0)。此時的熵最小,表明這種做法成本最小。

一個熵較低的耦合矩陣將更稀疏，它的大部分非零值集中在幾個點周圍。相反，一個具有高熵的矩陣將更平滑，其中的每個元素的值接近於均勻分佈。

在計算最佳傳輸方案時，可以從耦合矩陣的熵入手，透過調節耦合矩陣中的 p 來使成本矩陣中的熵最小，從而得到最佳傳輸方案。這就是 Sinkhorn 演算法的主要思想 (詳見 5.4 節)。

4. 熵正則化在損失函數中的作用

熵正則化與 L2 正則化一樣，也可以用在訓練模型的反向傳播中作為正則化懲罰項來使用。如果放到損失函數的公式裡，同樣需要加入一個調節參數 ε，該參數用來控制正則化對損失值的影響，見式 (5-4)

$$\text{loss}= \min_P \langle \boldsymbol{C}, \boldsymbol{P} \rangle - \varepsilon H(\boldsymbol{P}) \tag{5-4}$$

式 (5-4) 中，loss 代表最終的損失值，$\langle \boldsymbol{C}, \boldsymbol{P} \rangle$ 代表真實的最佳傳輸的最小成本，$H(\boldsymbol{P})$ 代表耦合矩陣的熵正則化懲罰項。

同樣一個單位的質量在轉移過程中，使用的路徑越少，單一 $\boldsymbol{P}$ 值越大，耦合矩陣越稀疏，$H(\boldsymbol{P})$ 的值越小，減小 loss 數值的幅度就越小；使用的路徑越多，單一 $\boldsymbol{P}$ 值越小，減小 loss 數值的幅度就越大。這表明熵正則化鼓勵模型利用多數小流量路徑的傳輸，而懲罰稀疏的，利用少數高流量路徑的傳輸，由此達到降低計算複雜度的目的。

5.4 詳解 Sinkhorn 演算法

Sinkhorn 演算法，透過對相似矩陣求解的方式，將最佳傳輸問題轉化成了耦合矩陣的最小化熵問題。即在許多耦合矩陣中找到熵最小的那個矩陣，就可以近似地認為該矩陣是傳輸成本最低的耦合矩陣。

5.4.1 Sinkhorn 演算法的求解轉換

Sinkhorn 演算法將耦合矩陣 P 表示成以下公式。

$$\boldsymbol{P} = \mathrm{diag}(\boldsymbol{U})\,\boldsymbol{K}\,\mathrm{diag}(\boldsymbol{V}) \tag{5-5}$$

式 (5-5) 中的 diag 代表對角矩陣，$\boldsymbol{K}$ 代表變化後的成本矩陣，$\boldsymbol{U}$ 和 $\boldsymbol{V}$ 是 Sinkhorn 演算法中用於學習的兩個向量。如果將該式子展開，耦合矩陣中的每個元素 p_{ij} 可以表示為

$$p_{ij} = f_i k_{ij} g_j \tag{5-6}$$

式 (5-6) 中的符號說明如下。

- i 和 j 分別代表矩陣的行和列。
- p_{ij} 代表耦合矩陣中索引為 i 行 j 列的元素。
- f_i 代表 $e^{u_i/\varepsilon}$，其中 u_i 是向量 $\boldsymbol{U}$ 中索引為 i 的元素，參數 ε 對耦合矩陣進行調節。
- k_{ij} 代表 $e^{-c_{ij}/\varepsilon}$，其中 c_{ij} 是成本矩陣中索引為 i 行 j 列的元素。
- g_j 代表 $e^{v_j/\varepsilon}$，其中 v_j 是向量 $\boldsymbol{V}$ 中索引為 j 的元素。

因為成本矩陣 $\boldsymbol{C}$ 是已知的，所以 $\boldsymbol{K}$ 矩陣也已知。

只要 Sinkhorn 演算法能夠計算出合適的向量 $\boldsymbol{U}$ 和 $\boldsymbol{V}$，就可以將其代入式 (5-5) 中，得到所求的耦合矩陣。

◇ 提示
Sinkhorn 演算法有兩種實現方法：基於對數空間運算和直接運算。本文所介紹的是基於對數空間運算方法。該方法的好處是，可以利用冪的運算規則，將參數中的乘法變成加法，能夠大大提升運算速度。

在 Sinkhorn 演算法的運算過程中，參數 ε 的作用與 5.3.10 小節中參數 ε 的作用一致，即當參數 ε 設定值較小時，傳輸集中使用少數路徑；當參數

ε 設定值變大時，正則化傳輸的最佳解變得更加「扁平」，使用更多的路徑進行傳輸。

5.4.2 Sinkhorn 演算法的原理

在式 (5-6) 中 k_{ij} 的值與成本矩陣的負值有關。這樣做的目的是讓成本矩陣中最大的元素所對應的耦合矩陣機率最小。反之，如果要計算傳輸過程中的最大成本，則直接令 k_{ij} 的值為 $e^{c_{ij}/\varepsilon}$ 即可。

Sinkhorn 演算法所計算的耦合矩陣是根據成本矩陣的負值得來的，即按照成本矩陣中取負後的元素大小來分配行、列方向的機率 (參見 arXiv 網站上編號為 "1306.0895" 的論文)。

1. 簡化版的 Sinkhorn 演算法舉例

舉例來說，一個成本矩陣的單行向量為 [3　6　9]，則對其取負後變為 [-3 -6　-9]。為了方便了解，先將 Sinkhorn 演算法中的機率分配規則，簡化成按照每個值在整體中所佔的百分比計算，則得到的機率為 [1/6　1/3　1/2]。如果成本矩陣只有單行，則這個值便為其耦合矩陣。它是由單行向量中每個元素都乘以 -1/18 得來的。這裡的 -1/18 就是式 (5-6) 中的 fi，即 fi 可以了解成某一行的歸一化因數 (計算歸一化中的分母部分)。

2. 實際中的 Sinkhorn 演算法舉例

實際中的 Sinkhorn 演算法，對成本矩陣先做了一次數值轉化，再按照簡化版的方式進行求解。數值轉化的方式如下。

（1）將成本矩陣中的每個值按照參數 ε 進行縮放。
（2）將縮放後的值作為 e 的指數，進行數值轉化。

轉化後的值便可以按照簡化版的 Sinkhorn 演算法進行計算。

在 Sinkhorn 演算法中，對一個成本矩陣的單行為 [3　6　9] 的向量進行計算時，真實的歸一化分母為 $1/(e^{-3/\varepsilon}+e^{-6/\varepsilon}+e^{-9/\varepsilon})$，所計算出的耦合矩陣單行的機率向量為 $[e^{-3/\varepsilon}/(e^{-3/\varepsilon}+e^{-6/\varepsilon}+e^{-9/\varepsilon})\ e^{-6/\varepsilon}/(e^{-3/\varepsilon}+e^{-6/\varepsilon}+e^{-9/\varepsilon})e^{-6/\varepsilon}/(e^{-3/\varepsilon}+e^{-6/\varepsilon}+e^{-9/\varepsilon})]$。

使用這種數值轉化的方式可以增大成本矩陣中元素間的數值差距 (由原始的線性距離上升到 e 的指數距離)，從而使得在按照數值大小進行百分比分配時，效果更加明顯，可以加快演算法的收斂速度。

縮放參數 ε 在成本矩陣數值轉化過程中，可以使元素間的數值差距的調節變得可控。

3. Sinkhorn 演算法中的迭代計算過程

計算耦合矩陣的本質方法就是對成本矩陣取負 (簡稱負成本矩陣)，再沿著行和列的方向進行歸一化操作。而 Sinkhorn 演算法主要目的是計算負成本矩陣沿著行、列方向的歸一化因數，即式 (5-5) 中的 *U* 和 *V*。

因為在對負成本矩陣做行歸一化時，可能會破壞列歸一化的分佈；同理，對列歸一化時，也可能會破壞行歸一化的分佈。所以 Sinkhorn 演算法透過迭代的方法，對負成本矩陣沿著行、列的方向交替進行歸一化計算。直到得到一對合適的歸一化因數，即得到最終解 *U*、*V*。歸一化後的負成本矩陣，在行、列兩個方向都滿足歸一化分佈，這種滿足條件的矩陣便是最終的耦合矩陣。

5.4.3 Sinkhorn 演算法中參數 ε 的原理

Sinkhorn 演算法本質是在許多耦合矩陣中找到熵最小的那個矩陣。利用耦合矩陣中熵與傳輸成本間的正相關性，將其近似於最佳傳輸問題中的解。

為了使演算法可控，在其中加入了一個手動調節參數 ε，使其能夠對耦合矩陣的熵進行調節 (見 5.4.1 小節的式 (5-6))。

該做法的原理是利用指數函數的曲線特性，用參數 ε 來縮放每行或每列中各元素間的機率分佈差距。指數函數的曲線如圖 5-10 所示。

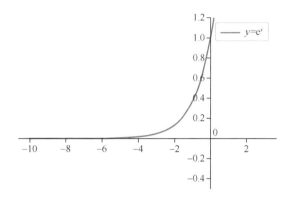

▲ 圖 5-10　指數函數的曲線

參數 ε 在式 (5-6) 中，是以倒數的形式被作用在 $y=e^x$ 中的 x 上的，即 $k_{ij}=e^{-c_{ij}/\varepsilon}$。其中 C 為成本矩陣，其內部的元素恒大於 0。當參數 ε 變小時，會使圖 5-10 中的 x 值變小，最終導致 y 值 (k_{ij}) 變得更小 (一旦 x 值大於 -6，所對應的 y 值將非常接近 0)。

而耦合矩陣 P 是由成本矩陣 K 計算而來的，P 中小的機率值會隨著 k_{ij} 值變小而變得更小，從而產生更多接近於 0 的數，使矩陣變得更為稀疏，熵就變得更小。反之，參數 ε 變大時，會得到更多 y 值不為 0 的數，使矩陣變得更為平滑，熵就變得更大。

5.4.4 舉例 Sinkhorn 演算法過程

為了更進一步地了解 Sinkhorn 演算法，本小節將用一個具體的實例來描述 Sinkhorn 演算法的計算過程 (在本節的例子中，先不涉及演算法中的參數 ε)。

1. 準備集合

假設有一個集合 A 和集合 B，其內部的元素如圖 5-11 所示。

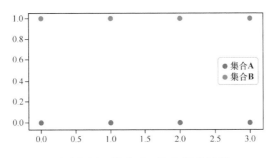

▲ 圖 5-11　集合 A、B 內部的元素

圖 5-11 中的集合 A、B 各由 4 個點組成，具體數值如下。

```
A: {[0, 0], [1, 0], [2, 0], [3, 0]}
B: {[0, 1], [1, 1], [2, 1], [3, 1]}
```

2. 計算成本矩陣

集合 A 與集合 B 的成本矩陣可以由兩點間的歐氏距離求得，即 $d=(x_1-x_2)^2+(y_1-y_2)^2$。其中兩個點的座標分別為 (x_1, y_1) 和 (x_2, y_2)。

經過計算後，集合 A 與集合 B 的成本矩陣與負成本矩陣如圖 5-12 所示。

$$\begin{bmatrix} 1 & 2 & 5 & 10 \\ 2 & 1 & 2 & 5 \\ 5 & 2 & 1 & 2 \\ 10 & 5 & 2 & 1 \end{bmatrix} \xrightarrow{\text{取負}} \begin{bmatrix} -1 & -2 & -5 & -10 \\ -2 & -1 & -2 & -5 \\ -5 & -2 & -1 & -2 \\ -10 & -5 & -2 & -1 \end{bmatrix}$$

▲ 圖 5-12　集合 A、B 成本矩陣與負成本矩陣

3. 對行進行歸一化

假設縮放參數 ε 的設定值為 1，則先對負成本矩陣進行以 e 為底的冪次方轉化，並對轉化後的矩陣進行基於行的歸一化計算，最終得到滿足行歸

一化的耦合矩陣。行歸一化如圖 5-13 所示。

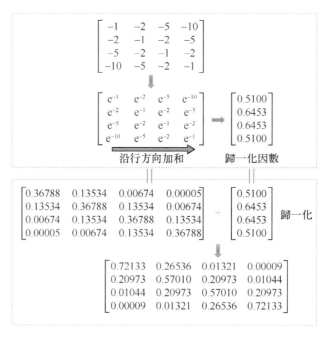

▲ 圖 5-13　行歸一化

從圖 5-13 中可以看到，歸一化因數的倒數即式 (5-5) 中的 U。圖 5-13 中最下面的矩陣便是滿足行歸一化的耦合矩陣，可以看到，矩陣的每行加起來都是 1，但是矩陣的每列加起來並不為 1，所以還需要再基於列的歸一化。

4. 對列進行歸一化

列歸一化是在行歸一化之後的耦合矩陣上進行的，具體做法如下。

（1）將行歸一化之後的耦合矩陣按照列方向相加，得到歸一化因數。

（2）將耦合矩陣中每個元素除以對應列的歸一化因數，完成列歸一化計算。

列歸一化如圖 5-14 所示。

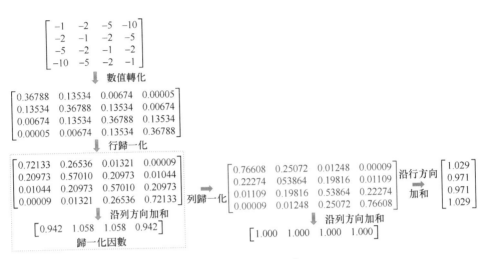

▲ 圖 5-14　列歸一化

圖 5-14 中歸一化因數的倒數即式 (5-5) 中的 V；紅色的部分為列歸一化後的耦合矩陣，可以看到，該矩陣的沿列方向的和都是 1，但是沿行方向的和並不等於 1，説明它破壞了沿行方向的歸一化分佈。

5. 迭代處理

經過多次迭代，最終會得到一個行、列方向都滿足歸一化分佈的耦合矩陣，如圖 5-15 所示。

$$\begin{bmatrix} 0.75263 & 0.23735 & 0.01182 & 0.00009 \\ 0.23555 & 0.54890 & 0.20193 & 0.01173 \\ 0.01173 & 0.20193 & 0.54890 & 0.23555 \\ 0.00009 & 0.01182 & 0.23735 & 0.75263 \end{bmatrix} \xrightarrow{\substack{\text{沿行方向} \\ \text{加和}}} \begin{bmatrix} 1.002 \\ 0.998 \\ 0.998 \\ 1.002 \end{bmatrix}$$

沿列方向加和
$$\begin{bmatrix} 1.000 & 1.000 & 1.000 & 1.000 \end{bmatrix}$$

▲ 圖 5-15　最終結果

圖 5-15 中，紅色的矩陣是最終結果，可以看出，它的行、列方向求和後都接近於 1。

5.4.5 Sinkhorn 演算法中的質量守恒

其實,在圖 5-15 中標注為紅色的矩陣並不是 Sinkhorn 演算法生成的最終結果。因為該矩陣中全部的元素加起來之後,總和等於 4,並不為 1。該矩陣只是實現了行、列兩個方向都滿足歸一化分佈而已。這種方式是在每個行或列的總機率都是 1 的基礎上進行的。它只顯示了在將集合 A 中所有的元素運輸到集合 B 中時,每個元素自身機率的分配情況。

1. 質量守恒

在實際情況中,如果將集合 A 或 B 分別作為一個整體,質量各為 1,則其內部每個元素的質量都是 1 中的一部分。所以,在最佳傳輸中,計算行歸一化或列歸一化時,都要在歸一化後的耦合矩陣上,乘以每個元素所佔的質量百分比。

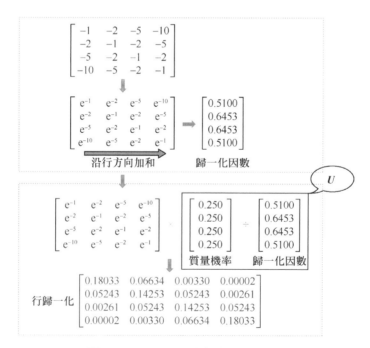

▲ 圖 5-16　Sinkhorn 演算法中的行歸一化

在沒有特殊要求時，預設集合中元素的質量是平均分配的，即每個元素一般都會設定值 $1/n$，其中 n 代表集合中的元素個數。按照這種設定，則在 Sinkhorn 演算法中，對應於圖 5-13 的真實計算過程，如圖 5-16 所示。

圖 5-16 所示的紅色矩陣中的所有元素加和為固定值 1，這便是質量守恒。同理，對應於圖 5-14 的真實計算過程，如圖 5-17 所示。

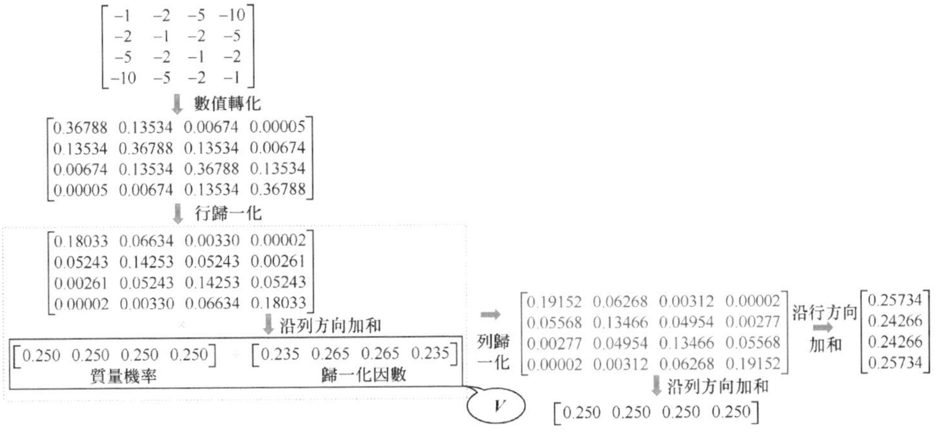

▲ 圖 5-17　Sinkhorn 演算法中的列歸一化

經過多次迭代運算，最終可以得到滿足質量守恒的耦合矩陣，如圖 5-18 所示。

▲ 圖 5-18　Sinkhorn 演算法的最終結果

2. 利用質量守恒計算 U 和 V

假設要將含有 n 個元素的集合 A 傳輸到含有 m 個元素的集合 B 上，則集合 A 中元素的質量機率可以用 n 個 $1/n$ 組成的向量表示，而集合 B 中元素的質量機率可以用 m 個 $1/m$ 組成的向量表示。根據最佳傳輸中的質量守恆規則，經過 Sinkhorn 演算法所得到的耦合矩陣為 n 行 m 列，其中每行的機率相加都為 $1/n$，而每列的機率相加都為 $1/m$。

在 Sinkhorn 演算法的迭代運算中，為了迭代方便，將圖 5-16 中質量機率除以歸一化因數的結果當作式 (5-5) 中的 U；將圖 5-17 中質量機率除以歸一化因數的結果當作式 (5-5) 中的 V；n 個 $1/n$ 組成的向量叫作 a；m 個 $1/m$ 組成的向量叫作 b。則質量守恆可以被表示成式 (5-7)、式 (5-8)。

$$a = U \odot (KV) \tag{5-7}$$

$$b = V \odot (K^\mathrm{T}U) \tag{5-8}$$

式 (5-7)、式 (5-8) 中的 $\odot$ 表示哈達馬積，即元素對應的乘積；小括號裡的運算表示矩陣相乘；K 所代表的意義與式 (5-5) 中的一致。

由式 (5-7)、式 (5-8) 可以推導出 U 和 V 的求解式，即式 (5-9)、式 (5-10)。

$$U = a/(KV) \tag{5-9}$$

$$V = b/(K^\mathrm{T}\,U) \tag{5-10}$$

在程式實現時，先給 V 賦一個初值，再依據式 (5-9)、式 (5-10) 對 U 和 V 進行交替運算。式 (5-9) 所計算的 U 本質上是獲得對數空間中，矩陣中每行元素歸一化的分母；而式 (5-10) 所計算的 V 本質上是獲得對數空間中，矩陣中每列元素歸一化的分母。由於式 (5-9) 和式 (5-10) 分別對同一個矩陣做基於行和列的歸一化處理，這導致做行歸一化時，會打破列歸一化的數值；做列歸一化時，會打破行歸一化的數值。透過多次迭代，可以使二者逐漸收斂，最終實現行和列都符合歸一化之後，便完成 Sinkhorn 演算法的迭代。這便是 Sinkhorn 演算法的完整過程。

判斷 Sinkhorn 演算法迭代停止的方法是，將式 (5-9) 所得到的 U 與上一次執行式 (5-9) 的 U 進行比較，判斷是否發生變化。如果兩次執行式

(5-9) 所得到的 *U* 不再發生變化，則表明式 (5-10) 在執行時期，沒有破壞行的歸一化分母。即矩陣的行、列都符合歸一化，可以退出迭代。

5.4.6 Sinkhorn 演算法的程式實現

Sinkhorn 演算法是一種迭代演算法，它透過對矩陣的行和列交替進行歸一化處理，最終收斂得到一個每行、每列加和均為固定向量的雙隨機矩陣 (Doubly Stochastic Matrix)。

由於 Sinkhorn 演算法只包含乘、除操作，因此 Sinkhorn 演算法完全可微，能夠被用於點對點的深度學習訓練中。在實現 Sinkhorn 演算法時，可以借助 PyTorch 的自動微分技術，使其反向傳播更為簡單高效。

為了讓計算簡單，Sinkhorn 演算法優先使用對數空間計算方法，即在矩陣中的元素相乘時，先將其轉為 e 的冪次方，再對最終結果取對數 (ln)。這種方式可以借助冪的運算規則，將乘法轉化為加法。

Sinkhorn 演算法的程式實現也可以從本書的書附資源中找到。

Sinkhorn 演算法的核心是迴圈迭代更新 u、v 部分，具體程式如下。

```
01  C = self._cost_matrix(x, y)          # 計算成本矩陣
02  for i in range(self.max_iter):        # 按照指定迭代次數計算行列、歸一化
03    u1 = u                              # 儲存上一步 u 值
04    u = self.eps * (torch.log(mu+1e-8) - torch.logsumexp(self.M(C, u, v),
      dim=-1)) + u
05    v = self.eps * (torch.log(nu+1e-8) - torch.logsumexp(self.M(C, u,
      v).transpose(-2, -1), dim=-1)) + v
06    err = (u - u1).abs().sum(-1).mean()
07    if err.item() < thresh:             # 如果 u 值不再更新，則結束
08      break
```

程式中的第 04、05 行是式 (5-9)、式 (5-10) 的實現過程。該程式較難了解，以第 04 行更新 u 值為例，詳細介紹如下。

1. 計算指數空間的耦合矩陣

self.M(C, u, v) 用於計算指數空間的耦合矩陣，其中，M 函數的定義如下。

```
def M(self, C, u, v):# 計算指數空間的耦合矩陣
    return (-C + u.unsqueeze(-1) + v.unsqueeze(-2)) / self.eps
```

該函數中的 self.eps 對應於式 (5-5) 中的參數 ε, C 為成本矩陣。

2. 計算對數空間的耦合矩陣歸一化因數

使用 torch.logsumexp 函數，對指數空間的耦合矩陣先進行 torch.exp 計算，再按照行方向求和，最終對求和後的向量取對數。

3. 計算對數空間的 U

在 torch.log(mu+1e-8) 中，變數 mu 為質量機率 $(1/n)$, 1e-8 是一個防止該項為 0 的極小數。

(torch.log(mu+1e-8) - torch.logsumexp(self.M(C, u, v), dim=-1)) 的意思是：按照圖 5-16 中所標注的 U 計算方法，得到本次對數空間的 U 值 (在對數空間中，可以將除法變成減法)。由於在計算指數空間的耦合矩陣時，對 C、u、v 分別除以 self.eps，因此在計算之後，還要乘以 self.eps，將其縮放空間還原。

4. 基於 U 的累計計算

從圖 5-17 中可以看出，在交替計算 U 或 V 時，每次迭代都是在上一次計算的耦合矩陣結果基礎之上計算的。在計算本次 U 值之後，需要在原始成本矩陣 C 上，乘以前幾次的全部 U 值和 V 值才能得到用於下次計算的耦合矩陣。由於整個過程是在對數空間進行的，因此用上一次的 U 值加上本次的 U 值即可得到在對數空間中，前幾次 U 值的累計相乘結果。

更新 V 值的原理與 U 值一致，讀者可以參考 U 值的介紹進行了解。

5.5 實例：使用 VSC 模型來辨識未知類別的鳥類圖片

透過已知類別的圖片進行訓練模型，使模型能夠辨識未知圖片，這便是 ZSL 的應用場景。使用這種方式可以實現圖片的快速分類，大大節省了人力成本。

實例描述

準備兩部分鳥類圖片，一部分帶有分類資訊作為訓練資料集，每個類別都帶有許多屬性描述；另一部分不帶有分類資訊作為測試資料集。測試資料集中的每張圖片都有可能不屬於訓練資料集中的已知類別。再準備幾種測試資料集中可能出現的分類描述和目標類別名稱。

要求從測試資料集中找到屬於目標類別的圖片。

在本例任務中，待分類的圖片和待分類的類別名稱都是已知的，未知的待分類圖片與待分類的類別名稱之間有對應關係。

在實現時，可以透過使用與待分類別屬性相近的其他類別資料集進行訓練，從已知類別與圖片間的對應關係，推導出未知類別與圖片間的對應關係。

5.5.1 樣本介紹：用於 ZSL 任務的鳥類資料集

本例使用 Caltech-UCSD-Birds-200-2011 資料集來實現。該資料集的介紹可以參考 5.1.2 小節。

在 下 載 Caltech-UCSD Birds-200-2011 資 料 集 之 後， 可 以 在 其 CUB_200_2011 資料夾下找到 README 檔案，該檔案裡介紹了資料集中各個檔案的詳細說明。

除了資料集中的分類圖片，本例還需要用到每個類別的屬性標注資訊。在 Caltech-UCSD Birds-200-2011 資料集中，有一個 attributes.txt 檔案，該檔案列出了每種鳥類所包含的屬性項。該屬性項共 312 個，可以作為擴充鳥類名稱所代表的種類資訊。部分鳥類屬性項如圖 5-19 所示。

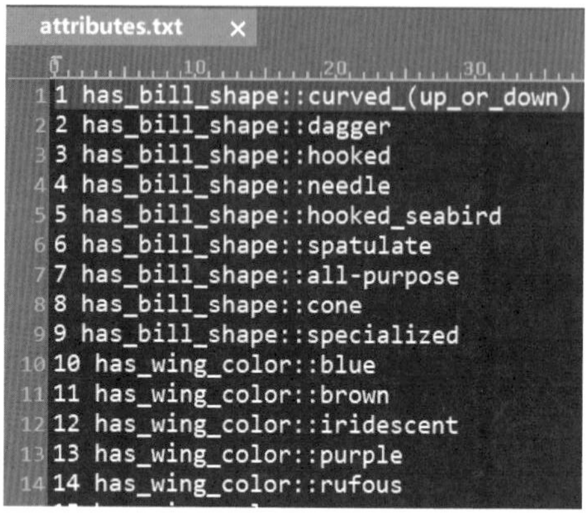

▲ 圖 5-19　部分鳥類屬性項

在 Caltech-UCSD Birds-200-2011\CUB_200_2011\attributes 目錄下有一個 class_attribute_labels_continuous.txt 檔案。該檔案包含 200 行和 312 列 (以空格分隔)。每行對應一個類 (與 classes.txt 相同的順序)，每列包含一個對應於一個屬性的實數值 (與 attributes.txt 相同的順序)。每個數字代表當前類別中，符合對應屬性的百分比 (0 ～ 100)，即每種鳥類所對應的 312 項屬性的機率，如圖 5-20 所示。

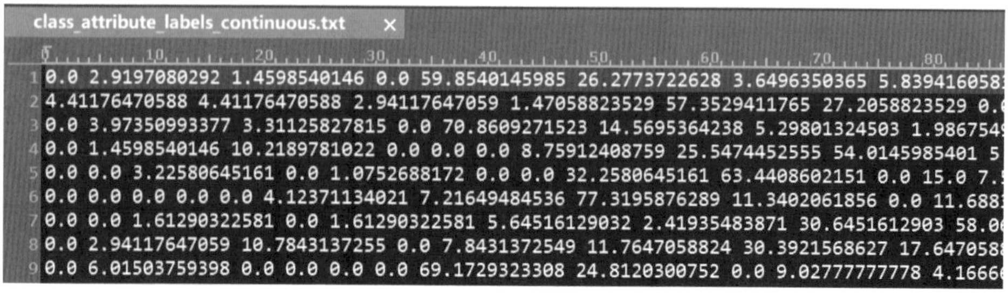

▲ 圖 5-20　每種鳥類的屬性值

在具體實現中,使用 Caltech-UCSD Birds-200-2011 資料集的前 150 類圖片當作訓練集,後 50 類圖片當作測試集。

本例的任務可以進一步細分成,用訓練集訓練模型,並透過 ZSL 方法將其辨識能力進行遷移;透過 class_attribute_labels_continuous.txt 檔案中對未知鳥類 (後 50 種未知參與訓練的鳥類) 的屬性描述,在測試集中找到對應的圖片。

5.5.2 程式實現:用遷移學習的方式獲得訓練資料集分類模型

在 1.8 節的遷移學習實例的基礎上,修改訓練資料集模型的種類,重新訓練模型,使其只對 CUB-200 資料集中前 150 個類別進行辨識,後 50 個類別當作不可見的類別用於測試。

實現時,只需要在 code_02_FinetuneResNet.py 基礎上再做兩處改動。

1. 修改載入目錄函數 load_dir

複製 code_02_FinetuneResNet.py 檔案,並將其重新命名為 code_22_FinetuneResNet150.py。重新定義該程式檔案中的 load_dir 函數,使其只載入前 150 個分類目錄。具體程式如下。

程式檔案:code_22_FinetuneResNet150.py(部分)

```
01  def load_dir(directory,labstart=0,classend=None): # 增加了參數 classend
02      # 返回 path 指定的資料夾所包含的檔案或資料夾的名字串列
03      strlabels = os.listdir(directory)
04      # 對標籤進行排序,以便訓練和驗證按照相同的順序進行
05      strlabels.sort()
06      if classend is not None:                        # 按照 classend 載入目錄
07        strlabels = strlabels[0:classend]
08      # 創建檔案標籤串列
```

```
09      file_labels = []
10      for i,label in enumerate(strlabels):
11         jpg_names = glob.glob(os.path.join(directory, label, "*.jpg"))
12         # 加入串列
13         file_labels.extend(zip( jpg_names,[i+labstart]*len(jpg_names))  )
14      return file_labels,strlabels
```

第 06 和 07 行程式為新加的程式，表示從 strlabels 串列中取出前 classend 個目錄進行載入。

2. 修改 load_dir 函數的呼叫關係

為了使實例的內部邏輯更為清晰，這裡不再加入 None 類，而是將程式檔案中呼叫 load_data 函數的地方修改成直接呼叫 load_dir 函數，來對檔案和標籤進行載入。

> ◈ 提示
>
> 這樣做僅為了實例演示方便，即模型載入 150 個類別，輸出的分類也是 150 個結果。在實際應用中，還是建議增加 None 類，來獲得更好的性能。

具體程式如下。

程式檔案：code_22_FinetuneResNet150.py（部分）

```
01   ......
02   # 原始程式碼部分
03   #dataset_path = r'./data/'
04   #filenames, labels,classes = load_data(dataset_path)
05   # 新程式部分
06   dataset_path = r'./data/images'
07   tfile_labels,classes = load_dir(dataset_path,classend = 150)
08   filenames, labels=zip(*tfile_labels)
09   ......
```

第 06 行程式改變了輸入的資料目錄。這是因為 load_dir 函數在 load_data 函數中用於處理內層目錄，所以直接呼叫 load_dir 函數時，需要傳入更深一層的目錄 (images)。

3. 執行程式，得到模型檔案

在修改完成之後，可以直接執行該程式。該程式使用的資料集是 Caltech-UCSD Birds-200-2011 資料集。

待 程 式 執 行 之 後，可 以 得 到 兩 個 模 型 檔 案 finetuneRes101_1.pth 和 finetuneRes101_2.pth。為了不與 1.8 節的模型檔案混淆，將 finetuneRes 101_2.pth 命名為 CUB150Res101_2.Pth，用於本例中的視覺特徵提取環節。

5.5.3 使用分類模型提取圖片視覺特徵

在這一環節中，需要得到兩個層面的視覺特徵。

（1）圖片層面：使用模型對每個類別進行處理，得到其對應的視覺特徵。
（2）類別層面：使用平均值和聚類兩種方式來獲取每個類別的視覺特徵。

下面主要介紹如下。

1. 使用平均值方式獲取類別的視覺特徵

根據資料集中類別與圖片的對應關係，對每個類別中圖片視覺特徵取平均值，分別得到訓練資料集 (前 150 類) 和測試資料集 (後 50 類) 中每個類別的視覺特徵。

因為在實際情況中得不到測試資料集中類別與圖片的關係，所以用平均值方式獲取的類別特徵只在訓練資料集中使用。

2. 使用聚類方式獲取類別的視覺特徵

將測試資料集 (後 50 類) 中所有圖片的視覺特徵聚類成 50 個簇，可以得到這 50 個未知類別的視覺特徵。如果能使這 50 個未知類別的視覺特徵與其屬性特徵一一對應，便可以實現最終的分類任務。

3. 使用程式提取特徵

直接執行書附資源中的程式檔案 code_23_Extractor.py，便可以得到所要提取視覺特徵檔案。這些檔案分別放在兩個資料夾中，具體如下。

- 資料夾 CUBfeature：按照原有資料集的類別結構，存放每個圖片的視覺特徵檔案。每個子資料夾代表一個類別，每個類別裡有一個 .json 檔案，該檔案裡存放該類別中所有圖片的視覺特徵。
- 資料夾 CUBVCfeature：包含兩個 .json 檔案 ResNet101VC.json 和 ResNet101VC_testCenter.json，分別用於存放以平均值方式和聚類方式獲取的類別視覺特徵。

特徵提取後的檔案拓撲如圖 5-21 所示。

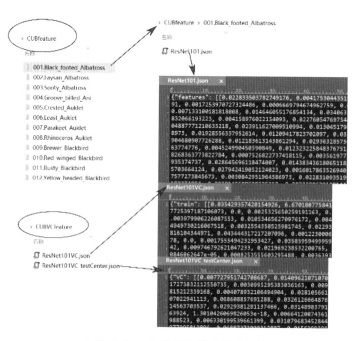

▲ 圖 5-21　特徵提取後的檔案拓撲

5.5.4 程式實現：用多層圖卷積神經網路實現 VSC 模型

用 DGL 函數庫撰寫一個多層圖卷積神經網路，並將類別屬性特徵做成帶有自環的圖結構資料，使每一個類別屬性特徵經過全連接變換，生成與類別視覺特徵維度相同的資料。具體程式如下。

程式檔案：code_24_Train.py

```python
01  import json                                    # 引入基礎函數庫
02  import time
03  import os
04  import numpy as np
05
06  import torch                                   # 引入 PyTorch 函數庫
07  import torch.nn.functional as F
08  from torch.optim import lr_scheduler
09  import torch.nn as nn
10  from dgl.nn.pytorch.conv import GraphConv      # 引入圖卷積
11
12  from code_22_Wasserstein import SinkhornDistance  # 引入 Sinkhorn 演算法
13
14  class GCN(nn.Module):                           # 定義多層圖卷積
15    def __init__(self, in_channels, out_channels, hidden_layers,device):
16      super(GCN,self).__init__()
17      self.m_layers = nn.ModuleList()
18      last_c = in_channels
19      # 定義隱藏層
20      for cout in hidden_layers:
21        self.m_layers.append( GraphConv(last_c, cout,
22                    activation=nn.LeakyReLU(negative_slope=0.2)))
23        last_c = cout
24      self.m_layers.append( GraphConv(last_c, out_channels))
25    def forward(self, g,inputs):
26      h = inputs
27      for layer in self.m_layers:                # 呼叫隱藏層
```

```
28      h = layer(g, h)
29      return F.normalize(h)
```

該模型將每個類別當作圖資料中的節點，在工作時，借助圖的傳播方式，按照層數對每個節點做全連接變換。

5.5.5 程式實現：基於 W 距離的損失函數

在 5.3 節介紹過 VSC 模型的幾種約束方法，這些方法都可以被當作損失函數，用於訓練 GCN 模型。

在實際測試中，基於 W 距離的損失函數執行的速度快並且效果好，所以優先使用基於 W 距離的損失函數。具體程式如下。

程式檔案：code_24_Train.py（續）

```
30   def WDVSc(a,b,device,n,m,no_use_VSC=True):
31     WD=SinkhornDistance(0.01,1000,None,"mean")
32     mask=list(range(n-m))
33     L2_loss=((a[mask] - b[mask])**2).sum()/((n-m)*2) # 基於訓練資料集的 L2 損失
34     A = a[n - m:]                    # 獲取測試資料集的特徵
35     B = b[n - m:]
36     A=A.cpu()
37     B=B.cpu()
38     if no_use_VSC:
39       WD_loss=0.
40       P=None
41       C=None
42     else:
43       WD_loss,P,C=WD(A,B)           # 進行 Sinkhorn 演算法迭代，得到損失值
44       WD_loss = WD_loss.to(device)
45     lamda=0.001
46     tot_loss=L2_loss+WD_loss*lamda   # 合成最終的損失值
47     return tot_loss,P,C
```

WDVSc 函數中實現了兩種損失，具體如下。

- 基於訓練資料集的 L2 損失：令訓練資料集中的類別屬性經過 GCN 模型之後得到的結果向該類別的視覺特徵接近。
- 基於 W 距離的損失：令測試資料集中的類別屬性經過 GCN 模型之後得到的結果向未知類別圖片聚類後的視覺特徵中心點接近

其中基於 W 距離的損失部分，屬於對兩個集合間的距離進行計算，這裡使用了 Sinkhorn 演算法進行實現。經過測試發現，該損失值乘以 0.001 再與基於訓練資料集的 L2 損失合併，可以得到最佳的效果。

當 WDVSc 函數的參數 no_use_VSC 設為 True 時，表明只對訓練資料集做 L2 損失，即 VCL 損失。

5.5.6 載入資料並進行訓練

讀取資料集中的類別屬性標注檔案 class_attribute_labels_continuous.txt，將每個類別的 312 個屬性載入，並將 5.5.3 小節所製作好的 ResNet101VC.json 和 ResNet101VC_testCenter.json 檔案載入。

- ResNet101VC.json 檔案的內容是訓練資料集每個類別的視覺特徵，在訓練過程中，用於訓練資料集類別屬性特徵的標籤。
- ResNet101VC_testCenter.json 檔案的內容是測試資料集中聚類後的類別視覺特徵，在訓練過程中，用作測試資料集類別屬性特徵的標籤。

在模型的訓練過程中，使用了學習率衰減配合 Adam 最佳化器，迭代次數為 5000。執行之後可以得到測試資料集上每個未知類別屬性所對應的視覺特徵。該特徵資料會被儲存在檔案 Pred_Center.npy 中。

該部分程式可以參考 code_24_Train.py 檔案中模型訓練的程式。

5.5.7 程式實現：根據特徵距離對圖片進行分類

在得到類別屬性對應的視覺特徵之後，便可以根據每張圖片與類別屬性之間的視覺特徵距離遠近來分類。

實現時，先將特徵資料檔案 Pred_Center.npy 載入，再從中找到離待測圖片視覺特徵最近的類別，將該類別作為圖片最終的分類結果。具體程式如下。

程式檔案：code_24_Train.py（部分）

註：為了方便講解程式，程式的編號從 01 開始，完整程式請參見本書提供的書附資源。

```
01  centernpy = np.load("Pred_Center.npy")          # 載入特徵資料檔案
02  center=dict(zip(classname,centernpy))           # 獲取全部中心點
03  subcenter = dict(zip(classname[-50:],centernpy[-50:]))# 獲取未知類別中心點
04  cur_root = r'./CUBfeature/'
05  allacc = []
06  for target in classname[classNum-unseenclassnum:]:# 遍歷未知類別的特徵資料
07      cur=os.path.join(cur_root,target)
08      fea_name=""
09      url=os.path.join(cur,"ResNet101.json")
10      js = json.load(open(url, "r"))
11      cur_features=js["features"]                  # 獲取該類圖片的視覺特徵
12
13      correct=0
14      for fea_vec in cur_features:                 # 遍歷該類別中的所有圖片
15          fea_vec=np.array(fea_vec)
16          ans=NN_search(fea_vec,subcenter)         # 尋找距離最近的類別
17
18          if ans==target:
19              correct+=1
20
21      allacc.append( correct * 1.0 / len(cur_features) )
22      print( target,correct)
```

```
23    # 輸出模型的準確率
24    print("The final MCA result is %.5f"%(sum(allacc)/len(allacc)))
```

程式執行後，輸出結果如下。

```
151.Black_capped_Vireo 22
152.Blue_headed_Vireo 2
......
199.Winter_Wren 48
200.Common_Yellowthroat 26
The final MCA result is 0.51364
```

從輸出結果中可以看到，模型在沒有未知類別的訓練樣本情況下，實現了對圖片基於未知類別的分類。由於本例主要用於學習，在實際應用中，精度還有很大的提升空間。

5.6 針對零次學習的性能分析

在 5.5 節的實例中，使用 VSC 模型實現了一個完整的零次學習任務。透過對該實例的學習，可以了解到，零次學習任務的主要工作就是跨域的特徵匹配。而在整個訓練環節中，會涉及多個模型的結果組合，其中的任意一個模型都會對整體的精度造成影響。

本節將在 5.5 節基礎之上，介紹一些分析零次學習的性能的方法。這些方法可以在提升模型整體性能的過程中，提供解決想法和方案。

5.6.1 分析視覺特徵的品質

在 5.3 節介紹過 VSC 模型的出發點，它是建立在相同類別圖片的視覺特徵可以被聚類到一起的基礎之上實現的，這也是 ZSL 中的常用想法。

ZSL 模型的精度與圖片的視覺特徵息息相關。某種程度上，它可以標誌著 ZSL 模型精度的上限。也就是說，如果用圖片與類別視覺特徵間的距離作為分類方法，該方法所得到的精度，即整個 ZSL 模型的最大精度。

ZSL 模型本身就是用圖片與類別視覺特徵間的距離作為分類方法的，在這個基礎之上，還要進行類別屬性向類別視覺特徵的跨域轉換。因為由類別屬性轉化而成的視覺特徵本身就不如類別原始的視覺特徵，所以 ZSL 模型的整體精度，必定小於用類別的原始視覺特徵距離進行分類的精度。

在 5.5 節的實例中，可以使用訓練資料集中類別的視覺特徵進行基於距離的分類，測試該實例中所使用視覺特徵的品質，從而可以了解該模型能夠提升的最大精度。

修改 5.5.7 小節的程式，具體操作如下。

（1）修改 5.5.7 小節的第 03 行程式，將 subcenter 換成資料集中全部類別視覺特徵 vccenter。具體程式如下。

```
vcdir= os.path.join(r'./CUBVCfeature/',"ResNet101VC.json") # 可見類別的
VC 中心檔案
# 儲存可見類別的 VC 中心檔案
obj=json.load(open(vcdir,"r"))
VC=obj["train"]                          # 獲得可見類別的中心點
VCunknown = obj["test"]
allVC = VC+VCunknown                     # 視覺中心點
vccenter = dict(zip(classname,allVC)) # 全部中心點
```

（2）修改 5.5.7 小節的第 06 ～ 16 行程式，使用全部類別的視覺特徵 vccenter 在訓練資料集上做基於距離的分類。具體程式如下。

```
06   for target in classname [:classNum-unseenclassnum]: # 遍歷訓練資料集類別
07     cur=os.path.join(cur_root,target)
08     fea_name=""
```

```
09    url=os.path.join(cur,"ResNet101.json")
10    js = json.load(open(url, "r"))
11    cur_features=js["features"]          # 獲取該類圖片的視覺特徵
12
13    correct=0
14    for fea_vec in cur_features:          # 遍歷該類別中的所有圖片
15      fea_vec=np.array(fea_vec)
16      ans=NN_search(fea_vec, vccenter) # 尋找距離最近的類別
```

第 06 行程式對訓練資料集中的圖片進行測試，依次尋找與其距離最近的類別。如果圖片的視覺特徵足夠優質，則所有的圖片都可以透過該方法正確地找到自己的所屬類別。

程式執行後，輸出結果如下。

```
001.Black_footed_Albatross 54
002.Laysan_Albatross 53
......
147.Least_Tern 49
148.Green_tailed_Towhee 58
149.Brown_Thrasher 55
150.Sage_Thrasher 52
The final MCA result is 0.85184
```

從輸出結果中可以看出，使用模型輸出的視覺特徵透過距離的方式進行分類，在訓練資料集上的精度只有 85%。這表明使用該視覺特徵所完成的 ZSL 任務，最高精度不會超過 85%。

要想提高 ZSL 任務的精度上限，就必須找到更好的視覺特徵提取模型。

為了能夠得到更好的視覺特徵提取模型，可以在微調模型時，訓練出分類精度更高的模型；或嘗試使用更好的分類模型；或使用其他手段來增大不同類別之間視覺特徵的距離。

5.6.2 分析直推式學習的效果

在 5.5.5 小節使用了 W 距離實現對類別屬性轉換 (直推式學習) 模型的訓練，該方法所訓練出的模型品質，並不能完全透過訓練過程的損失值來衡量。最好的衡量方式是直接使用測試資料集的類別視覺特徵來代替模型輸出的特徵，測試未知分類的準確度。

修改 5.5.7 小節的第 06 ～ 16 行程式，使用類別的視覺特徵 vccenter 來進行測試。具體程式如下。

程式檔案：code_24_Train.py（部分）

```
06   for target in classname [classNum-unseenclassnum:]: # 遍歷測試資料集類別
07     cur=os.path.join(cur_root,target)
08     fea_name=""
09     url=os.path.join(cur,"ResNet101.json")
10     js = json.load(open(url, "r"))
11     cur_features=js["features"]              # 獲取該類圖片的視覺特徵
12
13     correct=0
14     for fea_vec in cur_features:             # 遍歷該類別中的所有圖片
15       fea_vec=np.array(fea_vec)
16       ans=NN_search(fea_vec, vccenter)       # 尋找距離最近的類別
```

程式執行後，輸出結果如下。

```
151.Black_capped_Vireo 33
152.Blue_headed_Vireo 24
......
198.Rock_Wren 47
199.Winter_Wren 51
200.Common_Yellowthroat 41
The final MCA result is 0.70061
```

輸出結果顯示，直接使用資料集中類別視覺特徵的分類精度為 70%，分類精度明顯提高。

這表明模型在直推式學習過程中，損失了很大的精度。接下來，便可以用 5.6.3 小節的方法分析直推模型的能力。

5.6.3 分析直推模型的能力

測試直推模型能力的方法，可以使用該模型輸出的測試資料集結果與測試資料集的標籤 (測試資料集中類別的視覺特徵) 進行比較。

在 5.5.7 小節的程式後面，增加以下程式，可以對直推模型能力進行評估。

```
# 在模型的輸出結果中，尋找與測試資料集類別視覺特徵最近的類別
for i,fea_vec in enumerate(VCunknown): # 遍歷測試資料集中真實類別的視覺特徵
    fea_vec=np.array(fea_vec)
    ans=NN_search(fea_vec,center)    # 在模型輸出的結果中尋找最近距離的類別
    if classname[150+i]!=ans:
        print(classname[150+i],ans)  # 輸出不匹配的結果
```

程式執行後，輸出結果如下。

```
152.Blue_headed_Vireo 153.Philadelphia_Vireo
154.Red_eyed_Vireo 178.Swainson_Warbler
162.Canada_Warbler 168.Kentucky_Warbler
163.Cape_May_Warbler 162.Canada_Warbler
168.Kentucky_Warbler 167.Hooded_Warbler
169.Magnolia_Warbler 163.Cape_May_Warbler
171.Myrtle_Warbler 169.Magnolia_Warbler
176.Prairie_Warbler 163.Cape_May_Warbler
179.Tennessee_Warbler 153.Philadelphia_Vireo
180.Wilson_Warbler 182.Yellow_Warbler
```

結果輸出了 10 筆資料。這表明模型在對 50 個類別的屬性特徵轉化成視覺特徵過程中，出現了 10 個錯誤，相當於精度損失了 20%。

造成這種現象的原因可能有以下兩種。

- 模型本身的擬合能力太弱。這種情況可以從模型的訓練方法 (VCL、BMVSc、WDVSc 等) 上進行分析，尋找更合適的訓練方法。
- 資料集中的標籤不準。在測試集中，標籤 (類別的視覺特徵) 是透過聚類方式得到的，並不能保證其聚類結果與測試資料集中的真實標籤完全一致，二者之間可能存在誤差。該誤差會直接影響到未知類別的屬性特徵與視覺特徵之間的匹配關係。

在實際情況中，由於資料集中的標籤不準導致模型精度下降的情況更為常見。對於這方面的分析見 5.6.4 小節。

5.6.4　分析未知類別的聚類效果

未知類別的聚類效果，是決定 ZSL 任務整體精度的關鍵所在。可以透過比較測試資料集中類別的屬性特徵與類別的視覺特徵之間的距離，來評估未知類別的聚類效果。

1. 評估聚類效果

在 5.5.7 小節的程式後面，增加以下程式，來實現對聚類效果的評估。

程式檔案：code_24_Train.py（部分）

註：程式的編號是完整程式中的編號。

```
47   result = {}                                # 儲存匹配結果
48   for i,fea_vec in enumerate(test_center):   # 遍歷測試資料的聚類中心點
49       fea_vec=np.array(fea_vec)
50       ans=NN_search(fea_vec,vccenter)        # 尋找與聚類中心點最近的類別
51       classindex = int(ans.split('.')[0])
```

```
52    if classindex<=150:                    # 如果聚類中心點超出範圍，則聚類錯誤
53      print(" 聚類錯誤的類別 ",i,ans)
54    if classindex not in result.keys():
55      result[classindex]=i
56    else:                                  # 如果兩個聚類結果匹配到相同類別，則聚類重複
57      print(" 聚類重複的類別 ",i,result[classindex],ans)
58  for i in range(150,200):     # 尋找聚類失敗的類別
59    if i+1 not in result.keys():
60      print(" 聚類失敗的類別 :",classname[i])
```

程式執行後，輸出結果如下。

```
聚類錯誤的類別 0 135.Bank_Swallow
聚類重複的類別 30 21 177.Prothonotary_Warbler
聚類重複的類別 35 26 163.Cape_May_Warbler
聚類重複的類別 36 11 188.Pileated_Woodpecker
聚類重複的類別 38 6 179.Tennessee_Warbler
聚類重複的類別 41 14 197.Marsh_Wren
聚類重複的類別 43 40 195.Carolina_Wren
聚類重複的類別 44 32 166.Golden_winged_Warbler
聚類重複的類別 46 7 155.Warbling_Vireo
聚類失敗的類別 :152.Blue_headed_Vireo
聚類失敗的類別 :157.Yellow_throated_Vireo
聚類失敗的類別 :161.Blue_winged_Warbler
聚類失敗的類別 :167.Hooded_Warbler
聚類失敗的類別 :170.Mourning_Warbler
聚類失敗的類別 :176.Prairie_Warbler
聚類失敗的類別 :178.Swainson_Warbler
聚類失敗的類別 :182.Yellow_Warbler
聚類失敗的類別 :184.Louisiana_Waterthrush
```

輸出結果中，顯示了 3 種聚類的出錯資訊：聚類錯誤的類別、聚類重複的類別和聚類失敗的類別。這便是導致 5.5.7 小節模型精度不高的真實原因。

2. 分析聚類效果不好的原因

造成聚類效果不好的原因主要有以下兩點。

- 提取視覺特徵的模型不好，沒有將每個圖片的同類特徵更進一步地提取出來，導致同類特徵距離不集中，或類間特徵距離不明顯。
- 測試集中的樣本過於混雜。測試集中的樣本可能會包含已知、未知的類別，甚至是不在待辨識分類中的其他雜訊資料。

3. 聚類效果不好時應採取的方案

當測試出聚類環節出現問題時，可以從以下 3 個方面進行最佳化。

- 使用更好的特徵提取模型，按照 5.6.1 小節中的模型選取方案，更換或重新訓練更好的模型來提取特徵。
- 對測試集進行清洗。具體清洗方法見 5.6.5 小節。
- 拆分任務，保留模型聚類成功的類別特徵。利用這些類別，使用 VSC 模型的訓練方式，生成一個具有部分分類能力的模型。該方法雖然不能將所有的 50 個未知類別分開，但是可以保證模型能夠對部分未知類別做出正確的預測。

5.6.5　清洗測試集

在實際情況下，測試集中可能存在許多不屬於任何已知類別的圖片。如果直接對所有這些未清洗 (人工智慧中的專用術語) 的圖片進行聚類，則得到的中心點有可能會與該類別本身的中心點出現偏差，從而影響後續的訓練效果。

為了解決測試資料集中樣本不「純淨」的問題，可以先使用以下步驟，對測試資料集進行清洗。

（1）採取 VCL 方法，用訓練資料集訓練一個兩層網路，實現類別屬性特徵到類別視覺特徵中心點的映射。

（2）利用該模型對測試資料集的未知類別屬性進行處理，得到其對應的
　　類別視覺特徵中心點，即未知類別的中心點。

（3）在訓練資料集中每個分類樣本裡找出兩個特徵距離最遠的點，並求
　　出它們的最大值 Dmax。

（4）在測試資料集中找出距離中心點 C 中小於 Dmax/2 的樣本。

（5）對這些樣本進行基於視覺結構約束的訓練。

這種方式相當於先借助訓練資料集的中心點預測模型，來找到測試資料
集中的中心點，然後根據測試資料集中樣本離中心點的距離來篩選出一
類「純淨」測試樣本。

有了這些「純淨」樣本之後，再對其提取視覺中心點，進行視覺特徵與
屬性特徵的匹配訓練，才會得到更好的效果。

5.6.6 利用視覺化方法進行輔助分析

除了前文介紹的一些分析方法以外，還可以利用視覺化方法進行輔助分
析。透過對資料分佈和中心點的視覺化，可以更直觀地幫助開發人員偵
錯和定位問題。

對本例測試資料集中的 50 個未知類別進行視覺化處理，如圖 5-22 所示。

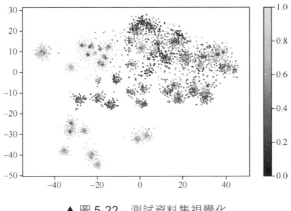

▲ 圖 5-22　測試資料集視覺化

圖 5-22 顯示了測試資料集中基於圖片視覺特徵的視覺化結果。其中，紅色小數點為每個類別視覺特徵，藍色加號為對圖片視覺特徵進行聚類後的 50 個聚類中心點，黃色五角星為 VSC 模型根據類別屬性特徵所轉化成的 50 個預測類別的視覺特徵。

整體來看，圖 5-22 中，右上角區域中的圖片特徵分佈較平均，類間邊界模糊，VSC 模型的輸出結果和聚類結果相對於真實的類別視覺特徵誤差較大；左下角和中間區域中的圖片特徵分佈較稀疏，類間邊界清晰，VSC 模型輸出的結果與真實的類別視覺特徵誤差較小。

另外，視覺化還對偵錯程式過程中，發現資料邏輯層面的問題有很大幫助，如圖 5-23 所示，可以很容易看出聚類的環節發生了錯誤。

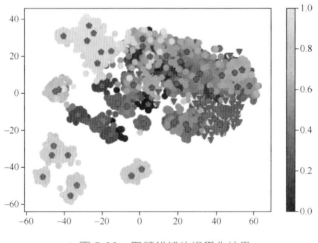

▲ 圖 5-23　聚類錯誤的視覺化結果

圖 5-23 中，紅色的 5 邊形是每個類別的中心點，紅色的倒三角形是聚類後的結果。可以看出大部分的聚類結果都集中在偏右側的中部，並沒有分佈在每個類別的中心點附近。這表明聚類環節的程式出現了資料邏輯錯誤。

異質圖神經網路

異質圖神經網路屬於圖神經網路的一部分，它主要用於處理異質圖 (Heterogeneous Graph) 資料。因為同構圖 (Homogeneous Graph) 屬於異質圖的特例，所以異質圖神經網路也適用於同構圖資料。

本章內容主要分為 3 部分：第 1 部分介紹異質圖相關的理論知識，第 2 部分介紹 DGL 中實現異質圖的相關介面，第 3 部分以實例講解異質圖模型在推薦系統中的應用。

6.1 異質圖的基礎知識

《全格局使用 PyTorch - 深度學習和圖神經網路基礎篇》介紹的圖神經網路模型都是基於同構圖資料實現的。但在實際場景中，異質圖的應用更為廣泛。基於異質圖所實現的異質圖神經網路也是圖神經網路中非常重要的應用之一。下面將介紹異質圖相關的理論知識。

6.1.1　同構圖與異質圖

同構圖資料中只存在一種節點和邊,因此在建構圖神經網路時,所有節點共用同樣的模型參數並且擁有同樣維度的特徵空間。

異質圖又叫異形圖。它是相對於同構圖而言的,是指包含不同類型的節點和邊的圖。在異質圖中可以有多種節點和邊,且允許不同類型的節點擁有不同維度的特徵或屬性。

在生活中,異質圖比同構圖使用得更為廣泛。如果用圖來描述我們和周圍事物的關係就會發現,所有產生的圖都是天然異質的。舉例來説,我今天購買了一本圖書,那麼「我」作為讀者就和圖書之間建立了「購買」這一關係。

而異質圖可以用來描述這種互動關係的集合。在異質圖中,可以分為「讀者」和「圖書」兩類節點,以及「購買」這一類邊。

「我」作為讀者,和圖書所具有的不同的屬性,需要用不同的模型或不同的特徵維度來表達。這種結構中含有不同屬性元素所組成的圖天然就具有異質性。

6.1.2　什麼是異質圖神經網路

異質圖神經網路是指基於異質圖訓練的神經網路。它與傳統網路相比,能夠獲得更好的效果與表現。

一般來講,由於異質圖中不同類型的節點和邊具有不同類型的屬性,異質圖神經網路需要使用具有不同維數的表示方法才能利用這些不同屬性的節點和邊進行建模,從而捕捉到每個節點和邊類型的特徵。

異質圖神經網路也被應用到知識圖譜、推薦系統以及惡意帳戶辨識等領域和任務中。

6.1.3 二分圖

二分圖又稱為二部圖，是圖論中的一種特殊模型。它是指有兩個子圖，每個子圖內部的節點只與外部的節點相連，同一個子圖內部的節點互不相連。

二分圖結構在推薦演算法中經常遇到。以使用者購買商品的場景為例，每個使用者和商品都可以看作節點，使用者購買商品的行為可以看作邊，這種結構所組成的圖就是二分圖，如圖 6-1 所示。

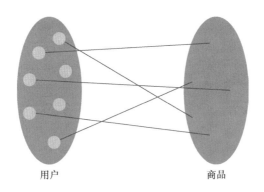

用戶 　　　　　　　　　　　　　　　　商品

▲ 圖 6-1　二分圖

1. 二分圖的特性與判定

二分圖具有以下特性。

■ 二分圖至少有兩個頂點。
■ 如果二分圖中的頂點存在迴路，則迴路的邊數必定是偶數。
■ 二分圖中的頂點也可以不存在迴路。

以上特性可以被用來檢測圖的二分性。舉例來說，在圖 6-2 中，圖 6-2(a) 就是一個二分圖，因為頂點①、②的回路邊數是 4；而圖 6-2(b) 則不是一個二分圖，因為其頂點①的回路邊數為 3，是奇數。

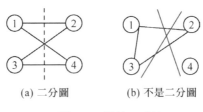

(a) 二分圖　　　　(b) 不是二分圖

▲ 圖 6-2　　圖的二分性

在實現時，可以透過鄰接表法或染色法用程式進行判斷。這些方法已經不再需要手動實現。因為在 NetworkX 以及類似的工具函數庫中，都會提供現成的介面，直接進行呼叫即可 (參考 6.2.1 小節)。

2. 匹配的概念及方法

匹配是二分圖中的概念。它是指指定一個二分圖 G，在 G 的子圖 M 中，M 的邊集 {E} 中的任意兩條邊都不依附於同一個頂點，則稱 M 是一個匹配。

在二分圖中常用的匹配方法有以下 3 種。

- 極大匹配：指在當前已完成的匹配下，無法再透過增加未完成匹配的邊的方式來增加匹配的邊數。
- 最大匹配：所有極大匹配當中邊數最大的匹配，選擇這樣的邊數最大的子集稱為圖的最大匹配問題。
- 完全匹配 (完備匹配)：一個匹配中，圖中的每個頂點都和圖中某條邊相連結。

利用二分圖的匹配方法也可以解決目標檢測任務中檢測框與真實區域的匹配問題。在實現時，可以將模型輸出的檢測框當作一個子圖，將標籤中的真實區域當作另一個子圖，每個檢測框與真實區域之間的重疊率當作邊的權重。這樣便形成了一個二分圖結構。透過二分圖的最大匹配方法，即可從大量的檢測框中篩選出預測結果。

6.1.4 局部圖卷積

《全格局使用 PyTorch - 深度學習和圖神經網路基礎篇》介紹的圖神經網路多數是對整張圖進行運算的。但是在異質圖神經網路的應用場景中，如某電子商務的推薦系統，圖結構資料是由幾十億的節點和上百億的邊組成的。由於資料過於龐大，已經無法實現對整張圖進行運算。於是需要採用局部圖卷積的方法，只對局部節點進行圖卷積計算，來實現大型圖結構資料的處理。具體步驟如下。

（1）選取目標節點的 N 個鄰居節點作為計算目標。
（2）把目標節點及其 N 個鄰居節點當作一個新的子圖，在這個新的子圖上做圖卷積運算。
（3）依次將圖中的每個節點當作目標節點，按照第 (1)、(2) 步操作，最終得到圖中所有節點的特徵值。

局部圖卷積可以保證鄰居節點的個數固定，使計算過程中所佔用的記憶體可控。

在局部圖卷積中，每個卷積模組都學習如何聚合來自子圖的資訊並堆疊起來，以獲得局部網路拓撲資訊。並且卷積模組的參數在所有節點之間共用，大大減少複雜度，不受輸入圖尺寸的影響。

6.2 二分圖的實現方式

在 DGL、NetworkX 中也提供了二分圖的創建和處理介面，它在同構圖的操作基礎之上進行了擴充。建議讀者在掌握基於同構圖 DGLGraph 物件的基本操作之後 (見《全格局使用 PyTorch - 深度學習和圖神經網路基礎篇》中的相關章節)，再來學習本節內容。

6.2.1 用 NetworkX 實現二分圖

NetworkX 中可以使用 Graph 或 DiGraph 類別來表示二分圖結構資料。在創建時必須為每個子圖的節點集合進行標注,同時還需要確保同一集合的節點之間互不相連。

1. 創建完全匹配二分圖

在 NetworkX 中可以使用 complete_bipartite_graph 函數創建基於完全匹配的二分圖。具體程式如下。

```
import networkx as nx
nxcg = nx.complete_bipartite_graph(2, 3)      # 創建二分圖
nxcg.nodes() # 輸出 :NodeView((0, 1, 2, 3, 4))
nxcg.edges() # 輸出 :EdgeView([(0, 2), (0, 3), (0, 4), (1, 2), (1, 3), (1, 4)])
```

在 complete_bipartite_graph 函數所創建的二分圖中,兩個子圖的節點個數分別為 2 和 3。該二分圖的邊滿足完全匹配,即每個子圖的節點都與另一個子圖的節點相連。

2. 創建自訂二分圖

除了創建完全匹配二分圖以外,NetworkX 還支持自訂二分圖的創建。

自訂二分圖的創建過程與創建普通圖非常相似,只是在向圖中增加節點時,需要多傳入一個參數 bipartite。該參數可以設定值 0 或 1,用於指定所增加的節點屬於哪個子圖。具體程式如下。

```
import networkx as nx
nxg= nx.DiGraph()                                       # 定義一個有方向圖
nxg.add_nodes_from(['u0', 'u1', 'u2'], bipartite=0)     # 增加 3 個節點
nxg.add_nodes_from(['v0', 'v1'], bipartite=1)           # 增加 2 個節點
nxg.add_edges_from([('u0', 'v0'), ('u1', 'v0'),         # 增加邊
                    ('u1', 'v1'), ('u2', 'v1')])
```

使用 NetworkX 創建二分圖仍然屬於 Graph 類別物件，從記憶體結構上看，它與普通的圖沒有任何區別。在增加節點時加入的 bipartite 參數只是一個用於安全檢查的標識位而已。

3. 判定二分圖

對於任意的 Graph 類別物件，都可以使用 NetworkX 中的 is_bipartite 函數來進行二分性判定。is_bipartite 函數會根據二分圖的特性，來檢查當前圖是否滿足二分圖的結構特點。具體程式如下。

```
nx.is_bipartite(nxg)   # 輸出 True
```

4. 給二分圖著色

在 NetworkX 的演算法子模組中有一個 bipartite 函數庫，可以對二分圖做基於各種演算法的處理 , 包括計算最大匹配、計算鄰接矩陣、聚類、光譜測量等。具體說明可以在 NetworkX 的首頁中的說明文件裡查看。

這裡以一個二分圖節點著色的功能為例，具體程式如下。

```
from networkx.algorithms import bipartite
c = bipartite.color(nxg) #c 的值為 {'u0': 1, 'v0': 0, 'u1': 1, 'v1': 0,
'u2': 1}
```

color 函數可以對任意滿足二分圖結構的 Graph 類別物件進行處理，並根據二分圖的結構將圖物件中的節點分成兩個子圖。該函數執行後會返回一個字典，字典的 key 為每個節點的名稱，字典的 value 為二分圖中所屬子圖的顏色。在使用時，可以用這個顏色值來檢測節點類型或進行繪圖。

5. 繪製二分圖

利用 color 函數所返回的著色結果，可以很容易地將二分圖繪製出來。具體程式如下。

```
clist = [ c[i] for i in nxg.nodes]                    # 將著色結果轉化為串列
import matplotlib.pyplot as plt
nx.draw(nxg,with_labels=True,node_color=clist,)   # 顯示二分圖
plt.show()
```

程式執行後，輸出的二分圖繪製結果如圖 6-3 所示。

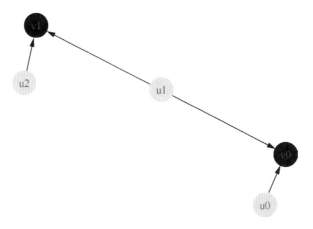

▲ 圖 6-3　輸出的二分圖繪製結果

圖 6-3 所示的節點分為兩種顏色，即黃色和紫色，分別代表二分圖中的兩個子圖集合。

6. 提取二分圖中的子圖節點

在 bipartite 函數庫中，還有一個 sets 函數。它的功能與 color 函數類似，都可以對任意滿足二分圖結構的 Graph 類別物件進行二分圖型處理。不同的是 sets 函數不對節點著色，而是直接將兩個子圖的節點提取出來。具體程式如下。

```
bottom_nodes, top_nodes = bipartite.sets(B)
```

程式執行後，物件 bottom_nodes 和 top_nodes 的值分別為 {'u0','u1','u2'} 和 {'v0', 'v1'}。

7. 計算最大匹配

在 bipartite 函數庫中，直接呼叫 maximum_matching 函數即可計算二分圖中每個節點的最大匹配。該函數會以字典的形式返回每個節點的匹配規則。在使用過程中，使用者完全不需要關心最大匹配演算法的特定實現。具體程式如下。

```
bipartite.maximum_matching(nxg)  # 輸出 :{'u1':'v0','u2': 'v1','v0': 'u1','v1': 'u2'}
```

計算的結果中顯示了每個節點與另一個子圖集合中節點的映射關係。

6.2.2　使用 DGL 建構二分圖

本書所介紹的異質圖神經網路模型都是基於 DGL 框架實現的。在使用 DGL 建構模型之前，需要將輸入資料也轉換成 DGL 框架所支持的形式。

在 DGL 中提供了 bipartite 函數，用於生成 DGL 框架下的二分圖結構。為了使結構更為通用，該函數可以支援多種資料格式的輸入。下面就來一一介紹。

1. 將 NetworkX 二分圖轉化成 DGL 二分圖

將 6.2.1 小節中在 NetworkX 下所實現的二分圖結構傳入 DGL 的 bipartite 函數中，可以生成基於 DGL 的二分圖結構。具體程式如下。

```
import dgl
g = dgl.bipartite(nxg)                    # 生成基於 DGL 的二分圖結構
print(g)
```

程式執行後，輸出結果如下。

```
Graph(num_nodes={'_U': 3, '_V': 2},       # 節點數
      num_edges={('_U', '_E', '_V'): 4},  # 邊數
      metagraph=[('_U', '_V')])           # 元圖
```

從輸出結果中可以看到，DGL 的二分圖物件共有 3 個成員，分別是節點數、邊數和元圖。其中節點數 num_nodes 物件是一個字典類型，裡面存放了兩個子圖集合，分別命名為 _U 和 _V，這是 bipartite 預設的節點名稱。

從輸出結果的第 2 行可以看到，邊數 num_edges 物件也是一個字典類型，其中的邊集合被預設命名為 _E。

輸出結果的第 3 行是元圖。它是一個 NetworkX 中的 MultiDiGraph 類型物件，可以直接使用 NetworkX 操作。具體程式如下。

```
meta_g = g.metagraph       # 獲得 MultiDiGraph 類型物件
meta_g.nodes()             # 獲得節點類型 :NodeView(('_U', '_V'))
meta_g.number_of_nodes()   # 獲得節點類型個數 :2
meta_g.edges()             # 獲得邊類型 :OutMultiEdgeDataView([('_U', '_V')])
meta_g.number_of_edges()   # 獲得邊類型個數 :1
```

2. 為二分圖指定名稱

DGL 支援對二分圖中的節點集合和邊集合指定名稱。被命名後的二分圖會使人更容易了解。舉例來説，有 3 個使用者和 2 款遊戲，使用者與遊戲的關係如圖 6-4 所示。

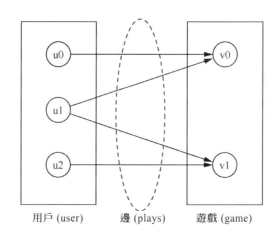

▲ 圖 6-4　使用者與遊戲的關係

根據圖 6-4 所示的關係，來建構二分圖。具體程式如下。

```
g = dgl.bipartite(nxg, 'user', 'plays', 'game')
print(g)
```

程式執行後，輸出結果如下。

```
Graph(num_nodes={'user': 3, 'game': 2},            # 節點數
      num_edges={('user', 'plays', 'game'): 4},    # 邊數
      metagraph=[('user', 'game')])                # 元圖
```

從輸出結果中可以看到，使用者 user 數量為 3，遊戲 game 數量為 2，兩個子圖間的邊 plays 數量為 4。如果想看到邊的具體資訊，可以使用以下程式。

```
g.edges() # 輸出 :(tensor([0, 1, 1, 2]), tensor([0, 0, 1, 1]))
```

從輸出結果中可以看到，圖物件 g 的邊是用兩個張量類型的陣列定義的，這兩個張量串列分別代表邊的兩個節點。在 DGL 中，預設會為每個子圖中的節點從 0 開始編號，每個張量串列中的數值即該子圖中的節點索引。

3. 使用 DGL 從邊節點資料創建二分圖

DGL 的 bipartite 函數還支援從 Python 原生的邊節點資料來創建二分圖。在實現時，可以仿照二分圖的邊定義方式在兩個串列中，定義每條邊對應的兩端節點。具體程式如下。

```
u = [0, 1, 1, 2]                  # 定義子圖 u 的邊節點
v = [0, 0, 1, 1]                  # 定義子圖 v 的邊節點
g = dgl.bipartite((u, v))         # 根據邊節點定義二分圖
g = dgl.bipartite((u, v), 'user', 'plays', 'game')   # 指定二分圖的名稱
```

DGL 的 bipartite 函數還支援 PyTorch 張量類型和稀疏矩陣形式的邊節點資料。在定義串列物件時，將上面程式中的 u 和 v 定義成以下兩種形式，程式也可以正確執行。

（1）使用 PyTorch 張量類型的邊節點。

```
import torch
tu = torch.tensor(u)
tv = torch.tensor(v)
g = dgl.bipartite((tu, tv) , 'user', 'plays', 'game')
```

（2）使用稀疏矩陣形式的邊節點。

```
from scipy.sparse import coo_matrix
spmat = coo_matrix(([1,1,1,1], (u, v)), shape=(3, 2))
g = dgl.bipartite(spmat, 'user', 'plays', 'game')
```

4. 使用 DGL 從邊串列資料創建二分圖

DGL 的 bipartite 函數還支援資料以邊串列的形式進行創建。邊串列與邊節點的區別如下。

■ 邊串列可以包含多筆邊；而邊節點中只能包含兩個串列。

■ 邊串列中的每個元素都代表一條邊，這個邊用一個只能包含兩個元素的元組或串列表示；而邊節點中每個元素都代表一個子圖的節點集合，這個節點集合用一個元組或串列表示，每個集合中的元素都可以是多個。

在使用時，bipartite 函數會根據輸入的物件結構來自動辨識輸入資料是邊串列還是邊節點。使用邊串列創建二分圖的程式如下。

```
gb = dgl.bipartite([(0, 0), (1, 0), (1, 1)], 'user', 'plays', 'game')
                    #根據邊串列創建二分圖
print(gb.edges())   #輸出二分圖的邊:(tensor([0, 1, 1]), tensor([0, 0, 1]))
```

該程式中，向 bipartite 函數傳入了 3 條邊。所生成的二分圖 gb 的結構如下。

```
Graph(num_nodes={'user': 2, 'game': 2},
      num_edges={('user', 'plays', 'game'): 3},
      metagraph=[('user', 'game')])
```

6.2.3 二分圖物件的偵錯技巧

雖然 DGL 函數庫提供了非常方便的使用介面，使得開發人員不需要關心底層的實現過程，但是為了能夠在撰寫程式過程中，最大化地保證程式的穩固性，還需要掌握一些偵錯技巧，以驗證記憶體中二分圖資料的準確性。

基於二分圖的偵錯技巧主要分為兩方面：查看二分圖中的詳細資訊和使用二分圖的驗證機制。

1. 查看二分圖中的詳細資訊

使用以下程式，可以查看二分圖中的詳細資訊。

```
g = dgl.bipartite(([0,1,1,2],[0,0,1,1]),'user','plays','game') # 定義二分圖
g.number_of_nodes('user')     # 輸出 user 節點的個數 :3
g.number_of_nodes('game')     # 輸出 game 節點的個數 :2
g.number_of_edges('plays')    # 輸出邊 plays 的筆數 :4
g.edges()        # 輸出邊 plays 的詳細資訊 :tensor([0,1,1,2]), tensor([0,0,1,1])
g.out_degrees(etype='plays')# 輸出邊 plays 輸出方向的度 :tensor([1, 2, 1])
g.in_degrees(etype='plays') # 輸出邊 plays 輸入方向的度 :tensor([2, 2])
```

其中最後兩行程式也可以寫成以下形式。

```
g['plays'].out_degrees()
g['plays'].in_degrees()
```

2. 使用二分圖的驗證機制

在 bipartite 函數中，還可以使用 validate 參數來對二分圖進行驗證。當 validate 參數設為 True 時，程式會檢查輸入參數 num_nodes 中的節點個數與邊節點陣列中的值是否匹配。因為邊節點陣列中的元素是子圖的索引值，所以元素中的最大值必須要小於參數 num_nodes 中的節點個數，否則程式就會顯示出錯，提示驗證失敗。具體程式如下。

```
gv = dgl.bipartite(([0, 1, 2], [1, 2, 3]), num_nodes=(2, 4), validate=True)
```

該程式中，使用 bipartite 函數時，向其傳入了 validate=True，表明啟用二分圖的驗證機制。其中第一個子圖的邊節點 ([0, 1, 2]) 最大值為 2，且該子圖有 3 個節點 (0、1、2)。而參數 num_nodes 所設定的節點個數為 2，並不是 3，則執行時期會顯示出錯，提示邊節點的索引出界。具體如下。

```
DGLError: Invalid node id 2 (should be less than cardinality 2).
```

如果將程式中第一個子圖的邊節點改成 [0, 1, 1]，則程式可正確執行。具體程式如下。

```
gv = dgl.bipartite(([0, 1,1], [1, 2, 3]), num_nodes=(2, 4), validate=True)
```

這種驗證方式對於建構圖結構輸入資料時非常有用。在實際場景中，圖節點資料的總個數往往是已知條件。在建構子圖資料時，一般都需要一個一個樣本進行轉換。如果由於轉換中的資料錯誤，產生了異常的索引值，則在程式整體執行時期，會產生無法預料的錯誤。使用驗證機制可以保證二分圖部分的節點資料是正確的。二分圖的驗證機制能夠減輕排除錯誤的工作量。

6.3 異質圖的實現方式

異質圖是由多個任意結構的圖組合而成的。在 DGL 中，可使用 heterograph 函數或 hetero_from_relations 函數進行實現。

6.3.1 創建異質圖

異質圖既可以由同構圖或二分圖的圖物件組合而成，也可以透過手動方式直接設定。下面透過一個具體的例子來進行演示。

假設有一個關聯資料，如圖 6-5 所示。

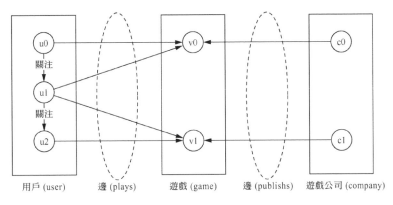

▲ 圖 6-5　關聯資料

在圖 6-5 中，包含一個普通圖和兩個二分圖，其中使用者內部的關注關係
是普通圖、使用者與遊戲之間的關係是二分圖、遊戲與遊戲公司之間的
關係是二分圖。

1. 用 heterograph 函數實現異質圖

使用 heterograph 函數實現該圖結構的程式如下。

```
user_g = dgl.graph(([0, 1], [1, 2]), 'user', 'attentions') # 使用者內部的關
注關係圖
# 使用者與遊戲之間的關係圖
spmat_g = coo_matrix(([1,1,1,1], ([0, 1, 1, 2], [0, 0, 1, 1])), shape=(3, 2))
# 遊戲與遊戲公司之間的關係圖
nx_g = nx.DiGraph()
nx_g.add_nodes_from(['c0', 'c1'], bipartite=0)
nx_g.add_nodes_from(['v0', 'v1'], bipartite=1)
nx_g.add_edges_from([('c0', 'v0'), ('c1', 'v1')])
g = dgl.heterograph({                          # 生成異質圖
    ('user', 'attentions', 'user') : user_g,
    ('user', 'plays', 'game') : spmat_g,
    ('company', 'publishs', 'game') : nx_g   })
```

為了能夠演示程式的多種撰寫方式，將使用者內部的關注關係圖、使用者與遊戲之間的關係圖及遊戲與遊戲公司之間的關係圖分別用 dgl.graph 函數、稀疏矩陣、NetworkX 的方式進行實現。DGL 的 heterograph 函數可以相容這幾種圖物件作為輸入，來生成異質圖。

```
Graph(num_nodes={'company': 2, 'game': 2, 'user': 3},
    num_edges={('user', 'attentions', 'user'): 2, ('user', 'plays',
'game'): 4, ('company', 'publishs', 'game'): 2},
    metagraph=[('company', 'game'), ('user', 'user'), ('user', 'game')])
```

在創建異質圖時，還可以直接手動指定子圖資料。舉例來說，可以將演示程式中遊戲與遊戲公司之間的關係圖換為手動設定，則呼叫 heterograph 函數的程式可以改寫成以下程式。

```
g = dgl.heterograph({                          # 生成異質圖
    ('user', 'attentions', 'user') : user_g,
    ('user', 'plays', 'game') : spmat_g,
    ('company', 'publishs', 'game') : [(0, 0), (1, 1)] })
```

程式最後一行用手動設定邊串列資料的方法來實現遊戲與遊戲公司之間的關係圖，並將其與 user_g、spmat_g 一起合併組成異質圖物件 g。

2. 用 hetero_from_relations 函數實現異質圖

還可以使用 hetero_from_relations 函數實現異質圖。具體程式如下。

```
plays_g = dgl.bipartite(([0, 1, 1, 2], [0, 0, 1, 1]), 'user', 'plays', 'game')
publishs_g = dgl.bipartite(([(0, 0), (1, 1)]), 'company', 'publishs', 'game')
g = dgl.hetero_from_relations([user_g, plays_g, publishs_g])
```

6.3.2 設定異質圖的節點個數

在創建異質圖時，每個節點的個數是根據傳入邊的關聯資料而決定的 (用邊關係中節點的最大索引值來代表節點個數)。然而，這種構圖方式無法將沒有邊的節點包含。如果想要在異質圖中增加節點，則可以透過 heterograph 函數的 num_nodes_dict 參數來實現。num_nodes_dict 參數是一個字典類型，其中的 key 值代表節點類型，value 值代表節點個數。具體程式如下。

```
g = dgl.heterograph({                          # 生成異質圖
    ('user', 'attentions', 'user') : user_g,
    ('user', 'plays', 'game') : spmat_g,
    ('company', 'publishs', 'game') : [(0, 0), (1, 1)], },
{'company': 3, 'game': 3, 'user': 3}  )        # 指定節點個數
Print(g)                                       # 輸出 g 的結構
```

程式執行後，所得到的異質圖 g 的結構如下。

```
Graph(num_nodes={'company': 3, 'game': 3, 'user': 3},
      num_edges={('user', 'attentions', 'user'): 2, ('user', 'plays',
'game'): 4, ('company', 'publishs', 'game'): 2},
      metagraph=[('company', 'game'), ('user', 'user'), ('user', 'game')])
```

從輸出結果的第一行可以看到，異質圖 g 中 company 類型的節點變成了 3 個。該個數與呼叫 heterograph 函數時所設定的一致。

在同構圖物件中，可以透過 add_nodes 函數向已有的圖中增加節點；透過 add_edge 函數、add_edges 函數向已有的圖中增加邊。在異質圖物件中同樣有 add_nodes、add_edge 及 add_edges 這 3 個函數，它們的用法與同構圖一致。

6.3.3 異質圖結構的查看方式

異質圖結構的查看方式與二分圖結構的查看方式大致相同。下面透過程式來說明。

1. 查看異質圖的二分圖結構屬性

在 6.3.2 小節的程式之後，撰寫以下程式，可以查看異質圖的二分圖結構屬性。

```
print(g.is_unibipartite)           # 輸出 False，因為 g 中的子圖 user_g 不是二分圖
g2=dgl.heterograph({               # 重新創建異質圖，使其子圖全為二分圖
    ('user', 'plays', 'game') : spmat_g,
    ('company', 'publishs', 'game') : [(0, 0), (1, 1)],  })
print(g2.is_unibipartite)          # 輸出 True
```

當異質圖的子圖全是二分圖時，其 is_unibipartite 屬性值為 True，否則為 False。

2. 查看節點的類型

使用異質圖物件的 ntypes 屬性可以查看節點的類型。具體程式如下。

```
print(g2.ntypes)                   # 輸出節點類型 :['company', 'game', 'user']
```

另外，還可以使用 6.2.2 小節的方法，用元圖物件來查看節點的類型。

如果異質圖的二分圖結構屬性為 True，則還可以對圖中來源節點和目的節點的類型單獨查看。具體程式如下。

```
print(g2.srctypes)                 # 輸出來源節點類型 :['company', 'user']
print(g2.dsttypes)                 # 輸出目的節點類型 :['game']
```

如果異質圖的二分圖結構屬性為 False，則 srctypes 和 dsttypes 屬性故障，返回的都是全部節點類型。具體程式如下。

```
print(g.srctypes)                  # 輸出全部節點類型 :['company', 'game', 'user']
print(g.dsttypes)                  # 輸出全部節點類型 :['company', 'game', 'user']
```

另外，還可以透過 get_ntype_id、get_ntype_id_from_src、get_ntype_id_from_dst 函數獲得指定的節點類型在串列中所對應的索引。具體程式如下。

```
g.get_ntype_id('company')              # 輸出 :0
g.get_ntype_id_from_src('company')     # 輸出 :0
g.get_ntype_id_from_dst('company')     # 輸出 :0
```

3. 查看節點的個數

使用 number_of_nodes 函數可以查看指定節點的個數。具體程式如下。

```
g.number_of_nodes('user')              # 輸出 :3
```

如果異質圖的二分圖結構屬性為 True，則還可以對來源節點和目的節點的個數單獨查看。具體程式如下。

```
g2.number_of_src_nodes('user')         # 輸出 :3
g2.number_of_dst_nodes('game')         # 輸出 :2
```

4. 查看邊的類型

使用異質圖物件的 etypes 屬性可以查看邊的類型。具體程式如下。

```
print(g.etypes)     # 輸出邊類型 :['attentions', 'plays', 'publishs']
```

另外，還可以使用 6.2.2 小節的方法，用元圖物件來查看邊的類型。

在 DGL 中定義了邊類型的規範化格式，具體為 (來源節點類型，邊類型，目的節點類型)。該格式可以透過以下程式獲得。

```
print(g.to_canonical_etype('publishs')) # 輸出 'publishs' 邊類型的標準格式 :
                                        ('company', 'publishs', 'game')
print(g.canonical_etypes) # 輸出全部邊類型的標準格式 :[('user', 'attentions',
'user'), ('user', 'plays', 'game'), ('company', 'publishs', 'game')]
```

5. 查看邊的個數

有 3 種方式可以查看邊的個數。具體程式如下。

```
g.number_of_edges('plays')                    # 普通方式，輸出：4
g['plays'].number_of_edges()                  # 切片方式
g.number_of_edges(('user', 'plays', 'game'))  # 三元組方式
```

以上程式都可以得到邊的個數。

當異質圖中有名稱相同的邊時，只能使用三元組方式來指定具體的邊。假設 g 中還有一個圖為 ('user', 'plays', 'ball')，它與 ('user', 'plays', 'game') 圖中的邊名稱相同，都為 plays。在這種情況下，如果使用 plays 來獲取邊數，則系統無法知道使用者到底要查看哪個圖中的邊，只有使用三元組方式，系統才能定位到唯一的圖。

6. 查看邊的度

透過下面程式可以查看異質圖中指定邊的度。具體如下。

```
g.out_degrees(etype='plays')   # 查看外分支度，輸出：tensor([1, 2, 1])
g['plays'].out_degrees()       # 查看外分支度的另一種寫法，輸出：
                                 tensor([1, 2, 1])
g.in_edges(0,etype='plays')    # 查看第 0 個節點的內分支度，輸出：
                                 (tensor([0,1]), tensor([0,0]))
g['plays'].in_edges(1)         # 查看第 1 個節點的內分支度，輸出：
                                 (tensor([1,2]), tensor([1,1]))
```

7. 查看邊的內容

在異質圖中，需要透過邊的類型來查看邊的內容。在實現時可以使用異質圖物件的 edges 方法，也可以使用異質圖物件的 all_edges 方法，兩個方法的使用方式完全一致。以 edges 方法為例，該方法有 3 個參數，具體說明如下。

- 參數 form：用於指定方法返回的內容。當 form 為 'uv' 時，返回邊的詳細資訊；當 form 為 'eid' 時，返回邊的 ID 資訊；當 form 為 'all' 時，返回邊的詳細資訊和 ID 資訊。
- 參數 order：用於指定返回結果的排列順序。當 order 為 'eid' 時，按照邊的索引進行排序；當 order 為 'srcdst' 時，按照來源節點和目的節點索引進行排序。
- 參數 etype：用於指定邊的類型。

具體程式如下：

```
g3 = dgl.bipartite([(1, 1), (0, 0), (1, 2)], 'user', 'plays', 'game')
# 定義圖物件
# 查看類型為 plays 的邊
g3.edges(form='uv', etype='plays')# 查看邊的詳細資訊，輸出:(tensor([1, 0,
1]), tensor([1, 0, 2]))
g3.edges(form='eid', etype='plays')# 查看邊的 ID 資訊，輸出:tensor([0, 1, 2])
g3.edges(form='all', etype='plays')# 查看邊的詳細資訊和 ID 資訊，輸
出:(tensor([1, 0, 1]), tensor([1, 0, 2]), tensor([0, 1, 2]))
g3.edges(form='all', order='srcdst', etype='plays')# 按照來源節點和目的節
點索引進行排序，
# 輸出:(tensor([0, 1, 1]), tensor([0, 1, 2]), tensor([1, 0, 2]))
```

在上面程式中，如果將所有的 edges 方法換成 all_edges 方法，也會輸出一樣的結果。另外，還可以用以下方法來查看邊的類型。

```
g3['plays'].all_edges()# 查看類型為 plays 的邊
```

8. 查看邊的對端頂點

使用異質圖物件的 successors 方法可以根據來源節點查看目的節點；使用異質圖物件的 predecessors 方法可以根據目的節點查看來源節點。具體程式如下。

```
g3 = dgl.bipartite([(1, 1), (0, 0), (1, 2)], 'user', 'plays', 'game') # 定義
圖物件
g3.successors(0, 'plays')       # 查看第 0 個節點的目的節點，輸出：tensor([0])
g3.successors(1, 'plays')       # 查看第 1 個節點的目的節點，輸出：tensor([1, 2])
g3.predecessors(1, 'plays')     # 查看第 1 個節點的來源節點，輸出：tensor([1])
g3.predecessors(2, 'plays')     # 查看第 2 個節點的來源節點，輸出：tensor([1])
```

6.3.4 異質圖與同構圖的相互轉化

使用 to_homo 函數可以將異質圖轉化成同構圖。下面透過程式來說明。

1. 將異質圖轉化成同構圖

在 6.3.2 小節的程式之後，撰寫以下程式，將異質圖轉化成同構圖。

```
homo_g = dgl.to_homo(g)
print(homo_g)
```

程式執行後，輸出結果如下。

```
  Graph(num_nodes=9, num_edges=8,
     ndata_schemes={'_TYPE': Scheme(shape=(), dtype=torch.int64), '_ID':
Scheme(shape=(), dtype=torch.int64)}
     edata_schemes={'_TYPE': Scheme(shape=(), dtype=torch.int64), '_ID':
Scheme(shape=(), dtype=torch.int64)})
```

使用以下程式可以看到同構圖中的節點和邊。

```
    homo_g.ndata # 輸出節點：{'_TYPE': tensor([0, 0, 0, 1, 1, 1, 2, 2, 2]),
'_ID': tensor([0, 1, 2, 0, 1, 2, 0, 1, 2])}
    homo_g.edata # 輸出邊：{'_TYPE': tensor([0, 0, 1, 1, 1, 1, 2, 2]), '_
ID': tensor([0, 1, 0, 1, 2, 3, 0, 1])}
```

2. 將同構圖還原回異質圖

使用 to_hetero 函數可以將同構圖還原回異質圖。具體程式如下。

```
hetero_g_2 = dgl.to_hetero(homo_g, g.ntypes, g.etypes)
print(hetero_g_2)
```

程式執行後,輸出結果如下。

```
Graph(num_nodes={'company': 3, 'game': 3, 'user': 3},
    num_edges={('company', 'publishs', 'game'): 2, ('user', 'attentions',
'user'): 2, ('user', 'plays', 'game'): 4},
    metagraph=[('company', 'game'), ('user', 'user'), ('user', 'game')])
```

從輸出結果中可以看到,異質圖 hetero_g_2 的結構與原始的異質圖 g 的結構相同。

3. 從異質圖中提取子圖

呼叫異質圖物件的 edge_type_subgraph 方法,可以獲取其內部的子圖。具體程式如下。

```
subg = hetero_g_2.edge_type_subgraph(['plays']) # 獲取含有 plays 邊的子圖
print(subg)
```

程式執行後,輸出結果如下。

```
Graph(num_nodes={'game': 3, 'user': 3},
    num_edges={('user', 'plays', 'game'): 4},
    metagraph=[('user', 'game')])
```

6.3.5 異質圖與同構圖的屬性操作方式

由於異質圖的結構比同構圖的結構更加複雜,在 DGL 中,異質圖的屬性操作方式也適用於同構圖。但是同構圖的屬性操作方式卻不適合異質圖。下面將從異質圖到同構圖依次介紹屬性操作方式。

1. 操作異質圖中屬性的通用方式

透過存取圖物件中指定節點或邊的 data 物件，即可實現圖的屬性操作。這是最通用的圖屬性操作方式。它適用於 DGL 中的任何圖結構物件。具體程式如下。

```
g4 = dgl.heterograph({           定義異質圖
('user', 'plays', 'game'): [(0, 1), (1, 2)],
('user', 'reads', 'book'): [(0, 1), (1, 0)] })
# 為節點屬性設定值
g4.nodes['user'].data['h'] = torch.zeros(2, 3)
g4.nodes['game'].data['h'] = torch.zeros(3, 3)
# 為邊屬性設定值
g4.edges['plays'].data['h'] = torch.zeros(2, 3)  # 指定具體的邊
```

需要注意的是，在為節點或邊屬性設定值時，所賦的屬性值第一個維度必須與該圖結構中的數量相等。舉例來說，user 節點一共有兩個，則為該節點屬性設定值時，第一個維度必須為 2。

2. 對二分圖結構的屬性操作

當異質圖滿足二分圖結構時，還可以透過來源、目的的方式對節點屬性操作。具體程式如下。

```
print(g4.is_unibipartite)                        # 判斷是否滿足二分圖結構
g4.dstnodes['game'].data['h'] = torch.zeros(3, 3) # 為來源節點屬性設定值
g4.srcnodes['user'].data['h']= torch.zeros(2, 3)  # 為目的節點屬性設定值
```

該方式適用於邊、來源節點及目的節點都有多種類型的二分圖結構。

3. 對簡單二分圖結構的屬性操作

如果二分圖結構中只有一種類型的邊，且來源節點、目的節點類型各只有一種，則還可以使用以下方式對邊和節點屬性操作。具體程式如下。

```
g5 = dgl.bipartite([(0, 1), (1, 2)], 'user', 'plays', 'game')
g5.srcdata['h'] = torch.zeros(2, 5)    # 為來源節點屬性設定值
g5.dstdata['h'] = torch.zeros(3, 3)    # 為目的節點屬性設定值
g5.edata['h'] = torch.zeros(2, 5)      # 為邊屬性設定值
```

4. 對同構圖的屬性操作

對同構圖的屬性操作，無須指定節點和邊的類型，可以直接進行設定值。具體程式如下。

```
g6 = dgl.graph([(0, 1), (1, 2)], 'user', 'follows')
g6.ndata['h'] = torch.zeros(3, 5)    # 為節點屬性設定值
g6.edata['h'] = torch.zeros(2, 5)    # 為邊屬性設定值
```

另外，在異質圖中，如果邊的類型有多種，且節點的類型只有一種，還可以使用以下方式為邊屬性設定值。

```
g6['follows'].ndata['h']            # 為邊屬性設定值
```

6.4 隨機行走取樣

隨機行走取樣是一種基於圖資料的取樣方式。隨機行走取樣常應用在處理大型、複雜的圖資料任務中，也是異質圖延伸到網路中的常用取樣技術。

6.4.1 什麼是隨機行走

隨機行走 (Random Walk, RW) 是一種數學統計模型。它是由一連串的軌跡所組成的，其中每一次軌跡都是隨機的。它能用來表示不規則的變動形式。

在圖資料的節點中，按照節點間的邊進行隨機行走，可以得到一個基於圖的序列。這個序列可以視為從種子節點 (或起始節點) 陣列生成隨機行走的軌跡，即基於指定的元路徑。在一定程度上，它能夠表現出節點間的邊關係。在圖神經網路中，常使用該路徑來對巨量圖節點進行取樣，或特徵計算。

對單一種子節點所實行的隨機行走步驟如下。

（1）從 0 開始設定，從當前節點沿著邊行走到下一節點。

（2）如果當前節點有多筆邊，則隨機選擇一條邊行走。

（3）如果當前節點沒有邊，則提前完成隨機行走過程。

（4）在行走過程中，每走一步都會計數，當走的步數達到預先指定的步數，則完成隨機行走過程。

（5）在隨機行走過程完成之後，將整個過程所行走的軌跡 (所經過的節點) 以陣列形式返回。

在具體實現時，如果一個隨機行走過程提前停止，其返回值會將未完成的步數填充 -1，保證返回的陣列與指定的長度相同。

6.4.2 普通隨機行走

在 DGL 中，使用 sampling.random_walk 函數可以實現普通隨機行走。下面將透過程式來實現普通隨機行走。

1. 建構同構圖

撰寫程式，建構一個同構圖。具體程式如下。

```
g1 = dgl.graph([(0, 1), (1, 2), (1, 3), (2, 0), (3, 0)])
```

該程式實現了一個含有 4 個頂點、5 條邊的同構圖，如圖 6-6 所示。

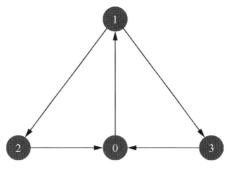

▲ 圖 6-6　同構圖結構

2. 實現普通隨機行走

呼叫 sampling.random_walk 函數，指定種子節點、行走步數 (4)，實現普通隨機行走。具體程式如下。

```
nrw = dgl.sampling.random_walk(g1, [0, 1, 2, 0], length=4)
print(nrw)
```

程式執行後，系統會從 [0, 1, 2, 0] 這 4 個節點開始，沿著邊的方向依次行走 4 步，並將行走的路徑返回。輸出結果如下。

```
tensor([[0, 1, 3, 0, 1], [1, 3, 0, 1, 3], [2, 0, 1, 3, 0], [0, 1, 2, 0, 1]])
tensor([0, 0, 0, 0, 0])
```

輸出結果中包含兩個張量，具體介紹如下。

- 第一個張量是 4 個種子節點的行走路徑串列，串列中的元素是圖中的節點 (共有 5 個節點，形成了 4 條邊)。
- 第二個張量是行走路徑串列中每個節點的類型索引。由於同構圖 g1 中僅有一種節點類型，且所有的節點類型都相同，因此該值都是 0。該張量在異質圖中用於指定具體節點，在本例的同構圖中可以忽略。

6.4.3 帶停止機率的隨機行走

在呼叫 sampling.random_walk 函數時，可以透過 restart_prob 參數對行走過程進行控制。系統每次會根據所設定的機率來決定是否提前停止。在 6.4.2 小節的程式之後，撰寫以下程式。

```
rwwr = dgl.sampling.random_walk(g1, [0, 1, 2, 0], length=4, restart_prob=0.5)
print(rwwr)
```

在呼叫 sampling.random_walk 函數時，傳入 restart_prob 的值為 0.5，表明每次行走過程都有 50% 的機率要提前停止。

程式執行後，輸出結果如下。

```
tensor([[ 0, -1, -1, -1, -1], [ 1, 3, 0, 1, 3], [ 2, -1, -1, -1, -1], [ 0,
1, -1, -1, -1]])
tensor([0, 0, 0, 0, 0])
```

從輸出結果中可以看到，在系統返回的行走路徑串列中，出現了多個 -1。含有 -1 的行走路徑串串列明行走過程已經提前停止。

6.4.4 帶路徑機率的隨機行走

在呼叫 sampling.random_walk 函數時，可以透過 prob 參數對行走過程的路徑進行控制。prob 參數是一個代表邊屬性的字串，該字串所對應的邊屬性裡，包含每條邊的選擇機率。系統每次會根據邊屬性的機率來選擇下一個節點的路徑來行走。

在 6.4.3 小節的程式之後，撰寫以下程式。

```
g1.edges()  # 獲取 g1 的邊，輸出 :(tensor([0, 1, 1, 2, 3]), tensor([1, 2, 3, 0,
0]))
# 將選擇機率增加到邊屬性，不允許從 1 節點走到 2 節點
g1.edata['p'] = torch.FloatTensor([1, 0, 1, 1, 1])
```

```
nnrw =dgl.sampling.random_walk(g1, [0, 1, 2, 0], length=4, prob='p')
print(nnrw)
```

程式執行後,輸出結果如下:

```
tensor([[0, 1, 3, 0, 1], [1, 3, 0, 1, 3], [2, 0, 1, 3, 0], [0, 1, 3, 0, 1]])
tensor([0, 0, 0, 0, 0])
```

從輸出結果中可以看到,每個 1 節點後面,都沒有 2 節點。這是因為在行走過程中,邊屬性 p 中的第二個元素設定為 0,表明不允許從 1 節點走到 2 節點。

6.4.5 基於原圖的隨機行走

基於原圖的隨機行走常用在異質圖中。由於異質圖裡有多個子圖,在進行隨機行走時,需要指定具體的節點和邊,系統才能執行。下面將透過程式實現基於原圖的隨機行走。

1. 建構異質圖

撰寫程式,建構一個異質圖。該異質圖包括 3 個子圖,分別表示使用者間的關注關係、使用者與商品間的購買關係及商品與使用者間的被瀏覽關係。具體程式如下。

```
g2 = dgl.heterograph({
    ('user','follow','user'):[(0, 1),(1, 2),(1, 3),(2, 0),(3, 0)],
    # 使用者間的關注關係
    ('user','buy','item'):[(0, 1),(2, 1),(3, 0),(3, 1),(3, 2)],
    # 使用者與商品間的購買關係
    ('item','viewed','user'):[(0,0),(0, 2),(2, 2),(2,1)]})
    # 商品與使用者間的被瀏覽關係
print(g2)
```

程式執行後,輸出異質圖 g2 的結構如下。

```
Graph(num_nodes={'item': 3, 'user': 4},
    num_edges={('user','follow','user'):5,('user','bu','item'):5,('item','v
iewed', 'user'):4},
    metagraph=[('item', 'user'), ('user', 'user'), ('user', 'item')])
```

從輸出結構中可以看到，異質圖 g2 中包含 3 個商品節點、4 個使用者節
點、3 種類型的邊、3 個原圖。異質圖型視覺化結構如圖 6-7 所示。

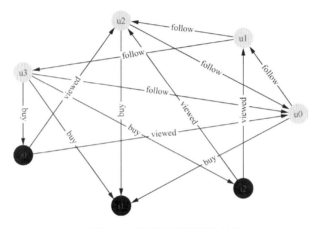

▲ 圖 6-7　異質圖型視覺化結構

圖 6-7 中，以 u 開頭的節點代表使用者節點，以 i 開頭的節點代表商品節
點。

2. 實現基於原圖的隨機行走

在呼叫 sampling.random_walk 函數時，可以透過 metapath 參數傳入所
要經過的邊類型，實現基於原圖的隨機行走。在執行時期，系統會根據
metapath 參數中的邊類型，來尋找下一步的行走路徑。具體程式如下。

```
mrw = dgl.sampling.random_walk(
    g2, [0, 1, 2, 0], metapath=['follow', 'buy', 'viewed'] )
print(mrw)
```

metapath 參數中一共有 3 個元素，表明隨機行走的步數為 3 步。這 3 步所經過的邊分別是 follow、buy 和 viewed。

程式執行後，輸出結果如下。

```
tensor([[ 0,  1, -1, -1], [ 1,  3,  0,  0], [ 2,  0,  1, -1], [ 0,  1, -1, -1]])
tensor([1, 1, 0, 1])
```

輸出結果的第一行為基於種子節點 [0, 1, 2, 0] 所形成的行走路徑串列。每個行走路徑串列中有 4 個節點，對應於 3 條邊。

輸出結果的第二行為行走路徑串列中 4 個節點的類型索引。異質圖 g2 中的節點類型可以透過 g2.ntype 得到。具體程式如下。

```
print(g2.ntypes)    # 輸出 :['item', 'user']
```

3. 在異質圖中設定隨機行走的邊類型

sampling.random_walk 函數中的 metapath 參數非常靈活，在使用時，可以向 metapath 參數中放入任意長度的邊類型。在執行時期，系統會按照 metapath 參數的長度隨機行走指定的步數。在 6.4.4 小節的程式之後，撰寫以下程式。

```
mrw2 = dgl.sampling.random_walk(
     g2, [0, 1, 2, 0], metapath=['follow', 'buy', 'viewed'] *2)
print(mrw2)
```

該程式傳入的 metapath 參數中包含 6 個元素，則隨機行走的路徑結果將包含 6 條邊 (由 7 個節點組成)。

程式執行後，輸出結果如下。

```
tensor([[ 0, 1, -1, -1, -1, -1, -1], [ 1, 2, 1, -1, -1, -1, -1],
        [ 2, 0, 1, -1, -1, -1, -1], [ 0,  1, -1, -1, -1, -1, -1]])
tensor([1, 1, 0, 1, 1, 0, 1])
```

在異質圖中，透過設定 metapath 參數的邊類型和邊個數，可以更細粒度地控制隨機行走的路徑。

6.4.6 在基於異質圖的隨機行走中設定停止機率

基於異質圖的隨機行走用法同樣適用於 restart_prob 參數。該參數與 6.4.3 小節的 restart_prob 參數的作用一致。在 6.4.5 小節的程式之後，撰寫以下程式。

```
rmrw = dgl.sampling.random_walk(
    g2, [0, 1, 2, 0], metapath=['follow', 'buy', 'viewed'], restart_prob=0.5 )
pirnt(rmrw)
```

該程式在執行時期，每執行一步行走，都會按照 restart_prob 參數所設定的機率決定是否需要提前停止。

程式執行後，輸出結果如下。

```
tensor([[ 0, -1, -1, -1], [ 1,  3,  2,  2], [ 2,  0,  1, -1], [ 0,  1, -1, -1]])
tensor([1, 1, 0, 1])
```

6.4.7 基於隨機行走取樣的資料處理

在 DGL 中，提供了一個 pack_traces 函數，用於對隨機行走取樣後的資料進行加工和提取。pack_traces 函數可以直接用 sampling.random_walk 函數的輸出結果作為輸入，並將其解析為更方便的資料結構。在 6.4.6 小節的程式之後，撰寫以下程式。

```
concat_vids, concat_types, lengths, offsets = dgl.sampling.pack_
traces(*rmrw)
print(concat_vids) # 合併後的行走路徑，輸出 :tensor([0, 1, 3, 2, 2, 2, 0, 1,
0, 1])
print(concat_types)  # 節點類型，輸出 :tensor([1, 1, 1, 0, 1, 1, 1, 0, 1, 1])
```

```
print(lengths)  # 每個行走路徑的長度，輸出 :tensor([1, 4, 3, 2])
print(offsets)# 每個行走路徑在 concat_vids 中的偏移，輸出 :tensor([0, 1, 5, 8])
```

pack_traces 函數返回了 4 個結果，分別為合併後的行走路徑、節點類型、每個行走路徑的長度及每個行走路徑在 concat-vids 中的偏移。透過這 4 個結果，可以很方便地在程式中使用隨機行走資料。

6.4.8 以隨機行走的方式對鄰居節點取樣

DGL 還提供給使用者了一個進階介面 dgl.sampling.RandomWalkNeighbor Sampler，它實現了以隨機行走的方式對鄰居節點進行取樣。這種介面是專門為處理推薦系統任務中的巨大異質圖所設計的。舉例來說，在「使用者」與「商品」的購買關係中，假設以某個商品 A 為種子節點，該介面能夠返回與商品 A 有購買關係的使用者所購買過的其他商品。這種取樣後的商品可以作為種子節點的鄰居節點參與局部圖卷積計算。該介面主要是根據 PinSAGE 模型中的取樣方式來實現的。

下面透過程式演示該介面的具體使用方法。

1. 建構異質圖

使用 scipy.sparse.random 函數建構一個密度為 0.3 的稀疏矩陣，並將該矩陣轉化成異質圖。具體程式如下。

```
import scipy
spg =scipy.sparse.random(4, 5, density=0.3)
print(spg.A) #輸出矩陣內容 :
  #    array([[0.       , 0.4595962 , 0.       , 0.       , 0.          ],
  #          [0.61265127, 0.06300989, 0.       , 0.       , 0.88530157],
  #          [0.       , 0.       , 0.       , 0.       , 0.47886123],
  #          [0.       , 0.       , 0.       , 0.       , 0.30249948]])
hg = dgl.heterograph({ ('A', 'AB', 'B'): spg,    # 建構異質圖
                       ('B', 'BA', 'A'): spg.T})
```

在異質圖 hg 中，有兩種節點類型 A 和 B。從 A 到 B 的關係邊為 AB，從 B 到 A 的關係邊為 BA。

2. 呼叫取樣介面

DGL 中的 dgl.sampling.RandomWalkNeighborSampler 介面是以類別進行封裝的，在使用時需要先實例化，再透過實例化物件進行取樣。

在 dgl.sampling.RandomWalkNeighborSampler 介面的實例化過程中，可以透過指定行走步數 random_walk_length、停止機率 random_walk_restart_prob、行走次數 num_random_walks、鄰居取樣個數 num_neighbors、取樣路徑 metapath 進行設定。

該介面在工作時，內部的處理邏輯如下。

（1）將取樣路徑 metapath 參數僅表示為行走一步的路徑單元，即行走步數 random_walk_length 表示為取樣路徑 metapath 的重複次數。

（2）系統按照行走步數 random_walk_length 每走完一步 (完成一次取樣路徑 metapath) 時，都會按照停止機率 random_walk_restart_prob 來判斷是否需要繼續行走。

（3）對於一個種子節點，系統會按照指定的行走次數 num_random_walks 進行隨機行走取樣。

（4）在得到所有的取樣結果之後，系統會提取每一步行走路徑中的最後節點，並按照節點出現的次數進行統計，將前 num_neighbors 個節點作為取樣的鄰居節點。

（5）將鄰居節點作為來源節點，將種子節點作為目的節點，組成同構圖，進行返回。

以上邏輯都已經在 dgl.sampling.RandomWalkNeighborSampler 介面中封裝使用者只需要關心具體使用的方法。使用該介面的具體程式如下。

```
sampler = dgl.sampling.Random WalkNeighborSampler(hg,random_walk_length=1,
        random_walk_restart_prob=0.5,
        num_random_walks=10,
        num_neighbors = 2,
        metapath=hg.etypes )          # 實例化
seeds = torch.LongTensor([0, 1,2])     # 定義種子節點
frontier = sampler(seeds)              # 對種子節點進行取樣
```

在實例化取樣介面的程式中，令每個種子節點使用隨機行走的方式進行
10 次，並從中提取兩個鄰居節點，最後返回到同構圖物件 frontier 中。

3. 分析取樣介面的返回值

為了更好的了解取樣結果，可以透過以下程式查看同構圖物件 frontier 的
詳細資訊。具體程式如下。

```
print(" 鄰居節點的取樣結果 :",frontier)
print(" 取樣結果的節點類型 :",frontier.ntypes)
print(" 取樣結果的邊 :",frontier.edges(order='eid') )
print(" 在取樣結果中，邊的 ID 屬性 :",frontier.edata[dgl.EID])
print(" 在取樣結果中，邊的 weights 屬性 :",frontier.edata['weights'] )
```

程式執行後，輸出結果如下。

```
鄰居節點的取樣結果 :Graph(num_nodes=4, num_edges=6, ndata_schemes={}
                edata_schemes={'_ID': Scheme(shape=(), dtype=torch.int64),
                'weights': Scheme(shape=(), dtype=torch.int64)})
取樣結果的節點類型 :['A']
取樣結果的邊 :(tensor([0, 1, 1, 2, 2, 3]), tensor([0, 0, 1, 1, 2, 2]))
在取樣結果中，邊的 ID 屬性 :tensor([0, 1, 2, 4, 5, 7])
在取樣結果中，邊的 weights 屬性 :tensor([5, 5, 6, 2, 5, 3])
```

從輸出結果中可以看出，在同構圖物件 frontier 中，有以下兩點重要資
訊。

每個邊都有 ID 屬性和 weights 屬性，其中 weights 屬性是指鄰居節點在隨機行走取樣結果中出現的次數。

種子節點被放到了邊的目的節點處，而鄰居節點被放到了邊的來源節點處。這種設計是為了在對取樣後的資料做局部計算時，可以和區塊圖無縫對接 (關於區塊圖的介紹請參考 6.5 節)。

6.5 DGL 函數庫中的區塊圖結構

在 DGL 函數庫中，有一種特殊的記憶體結構叫作區塊圖。它是一個由兩組節點集合 SRC 和 DST 組成的單向二分圖。每個集合可以有多種節點類型，區塊圖中的邊都是從 SRC 節點指向 DST 節點的。

區塊圖是 DGL 函數庫中特有的結構，僅在圖型計算過程中，方便訊息聚合時使用。在處理異質圖資料時，常使用 DGL 函數庫中的區塊圖結構來建構局部子圖並進行計算。

6.5.1 設計區塊圖的動機

在異質圖的處理過程中，常常會把隨機行走取樣後的資料轉化成區塊圖進行聚合運算。如果將串列中的邊所組成的圖結構當作一個二分圖，則可以將隨機行走取樣中的種子節點當作二分圖的子集，其他節點當作二分圖的另一個子集。這樣便可以清晰地在圖結構中表現出每個節點的鄰居節點。

如果將所有的鄰居節點當作邊的來源節點，所有的種子節點當作邊的目的節點，則按照邊的方向所進行的訊息傳播便是圖節點的聚合過程。如圖 6-8 所示，這便是設計區塊圖的動機。

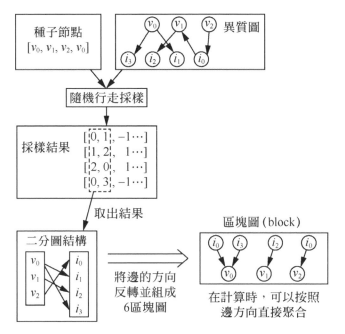

▲ 圖 6-8　設計區塊圖的動機

為了方便節點的屬性操作，在區塊圖的結構設計中，將來源節點設計成由鄰居節點和目的節點組成。這可以視為在節點聚合過程中，區塊圖為目的節點增加了自環邊。

6.5.2　將同構圖轉化成區塊圖

使用 graph 函數可以將串列形式的邊轉化成同構圖，使用 to_block 函數可以將同構圖轉化成區塊圖。具體程式如下。

```
gorg = dgl.graph([(0, 11), (11, 21), (21, 31)])# 將串列形式的邊轉化成同構圖
gorg.edges(form='all')  # 輸出邊 :(tensor([0,11,21]),tensor([11,21,31]),tens
or([0, 1, 2]))
print(gorg)   # 輸出同構圖的資訊
block = dgl.to_block(gorg, torch.LongTensor([31, 21])) # 將同構圖轉化成區塊圖
print(block)  # 輸出區塊圖資訊
```

程式執行後，可以得到以下同構圖和區塊圖的結構。

```
Graph(num_nodes=32, num_edges=3,
      ndata_schemes={}
      edata_schemes={})
Graph(num_nodes={'_N': 2},
      num_edges={('_N', '_E', '_N'): 2},
      metagraph=[('_N', '_N')])
```

輸出結果的前 3 行是同構圖 gorg 的結構，該圖有 32 個節點和 3 條邊。

輸出結果的後 3 行是區塊圖 block 的結構。其中節點個數 num_nodes 的值為 2，表示區塊圖中的目的節點有兩個；邊數 num_edges 的值為 2，表示與目的節點相連的邊有 2 條。

可以透過以下程式查看邊的內容。

```
block.edges(order='eid')  # 輸出 :(tensor([1, 2]), tensor([0, 1]))
```

可以看到，在將同構圖轉化成區塊圖時，系統會對區塊圖中的節點重新編號，並壓縮原同構圖中與目的節點不相關的節點和邊。

區塊圖中的目的節點和來源節點的個數可以透過以下程式進行查看。

```
block.ntypes # 輸出節點類型 :['_N', '_N']
block.number_of_nodes('DST/' + block.ntypes[0])    # 輸出目的節點個數 :2
block.number_of_nodes('SRC/' + block.ntypes[0])    # 輸出來源節點個數 :3
```

從輸出結果中可以看到，來源節點個數並不是 2，而是 3。這是因為在區塊圖的結構設計中，來源節點為所有邊的節點總和，它包含目的節點、與目的節點相連的節點。

為了防止資訊遺失，在轉化過程中，系統還會將原同構圖中的其他資訊放到區塊圖的屬性中。具體參考 6.5.3 小節。

6.5.3 區塊圖的屬性操作

在轉化過程中，系統會為區塊圖的節點和邊增加 ID 屬性，分別用 dgl. NID、dgl.EID 表示。該屬性中記錄著原同構圖中的資訊。下面透過幾個例子來說明區塊圖的屬性操作。

1. 查看區塊圖中節點的 ID 屬性

可以透過以下程式查看區塊圖中節點的 ID 屬性。

```
block.nodes['_N'].data[dgl.NID] # 輸出所有節點的 ID 屬性 :tensor([31, 21, 11])
block.dstdata[dgl.NID] # 輸出目的節點的 ID 屬性 :tensor([31, 21])
block.srcdata[dgl.NID] # 輸出來源節點的 ID 屬性 :tensor([31, 21, 11])
```

2. 在區塊圖中獲取目的節點屬性

區塊圖的來源節點屬性可以代表所有節點屬性，它包含目的節點屬性。可以透過切片方式獲取目的節點屬性。具體程式如下。

```
block.nodes['_N'].data['h'] = torch.zeros(3, 3) # 為節點增加屬性
dstnum = block.number_of_nodes('DST/' + block.ntypes[0])# 獲取目的節點個數
block.nodes['_N'].data['h'][:dstnum] # 獲取目的節點屬性
```

3. 尋找區塊圖在原同構圖中所對應的邊

區塊圖節點屬性中的 ID 屬性值與區塊圖中節點的編號是一一對應的。可以透過邊資訊中的來源節點、目的節點編號配合節點屬性，找到原同構圖的邊。具體程式如下。

```
induced_dst = block.dstdata[dgl.NID] # 獲取目的節點編號 :tensor([31, 21])
induced_src = block.srcdata[dgl.NID] # 獲取來源節點編號 :tensor([31, 21, 11])
src,dst= block.edges(order='eid')     # 獲取邊中的來源節點和目的來源節點編號 :
                                      # src=[1,2], dst=[0, 1]
induced_src[src]    # 輸出邊的來源節點 :(tensor([21, 11]),)
induced_dst[dst]    # 輸出邊的目的節點 :tensor([31, 21])
```

4. 查看區塊圖中邊的 ID 屬性

區塊圖中邊的 ID 屬性中記錄了原同構圖中的邊索引，可以透過以下程式
進行查看。

```
gorg.edges(form='all')  # 輸出原同構圖中的邊 :(tensor([ 0, 11, 21]),
tensor([11, 21, 31]), tensor([0, 1, 2]))
block.edata[dgl.EID]    # 輸出區塊圖中的邊屬性 :tensor([2, 1])
```

區塊圖中的邊屬性為 [2,1]，對應原圖中索引值為 2 和 1 的邊。

6.5.4 將二分圖轉化成區塊圖

將二分圖轉化成區塊圖的方式與將同構圖轉化成區塊圖的方式非常相
似。因為二分圖的節點可以有多種類型，在創建區塊圖和操作區塊圖的
節點屬性時，需要參照 6.3.5 小節所介紹的方式指定具體的節點類型。具
體程式如下。

```
g = dgl.bipartite([(0, 1), (1, 2), (2, 3)], utype='A', vtype='B')# 定義二分圖
block = dgl.to_block(g, {'B': torch.LongTensor([3, 2])}) # 將 'B' 類型的節點
作為目的節點
block.number_of_nodes('A')        # 輸出 A 節點的節點數 :2
block.number_of_nodes('B')        # 輸出 B 節點的節點數 :2
block.nodes['B'].data[dgl.NID]    # 輸出 B 節點的屬性值 :tensor([3, 2])
block.nodes['A'].data[dgl.NID]    # 輸出 A 節點的屬性值 :tensor([2, 1])
```

對於多種類型的節點，同樣可以使用識別符號 'DST/' 和 'SRC/' 進行查
看。具體程式如下。

```
block.ntypes:# 輸出節點類型 :['A', 'B', 'A', 'B']
block.number_of_nodes('DST/' + block.ntypes[0]) # 輸出類型為 'A' 的目的節點個
數 :0
block.number_of_nodes('SRC/' + block.ntypes[0]) # 輸出類型為 'A' 的來源節點個
數 :2
```

```
block.number_of_nodes('DST/' + block.ntypes[1])  # 輸出類型為 'B' 的目的節點個
數 :2
block.number_of_nodes('SRC/' + block.ntypes[1])  # 輸出類型為 'B' 的來源節點個
數 :2
```

因為目的節點只有 'B' 類型，所以類型為 'A' 的目的節點個數為 0。因為塊
圖結構的來源節點中包含目的節點，所以類型為 'B' 的來源節點個數為 2。

6.6 實例 : 使用 PinSAGE 模型架設推薦系統

PinSAGE 是一個用於處理異質圖資料的模型。本例將使用 PinSAGE 模型
架設推薦系統。

> **實例描述**
>
> 有一組資料，記錄著使用者對電影的評分，從評分的高低可以看出使用者
> 對電影的喜愛程度。使用 PinSAGE 模型在該資料上進行訓練，使其能夠
> 預測出使用者可能會打高分的電影。這個結果可以結合到推薦系統中，
> 推薦給使用者。

在這個實例中，將介紹 PinSAGE 模型的原理，以及使用 DGL 實現
PinSAGE 模型的開發過程。該實例來自 DGL 函數庫的官方例子，讀者可
以從 GitHub 網站上的 DGL 專案找到原版程式。

6.6.1 準備 MoiveLens 資料集

本例使用的是 MoiveLens 資料集。該資料集記錄了使用者對電影的評級
資料。透過該資料集中使用者對不同電影的評級，可以反映出使用者對
電影的喜愛程度。推薦系統的任務就是透過電影的歷史評級資料，為使
用者推薦其喜愛的電影。

該資料集的下載網址見本書的書附資源「資料集下載網址 .txt」。將資料集下載後，可以看到，它一共包括 3 個檔案，每個檔案中都包含多列資料，列與列之間用 "::" 進行分隔。具體如下。

- movies.dat 檔案：電影的基本資訊，共有 3 列，分別是電影 ID、電影的標題、電影的類型，如圖 6-9 所示。
- user.dat 檔案：使用者的基本資訊，共有 5 列，分別是使用者 ID、性別、年齡、職業、郵遞區號，如圖 6-10 所示。
- ratings.dat 檔案：使用者的評分資訊，共有 4 列，分別是使用者 ID、電影 ID、電影評分、評分時間，如圖 6-11 所示。

▲ 圖 6-9　movies.dat 檔案

▲ 圖 6-10　user.dat 檔案　　　　▲ 圖 6-11　ratings.dat 檔案

在 MoiveLens 資料集中，使用者 ID 的設定值範圍是 1 ～ 6040，電影 ID 的設定值範圍是 1 ～ 3952，評分採用 5 星級標準 (僅限全星級)，時間戳記以自紀元以來的秒數表示，每個使用者至少有 20 個評分。

在大多數的電子商務場景中，使用者與商品之間往往都是購買關係，很難精確地統計每個使用者購買商品後的評價資訊。為了使本例中的推薦系統能夠適應更多場景，這裡也忽略了資料集中使用者對電影的評級資訊，只使用使用者與電影之間的觀看關係。

6.6.2 程式實現：用 Panadas 函數庫載入資料

用 Panadas 函數庫將 MoiveLens 資料集載入記憶體。因為本例重點是對電影的屬性以及使用者與電影間的觀看關係進行處理，所以在載入資料集時，忽略了使用者的基本資訊以及使用者對電影的評級資訊。具體程式如下。

程式檔案：code_25_processm1.py（部分）

```
01  directory = './ml-1m'              # 定義資料集目錄
02  output_path = './data.pkl'         # 定義前置處理後的輸出檔案
03
04  users = []                         # 定義串列儲存使用者資料
05  with open(os.path.join(directory, 'users.dat'), encoding='latin1') as f:
06      for l in f:
07          id_, gender, age, occupation, zip_ = l.strip().split('::')
08          users.append({'user_id': int(id_) })   # 使用者 ID
09  users = pd.DataFrame(users).astype('category')
10
11  movies = []                        # 定義串列儲存電影資料
12  with open(os.path.join(directory, 'movies.dat'), encoding='latin1') as f:
13      for l in f:
14      id_, title, genres = l.strip().split('::') # 讀取電影 ID、電影的標題、
                                                   # 電影的類型
15          genres_set = set(genres.split('|'))
16          assert re.match(r'.*\([0-9]{4}\)$', title)
17          year = title[-5:-1]        # 電影的發行年代
18          title = title[:-6].strip() # 電影的標題
19
```

```
20        data = {'movie_id': int(id_), 'title': title, 'year': year}
21        for g in genres_set:
22          data[g] = True
23        movies.append(data)
24  movies = pd.DataFrame(movies).astype({'year': 'category'})
25
26  ratings = []                    # 定義串列儲存評級資料
27  with open(os.path.join(directory, 'ratings.dat'), encoding='latin1')as f:
28    for l in f:
29      user_id, movie_id, rating, timestamp = [int(_) for_in l.split('::')]
30      ratings.append({
31        'user_id': user_id,        # 使用者 ID
32        'movie_id': movie_id,      # 電影 ID
33        'timestamp': timestamp,    # 評分時間
34        })
35  ratings = pd.DataFrame(ratings)
```

第 09、24、35 行程式分別將資料集中的使用者、電影、評級資料讀取串列物件 users、movies、ratings 中。其中第 09 行程式將使用者資料設定成 category 類型、第 24 行程式將電影的發行年代設定成 category 類型。

6.6.3 Categories 與 category 類型

category 類型是 Panadas 函數庫所支援的特殊類型，該類型可以作用在資料幀 (pd.DataFrame) 物件的欄位之上。使用該類型可以非常方便地實現資料前置處理過程中的數值轉化。Categories 是指含有多個 category 類型的物件。下面透過具體實例來介紹 Categories 與 category 類型。

1. 查看資料幀物件中的欄位類型

在 6.6.2 小節的程式之後，使用以下程式可以查看資料幀物件中各個欄位的具體類型。

```
print (movies.dtypes)
```

程式執行後，輸出結果如下。

```
movie_id          int64
title            object
year           category
Comedy           object
Animation        object
dtype: object
```

結果顯示了 movies 物件中的 year 欄位類型為 category。

2. 查看資料幀物件中的內容

year 欄位中的內容可以使用以下程式進行獲取。

```
print (movies['year'])
```

程式執行後，輸出結果如下。

```
0        1995
1        1995
......
3881     2000
3882     2000
Name: year, Length: 3706, dtype: category
Categories (81, object): [1919, 1920, 1921, 1922, ..., 1997, 1998, 1999,
2000]
```

結果顯示了 year 欄位中的具體年代、整體筆數 (3706 筆)、Categories 類型物件個數 (81 個)。

> **注意**
>
> 資料集中的電影 ID 並不是連續的。電影 ID 的最大值為 3882，而其總筆數只有 3706。

3. 查看資料幀物件中的 Categories 類型索引

可以透過 Categories 類型的 cat.codes 屬性查看每筆記錄所對應的物件索引。具體程式如下。

```
print(movies['year'].cat.codes)
```

程式執行後，輸出結果如下。

```
0       75
1       75
......
3882    80
Length: 3706, dtype: int8
```

結果顯示了每筆電影資料所對應的 Categories 類型索引。這個索引值可以被當作資料前置處理後的向量值，直接參與模型的運算。

4. 提取資料幀物件中的 Categories 類型索引

Categories 類型還提供了一個更加方便的方法，直接將要參與運算的向量值從資料幀物件中提取出來。具體程式如下。

```
print(movies['year'].cat.codes.values)
```

程式執行後，輸出結果如下。

```
array([75, 75, 75, ..., 80, 80, 80], dtype=int8)
```

結果表明，使用 Categories 類型的 cat.codes.values 屬性，可以實現對任意類型做向量值轉化，並返回 NumPy 形式的陣列。該類型的陣列可以與 PyTorch 框架無縫對接。

6.6.4 程式實現：生成異質圖

利用 6.6.3 小節所介紹的 Categories 類型特性，對資料集中的使用者和電影資料進行加工，並用加工後的屬性值建構異質圖。具體程式如下。

程式檔案：code_25_processm1.py（續）

```
36  distinct_users_in_ratings = ratings['user_id'].unique()# 獲取評級使用者
37  distinct_movies_in_ratings = ratings['movie_id'].unique()# 獲取被評級電影
38  # 過濾資料，留下評級使用者和被評級電影
39  users = users[users['user_id'].isin(distinct_users_in_ratings)]
40  movies = movies[movies['movie_id'].isin(distinct_movies_in_ratings)]
41  # 加工電影特徵
42  genre_columns = movies.columns.drop(['movie_id', 'title', 'year'])
43  movies[genre_columns] = movies[genre_columns].fillna(
44                      False).astype('bool')   # 將電影的類型加工成 bool 類型
45  movies_categorical = movies.drop('title', axis=1)      # 去掉標題列
46
47  graph_builder = PandasGraphBuilder()                    # 實例化異質圖物件
48  graph_builder.add_entities(users, 'user_id', 'user') # 增加使用者節點
49  # 增加電影節點
50  graph_builder.add_entities(movies_categorical, 'movie_id', 'movie')
51  # 使用者和電影的關係，作為邊
52  graph_builder.add_binary_relations(ratings, 'user_id', 'movie_id',
    'watched')
53  graph_builder.add_binary_relations(ratings, 'movie_id', 'user_id',
    'watched-by')
54  g = graph_builder.build()# 建構異質圖
55  # 為異質圖增加節點屬性，所有的屬性值以張量類型增加
56  g.nodes['movie'].data['year'] = torch.LongTensor(
57                      movies['year'].cat.codes.values) # 轉為索引向量
58  g.nodes['movie'].data['genre'] = torch.FloatTensor(
59                      movies[genre_columns].values)
60  # 為異質圖增加邊屬性
```

```
61   g.edges['watched'].data['timestamp'] = torch.LongTensor(
62                           ratings['timestamp'].values)
```

第 47 ～ 54 行程式實現了異質圖的建構。在異質圖中建構了兩個子圖，分別用來表示使用者看電影和電影被使用者看這兩種關係。

第 56 ～ 62 行程式為建構好的異質圖增加節點和邊屬性。該屬性用於模型計算異質圖中每個節點的特徵。

6.6.5 程式實現：用邊分組方法拆分並儲存資料集

定義 train_test_split_by_time 函數，實現按照電影評級的時間拆分成訓練資料集、測試資料集和驗證資料集。具體拆分規則如下。

如果一個使用者評級了 1 部以上的電影，則將該使用者評級的最後一部電影放到測試資料集中。

如果一個使用者評級了 2 部以上的電影，則將該使用者評級的倒數第 2 部電影放到驗證資料集中。

1. 程式實現

在 train_test_split_by_time 函數中，對圖資料中邊的來源節點 (使用者節點) 進行分類，得到每個使用者所評級的電影。然後呼叫子函數 splits，對每個分類後的邊進行處理，按照拆分規則提取資料。具體程式如下。

程式檔案：code_25_processm1.py（續）

```
63   def train_test_split_by_time(g, column, etype, itype):# 定義函數，拆分資料集
64     n_edges = g.number_of_edges(etype)          # 獲得邊數量
65     with g.local_scope():
66       def splits(edges):                        # 定義子函數，處理分類後的邊
67         # 獲得當前分類 ( 使用者 ) 個數，以及每個使用者評級的電影數
68         num_edges, count = edges.data['train_mask'].shape
```

```
69          # 對每個使用者評級的時間排序
70          _, sorted_idx = edges.data[column].sort(1)
71          # 獲得隱藏
72          train_mask = edges.data['train_mask']
73          val_mask = edges.data['val_mask']
74          test_mask = edges.data['test_mask']
75
76          x = torch.arange(num_edges) # 建構使用者索引
77
78          # 如果使用者評級的電影超過 1 部，則將該使用者評級的最後一次評級的電影
            # 放到測試資料集中
79      if count > 1:
80          train_mask[x, sorted_idx[:, -1]] = False
81          test_mask[x, sorted_idx[:, -1]] = True
82   # 如果使用者評級的電影超過 2 部，則將該使用者評級的倒數第 2 次評級的電影
     # 放到驗證資料集中
83          if count > 2:
84              train_mask[x, sorted_idx[:, -2]] = False
85              val_mask[x, sorted_idx[:, -2]] = True
86          # 返回隱藏
87      return {'train_mask': train_mask, 'val_mask': val_mask,
                'test_mask': test_mask}
88   # 定義待拆分資料集的隱藏
89   g.edges[etype].data['train_mask'] = torch.ones(n_edges,
90                                          dtype=torch.bool)
91   g.edges[etype].data['val_mask'] = torch.zeros(n_edges,
92                                          dtype=torch.bool)
93   g.edges[etype].data['test_mask'] = torch.zeros(n_edges,
94                                          dtype=torch.bool)
95   # 按邊的來源節點分類，並處理分類後的資料
96   g.group_apply_edges('src', splits, etype=etype)
97   # 根據隱藏獲取資料集
98   train_indices = g.filter_edges(
99           lambda edges: edges.data['train_mask'], etype=etype)
```

```
100      val_indices = g.filter_edges(
101              lambda edges: edges.data['val_mask'], etype=etype)
102      test_indices = g.filter_edges(
103              lambda edges: edges.data['test_mask'], etype=etype)
104   return train_indices, val_indices, test_indices   # 返回資料集索引
105
106 # 呼叫函數，拆分資料集
107 train_indices, val_indices, test_indices = train_test_split_by_time(g,
    'timestamp', 'watched', 'movie')
```

第 63 行程式定義了 train_test_split_by_time 函數進行資料集拆分。

第 107 行程式呼叫了 train_test_split_by_time 函數，使其按照 'timestamp'，對圖物件 g 按照邊 'watched' 對 'movie' 節點進行資料拆分。該程式執行後可以得到 3 個索引值，這 3 個索引值是圖物件 g 中 'movie' 類型的節點索引，分別對應於訓練資料集、測試資料集和驗證資料集。

2. DGL 的邊分組處理機制

在第 96 行程式中，呼叫了圖物件的 group_apply_edges 方法。該方法是先將圖中的邊按照指定節點進行分類，再將分類後的邊放到回呼函數中處理。

為了提高處理的效率，將 group_apply_edges 方法傳入回呼函數中的邊是以批次處理方式進行的，即同樣節點個數的邊放在一起傳入回呼函數。具體程式如下。

```
def handle_feat(edges):                    # 定義回呼函數
    feat = edges.data['feat']
    print(edges.data['feat'].shape,feat)   # 顯示批次處理的邊
    return {'norm_feat': feat}

g = dgl.DGLGraph()                         # 定義圖
```

```
g.add_nodes(4)                              # 增加節點
g.add_edges(0, [1, 2, 3])                   # 增加邊
g.add_edges(1, [2, 3])
g.add_edges(2, [2, 3])
print(g,g.edges(order='eid',form='all'))    # 輸出圖結構和對應的邊

g.edata['feat'] =g.edges(order='eid',form='all')[-1]# 將邊索引增加到邊屬性中
g.group_apply_edges(func=handle_feat, group_by='src')# 按照來源節點進行分組處理
```

最後一行程式向 group_apply_edges 方法中的 group_by 參數傳入了 'src'，
表明對圖進行基於來源節點的分組處理。如果傳入的值是 'dst'，則表明對
圖進行基於目的節點的分組處理。

程式執行後，輸出結果如下。

```
DGLGraph(num_nodes=4, num_edges=7, ndata_schemes={} edata_schemes={})
  (tensor([0, 0, 0, 1, 1, 2, 2]), tensor([1, 2, 3, 2, 3, 2, 3]), tensor([0,
1, 2, 3, 4, 5, 6]))
torch.Size([1, 3]) tensor([[0, 1, 2]])
torch.Size([2, 2]) tensor([[3, 4], [5, 6]])
```

輸出結果的第 1 行是圖物件的結構。該資訊顯示了圖物件有 4 個節點、7
條邊。

輸出結果的第 2 行是圖物件的邊資訊。該資訊中包含 3 個張量，前兩個
張量用於描述邊的來源節點和目的節點，最後一個張量是邊的索引資
訊。在程式中，將邊的索引資訊放到了邊屬性 'feat' 中，用於演示回呼函
數中的批次處理過程。

輸出結果的最後兩行是 group_apply_edges 方法回呼函數 handle_feat 的
輸出內容。從結果中可以看出，group_apply_edges 方法對邊進行基於兩
個批次的劃分，將前 3 條邊劃分到第 1 個批次中，將後 4 筆邊劃分到第 2
個批次中。這種劃分的規則是根據來源節點和目的節點之間的對應數量

來進行的。即第 1 個批次中，1 個來源節點對應了 3 個目的節點；第 2 個批次中，1 個來源節點對應了 2 個目的節點。

為了讓讀者能夠進一步了解這種分組規則，在原圖中額外再加 1 個節點和 3 條邊。具體程式如下。

```
g.add_nodes(1)                              # 增加 1 個節點
g.add_edges(4, [0, 3,2])                    # 增加 3 條邊
print(g,g.edges(order='eid',form='all'))    # 顯示圖結構和邊資訊
g.edata['feat'] =g.edges(order='eid',form='all')[-1] # 將邊索引增加到邊屬性中
g.group_apply_edges(func=handle_feat, group_by='src') # 按照來源節點進行分組處理
```

程式執行後，輸出結果如下。

```
DGLGraph(num_nodes=5, num_edges=10, ndata_schemes={} edata_schemes={})
  (tensor([0, 0, 0, 1, 1, 2, 2, 4, 4, 4]), tensor([1, 2, 3, 2, 3, 2, 3, 0,
3, 2]), tensor([0, 1, 2, 3, 4, 5, 6, 7, 8, 9]))
torch.Size([2, 3]) tensor([[0, 1, 2],  [7, 8, 9]])
torch.Size([2, 2]) tensor([[3, 4], [5, 6]])
```

從輸出結果中可以看到，group_apply_edges 方法將新加的邊 [7, 8, 9] 分到了第 1 個批次中進行處理，因為它們都是 1 個來源節點與 3 個目的節點對應。

3. 儲存前置處理資料集

將拆分後的資料集索引組成的資料集物件儲存到 data.pkl 檔案中，以便在模型訓練過程中使用。其中，訓練資料集用圖物件表示，測試資料集和驗證資料集用稀疏矩陣物件表示。同時還要將電影的標題用字典物件儲存起來。

6.6.6 PinSAGE 模型

PinSAGE 模型的主要作用是對圖節點屬性的計算。該模型的輸入是一個具有異質圖結構的巨大圖，輸出是巨大圖上每個指定類型節點的屬性特徵。在本例中，PinSAGE 模型的輸入是用 MoiveLens 資料集做成的異質圖，輸出是異質圖中每個電影節點的屬性特徵。當得到每個電影節點的屬性特徵之後，就可以根據特徵間的距離，為使用者找到推薦觀看的電影。

PinSAGE 模型的特點是在不需要依賴過高的硬體條件下，實現對巨大圖的資料處理。其內部主要使用了帶有鄰居節點取樣的局部圖卷積技術，以及基於最大邊界的損失函數 (Max-Margin Ranking Loss)。

1. 帶有鄰居節點取樣的局部圖卷積技術

PinSAGE 模型使用了帶有鄰居節點取樣的局部圖卷積技術，來實現在大型異質圖資料上的訓練任務。該技術可以推廣到解決使用者與任何推薦項之間的任務。其本質是利用使用者與電影之間的觀看關係以及電影與使用者之間的被觀看關係，在異質圖上，找出當前電影節點的部分鄰居節點，然後基於這些鄰居節點所臨時組成的圖結構來進行圖卷積操作，最終得到每個電影節點的屬性特徵。具體實現步驟如下。

（1）將所有的電影節點當作待訓練的資料集。按照指定批次，依次從中取出部分節點進行處理。

（2）將取出的待處理電影節點當作種子節點，用隨機行走方式對種子節點的鄰居節點進行取樣。

（3）從鄰居節點取樣的路徑中，統計隨機行走對電影節點的存取次數，並對該存取次數排序，取前 N 個電影節點作為種子節點的鄰居節點。

（4）將每個鄰居節點的存取次數作為種子節點與鄰居節點之間的邊，組成一個局部圖。

（5）使用帶邊權重的圖卷積演算法，在局部圖上做圖卷積操作，得到種子節點的屬性特徵。

2. 基於最大邊界的損失函數

PinSAGE 模型使用了一個基於最大邊界的損失函數。該損失函數的目的是最大化同類樣本之間的特徵相似度。即在最大化相同推薦度商品的屬性特徵的同時，最小化不同推薦度商品的屬性特徵。

因為在神經網路中，兩個特徵的相似度可以用內積來表示，所以 PinSAGE 模型的損失函數可以轉化為：在使正、負樣本之間的內積小於正樣本之間的內積的前提下，最大化正樣本之間的內積。具體操作如下：

（1）從異質圖中，每次隨機取出一批次節點進行處理。

（2）使用隨機行走方式，從異質圖選取當前節點的上一個鄰居節點，組成正樣本對；再隨機取出一個與當前節點沒有鄰居關係的節點，與當前節點組成負樣本對。

（3）分別對這兩對節點中的每個節點做帶有鄰居節點取樣的局部圖卷積，得到每個節點的屬性特徵。

（4）在正樣本對中，對兩個節點的屬性特徵做內積操作，得到正向的相似度分值 ps。

（5）在負樣本對中，對兩個節點的屬性特徵做內積操作，得到負向的相似度分值 ns。

（6）將正、負向的相似度分值帶入式 loss=(ns-ps+1) 中，得到損失值。

其中第 (6) 步的損失值含義是讓模型在訓練過程中，對正樣本對的分值與負樣本對的分值之間差值趨近於 1。

在本例中，將同一使用者所看過的兩部電影作為正樣本對，將不同使用者所看過的兩部電影作為負樣本對。

6.6.7 程式實現：建構帶有鄰居節點取樣功能的資料載入器

建構帶有鄰居節點取樣功能的資料載入器，輸入模型並進行訓練，具體步驟如下。

（1）載入資料。將 6.6.5 小節儲存好的資料集檔案載入。

（2）加工資料。將資料集中使用者和電影的 ID 屬性值放到圖節點的屬性中，並將電影的標題轉化成詞向量。

（3）建構資料載入器。建構帶有鄰居節點取樣功能的資料載入器，並將資料載入器轉化成迭代器，輸入模型並進行訓練。

在撰寫程式之前，需要先將 3.5 節實例中的預訓練詞向量 glove.6B.100d 複製到本地程式的同級目錄下。因為在第 (2) 步的加工資料過程中，需要使用預訓練詞向量 glove.6B.100d 對電影的標題進行轉化。

具體程式實現如下。

1. 載入資料

按照 6.6.5 小節儲存的資料格式，將資料讀取記憶體。具體程式如下。

程式檔案：code_29_train.py（部分）

```
01  # 指定裝置
02  device = torch.device("cuda:0"if torch.cuda.is_available() else "cpu")
03  print(device)
04  # 讀取資料集
05  dataset_path = './data.pkl'
06  with open(dataset_path, 'rb') as f:
07      dataset = pickle.load(f)
08  g = dataset['train-graph']            # 讀取圖結構資料
09  item_texts = dataset['item-texts']    # 讀取電影的標題
```

第 08 行程式將訓練資料以圖的形式讀取記憶體。

第 09 行程式將電影的標題以文字的形式讀取記憶體。

2. 加工資料

加工資料階段分為以下兩部分。

（1）將使用者和電影的 ID 屬性值放到圖節點的屬性中 (見第 11、12 行程式)。

（2）將電影的標題轉化成詞向量 (見第 15 ～ 26 行程式)。

其中，第 (2) 步使用了 torchtext 函數庫的內建預訓練詞向量進行轉化。具體程式如下。

程式檔案：code_29_train.py（續）

```
10   # 設定節點屬性值
11   g.nodes['user'].data['id'] = torch.arange(g.number_of_nodes('user'))
12   g.nodes['movie'].data['id'] = torch.arange(g.number_of_nodes('movie')
13
14   # 載入詞向量，用於解析電影的標題
15   fields = {}
16   examples = []
17   titlefield = torchtext.data.Field(include_lengths=True,
18                                    lower=True, batch_first=True)
19   fields = [('title', titlefield)]
20   for i in range(g.number_of_nodes('movie')):
21     example = torchtext.data.Example.fromlist(
22                                    [item_texts['title'][i] ], fields)
23     examples.append(example)
24   textset = torchtext.data.Dataset(examples, fields)
25   titlefield.build_vocab(getattr(textset, 'title'), # 將樣本資料轉為詞向量
26                                    vectors = "glove.6B.100d")
```

程式執行後，將得到一個 torchtext 資料集類型的物件 textset。該物件會載入預訓練詞向量檔案 glove.6B.100d，並將電影標題中的詞映射成維度大小為 100 的向量特徵。

3. 建構資料載入器

本例將要建構兩個資料載入器，分別用於訓練場景和測試場景。具體說明如下。

- 用於訓練場景的資料載入器：以正、負樣本對的形式返回指定批次的圖節點，以及每個圖節點所對應的鄰居節點。
- 用於測試場景的資料載入器：按順序返回指定批次的圖節點，以及每個圖節點所對應的鄰居節點。

資料載入器採用 PyTorch 的 torch.utils.data.DataLoader 模組進行實現，該模組會配合取樣器與 collate_fn 函數一起工作。

用於訓練場景的資料載入器與用於測試場景的資料載入器在實現方面主要是取樣器與 collate_fn 函數的處理不同。

- 在取樣器中，用於訓練場景的資料載入器需要從圖節點中找到正、負樣本對進行返回；而用於訓練場景的資料載入器直接按照電影 ID 的順序返回。
- 在 collate_fn 函數中，用於訓練場景的資料載入器需要對正、負樣本對中的節點進行基於鄰居節點的取樣，並返回正、負樣本的圖資料；而用於訓練場景的資料載入器直接按照取樣器中的電影節點，進行基於鄰居節點的取樣。

取樣器和 collate_fn 函數都是在程式檔案 code_31_sampler.py 中實現的。在 code_29_train.py 檔案中，直接匯入並呼叫即可。具體程式如下。

程式檔案：code_29_train.py（續）

```
27   num_layers =2          # 定義層數
28   hidden_dims = 32       # 定義隱藏層維度
29   batch_size = 32        # 定義批次大小
30
31   # 建構基於鄰居節點的取樣器
32   neighbor_sampler = sampler_module.NeighborSampler(    g, 'user',
33   'movie', num_layers)
34   # 建構 collate_fn 函數的處理類別
35   collator = sampler_module.PinSAGECollator(neighbor_sampler, g, 'movie',
     textset)
36
37   # 建構用於訓練的取樣器
38   batch_sampler = sampler_module.ItemToItemBatchSampler
39   (g, 'user', 'movie', batch_size)
40
41   # 建構用於訓練場景的資料載入器
42   dataloader = DataLoader( batch_sampler, collate_fn=collator.collate_train)
43
44   # 建構用於測試場景的資料載入器
45   dataloader_test = DataLoader( torch.arange(g.number_of_nodes('movie')),
46   batch_size=batch_size, collate_fn=collator.collate_test)
47
48   dataloader_it = iter(dataloader)# 將資料載入器轉化成迭代器物件
```

第 32 行程式中的 sampler_module 物件為匯入的 code_31_sampler.py 檔案。該檔案中的 PinSAGECollator 類別用於生成資料載入器中的 collate_fn 函數、ItemToItemBatchSampler 函數。這兩個函數可以返回用於訓練的正、負樣本對。

4. 在訓練場景下，資料載入器的返回結果

第 48 行程式將資料載入器轉化成迭代器物件 dataloader_it 之後，便可以

透過 next 函數從迭代器物件中取出資料。具體程式如下：

```
pos_graph, neg_graph, blocks = next(dataloader_test_it)
```

用於訓練場景的資料載入器會返回 3 個物件：正樣本對 pos_graph、負樣本對 neg_graph、區塊圖 blocks。下面將這 3 個物件的內容依次顯示出來。

（1）查看正、負樣本對的詳細資訊。具體程式如下。

```
print(" 正樣本對的圖結構 :", pos_graph)
print(" 負樣本對的圖結構 :", neg_graph)

print(" 正樣本對的節點 :", pos_graph.ndata[dgl.NID])    # 相同的節點
print(" 負樣本對的節點 :", neg_graph.ndata[dgl.NID])

print(" 正樣本對的邊 :", pos_graph.edges())
print(" 負樣本對的邊 :", neg_graph.edges())
```

程式執行後，輸出結果如下。

```
正樣本對的圖結構 : Graph(num_nodes=96, num_edges=32,……)
負樣本對的圖結構 : Graph(num_nodes=96, num_edges=32,……)

正樣本對的節點 :tensor([ 381, 2963, 2542,  454, 1872, 1157, 3607, 2764,
861, 2624, 2550, 1316,……689, 1036,  218,  938,  512,  437,  174, 2198])
負樣本對的節點 :tensor([ 381, 2963, 2542,  454, 1872, 1157, 3607, 2764,
861, 2624, 2550, 1316,……689, 1036,  218,  938,  512,  437,  174, 2198])

正樣本對的邊 :(tensor([ 0,  1,  2,  3,  4,  5,  6,  7,  8,  9,……, 30, 31]),
        tensor([32, 33, 34, 35, 36, 37, 38, 39, 40, 41……61, 62, 63]))
負樣本對的邊 :(tensor([ 0,  1,  2,  3,  4,  5,  6,  7,  8,  9, ……, 30, 31]),
        tensor([64, 65, 66, 67, 68, 69, 70, 71, 72, 73, 74, ……92, 93,
        94, 95]))
```

從輸出結果的圖結構中可以看出，正樣本對的節點數為 96、邊數為 32。

這 32 條邊的來源節點索引值是 0 ～ 31，目的節點索引值是 32 ～ 63。

負樣本對的節點數和邊數與正樣本對的相同。不同的是，在負樣本對的 32 條邊中，目的節點的索引值是 64 ～ 95。

> ◈ 提示
> 實際執行過程中，有可能輸出的正、負樣本對圖節點不足 96 個。這是由於在隨機行走取樣過程中提前終止所引起的。

（2）查看區塊圖的詳細資訊。具體程式如下：

```
print(" 區塊圖的結構 :", blocks)
print(" 區塊圖的節點類型 :", blocks[0].ntypes)

print(" 第一個區塊圖的來源節點個數 :",blocks[0].number_of_
nodes('SRC/'+blocks[0].ntypes[0]))
print(" 第二個區塊圖的來源節點個數 :", blocks[1].number_of_nodes('SRC/' +
blocks[1].ntypes[0]))

print(" 第一個區塊圖的來源節點屬性 :", blocks[0].nodes['movie'])
print(" 第二個區塊圖的來源節點屬性 :", blocks[1].nodes['movie'])

print(" 第一個區塊圖的目的節點屬性 :", blocks[0].dstdata)
print(" 第二個區塊圖的目的節點屬性 :", blocks[1].dstdata)

print(" 第一個區塊圖的邊屬性 :", blocks[0].edata)
print(" 第二個區塊圖的邊屬性 :", blocks[1].edata)
```

程式執行後，輸出結果如下。

```
區塊圖的結構 : [Graph(num_nodes={'movie': 306},
              num_edges={('movie', '_E', 'movie'): 918},
              metagraph=[('movie', 'movie')]),
         Graph(num_nodes={'movie': 96},
```

```
                      num_edges={('movie', '_E', 'movie'): 288},
                      metagraph=[('movie', 'movie')])
              ]
```
區塊圖的節點類型：['movie', 'movie']
第一個區塊圖的來源節點個數：605
第二個區塊圖的來源節點個數：306
第一個區塊圖的來源節點屬性：NodeSpace(data={
    '_ID': tensor([95, 3398, 1329, 2547, 2410, ……190, 1150]),
    'year': tensor([74, 54, 74, 67, 25, 75, 74, 77,……, 74, 76, 75, 69]),
    'genre': tensor([[0., 0., 0., ……, 0., 0., 0.],
               [0., 0., 0., ……, 0., 0., 0.],
               [0., 0., 1., ……, 0., 0., 0.],
               ……,
               [0., 0., 0., ……, 0., 0., 0.]]),
    'id': tensor([95, 3398, 1329, 2547, 2410, 378, ……190, 1150]),
    'title': tensor([[4275,   1,   1,……,   1,   1,   1],
             [9,   16,   2, ……,   1,   1,   1],
             ……,
             [264,   1,   1, ……,   1,   1,   1]]),
    'title__len': tensor([1,   6, ……1,   1,   1])})
第二個區塊圖的來源節點屬性：NodeSpace(data={
    '_ID': tensor([95, 3398, 1329, 2547, 2410, ……1277, 579])})
第一個區塊圖的目的節點屬性：NodeSpace(data={
    '_ID': tensor([95, 3398, 1329, 2547, 2410, ……1277, 579])})
第二個區塊圖的目的節點屬性：NodeSpace(data={
    '_ID': tensor([95, 3398, 1329, 2547, 2410, ……412, 2603])})
    'year': tensor([74, 54, 74, 67, 25, 75, 74, 77,……, 73, 72]),
    'genre': tensor([[0., 0., 0., ……, 0., 0., 0.],
              [0., 1., 1., ……, 0., 0., 0.],
              ……,
             [0., 0., 0., ……, 0., 0., 0.]]),
    'id': tensor([95, 3398, 1329, 2547, 2410, 378, ……412, 2603]),
    'title': tensor([[4275,   1,   1,……,   1,   1,   1],
             [9,   16,   2, ……,   1,   1,   1],

```
                                ......,
                        [1224, 1170,    1,    1,    1,    1,    1,    1]]),
        'title__len': tensor([ 1,  6,  ......, 2, 2, 2])})
```
第一個區塊圖的邊屬性：{
```
        '_ID': tensor([ 99, 100, 101, 891, 892, 893, 714, ......, 451, 452]),
        'weight': tensor([1, 1, 1, 1, 2, 1, 1, 1, 2, 1, 1, 1, ......, 1, 1, 1,
1, 1])}
```
第二個區塊圖的邊屬性：{
```
        '_ID': tensor([ 12,  13,  14, 267, ......, 34,  35]),
        'weights': tensor([1, 1, 1, 1, 1, 1, 2, 1, 1, 1, 1, 1, ......, 1, 1, 1])}
```

從輸出結果中可以看到，程式中的 blocks 物件是一個串列，該串列含有兩個區塊圖物件。它是系統對圖資料做 2 次鄰居節點取樣的結果 (因為第 27 行程式所設定的層數為 2，所以進行了 2 次取樣)。

在串列物件 blocks 中，兩次取樣的結果以倒序方式進行排列，即第二個區塊圖物件是第一次取樣的結果，它有 96 個目的節點、306 個來源節點、288 條邊；第一個區塊圖物件是第二次取樣的結果，它將第一次取樣過程中的來源節點當作種子節點進行取樣，得到 306 個目的節點、605 個來源節點、918 條邊。

兩個區塊圖的節點屬性也不同。第一個區塊圖的來源節點和第二個區塊圖的目的節點屬性中，含有電影的圖節點 ID、發行年代、類型、ID、標題屬性；而第一個區塊圖的目的節點和第二個區塊圖的來源節點屬性中，只含有圖節點的 ID 屬性。

兩個區塊圖的邊屬性相同，都包含邊的 ID 屬性和權重屬性。其中權重屬性是隨機行走取樣時鄰居節點的存取次數。

5. 在測試場景下，資料載入器的返回結果

在測試場景下，資料載入器只返回 blocks 物件。該物件與訓練場景下資料載入器返回的 blocks 物件具有相同的結構。

資料載入器返回的 blocks 物件是系統對鄰居節點取樣的結果。具體取樣過程見 6.6.8 小節。

6.6.8 程式實現 :PinSAGE 模型的取樣過程

PinSAGE 模型的取樣過程主要在程式檔案 code_31_sampler.py 中實現。在該程式檔案中，主要實現了 3 個類別，具體如下。

- ItemToItemBatchSampler 類別：訓練資料的取樣器，返回正、負樣本對。
- NeighborSampler 類別：基於鄰居節點的取樣器。
- PinSAGECollator 類別：對 NeighborSampler 類別的封裝，使其可以被當作 collate_fn 函數，在建構資料載入器過程中使用。

這 3 個類別的具體實現如下。

1. ItemToItemBatchSampler 類別的實現

ItemToItemBatchSampler 類 別 是 一 個 生 成 式 資 料 集，該 類 別 繼 承 IterableDataset 類別，用於返回一個生成器物件。該類別的實現步驟如下。

（1）隨機取出一批節點作為種子節點。
（2）使用隨機行走取樣方式，找到該節點的鄰居節點，作為正向樣本對的目的節點。
（3）隨機取出一批節點，作為負向樣本對的目的節點。
（4）將第 (1) 步、第 (2) 步及第 (3) 步的節點以生成器的方式返回，完成取樣過程。

具體程式如下。

程式檔案：code_31_sampler.py（部分）

```
01  class ItemToItemBatchSampler(IterableDataset):
02    def __init__(self, g, user_type, item_type, batch_size):
03      self.g = g
04      self.user_type = user_type
05      self.item_type = item_type
06      # 獲得使用者到電影之間的邊類型 ('watched')
07      self.user_to_item_etype = list(
08                                    g.metagraph[user_type][item_type])[0]
09      # 獲得電影到使用者之間的邊類型 ('watched-by')
10      self.item_to_user_etype = list(
11                                    g.metagraph[item_type][user_type])[0]
12      self.batch_size = batch_size
13
14    def __iter__(self): # 在迭代器中實現取樣邏輯
15      while True:
16        heads = torch.randint(0,
17                              self.g.number_of_nodes(self.item_type),
18                              (self.batch_size,))
19        # 沿著邊找到看過當前電影的使用者所看過的其他電影
20        tails = dgl.sampling.random_walk(self.g, heads,
21          metapath=[self.item_to_user_etype, self.user_to_item_etype]
22                                  )[0][:, 2]
23        # 隨機找到其他電影
24        neg_tails = torch.randint(0,
25                      self.g.number_of_nodes(self.item_type), 0
26                      (self.batch_size, ))
27        # 去掉提前停止的取樣節點
28        mask = (tails != -1)
29        yield heads[mask], tails[mask], neg_tails[mask]
```

第 07、08 行程式透過元圖中的節點類型獲得使用者到電影之間的邊類型
('watched')。

第 10、11 行程式透過元圖中的節點類型獲得電影到使用者之間的邊類型 ('watched-by')。

第 20～22 行程式使用 sampling.random_walk 函數在圖物件 g 上沿著 ['watched', 'watched-by'] 路徑進行隨機行走取樣；接著從取樣結果 (節點 類型為 ['movie','user', 'movie'] 的路徑) 中，提取最後一個節點作為種子節 點的鄰居節點。這個取樣過程實現了：沿著邊找到看過當前電影的使用 者所看過的其他電影。

2. NeighborSampler 類別的實現

NeighborSampler 類別實現了一個基於鄰居節點的取樣器。該類別有兩個 介面，即 sample_blocks 和 sample_from_item_pairs，分別支援基於種子 節點的取樣和基於正、負樣本對的取樣。具體程式如下。

程式檔案：code_31_sampler.py（續）

```
30  def compact_and_copy(frontier, seeds):    # 將同構圖轉化成區塊圖
31    block = dgl.to_block(frontier, seeds)
32    for col, data in frontier.edata.items():
33      if col == dgl.EID:
34        continue
35      block.edata[col] = data[block.edata[dgl.EID]]
36    return block
37  class NeighborSampler(object):     # 基於鄰居節點的取樣器
38    def __init__(self, g, user_type, item_type, num_layers,
39                 random_walk_length= 2, random_walk_restart_prob = 0.5,
40                 num_random_walks= 10, num_neighbors=3):
41      self.g = g
42      self.user_type = user_type
43      self.item_type = item_type
44      # 獲得使用者到電影之間的邊類型 ('watched')
45      self.user_to_item_etype = list(
46                          g.metagraph[user_type][item_type])[0]
```

```
47          # 獲得電影到使用者之間的邊類型 ('watched-by')
48          self.item_to_user_etype = list(
49                              g.metagraph[item_type][user_type])[0]
50          # 按照指定層數，定義多個取樣器
51          self.samplers = [ dgl.sampling.PinSAGESampler (g,
52                          item_type, user_type, random_walk_length,
53              random_walk_restart_prob, num_random_walks, num_neighbors)
54                          for _ in range(num_layers)   ]
55      # 對種子節點進行基於鄰居節點的取樣，並將結果以區塊圖的形式返回
56      def sample_blocks(self, seeds, heads=None, tails=None, neg_tails=None):
57        blocks = []
58        for sampler in self.samplers:
59          frontier = sampler(seeds) # 對種子節點進行基於鄰居節點的取樣
60          if heads is not None:
61            eids = frontier.edge_ids(torch.cat([heads, heads]),
62                      torch.cat([tails, neg_tails]),
63                      return_uv=True)[2]
64            if len(eids) > 0:   # 從取樣結果中刪除含有正、負樣本對的邊
65              old_frontier = frontier
66              frontier = dgl.remove_edges(old_frontier, eids)
67              frontier.edata['weights'] = old_frontier.edata['weights']
    [frontier.edata[dgl.EID]]
68        block = compact_and_copy(frontier, seeds) # 將取樣結果轉化成區塊圖
69        seeds = block.srcdata[dgl.NID] # 獲得區塊圖的全部節點，作為下一層的
                                          # 種子節點
70  blocks.insert(0, block)                  # 以倒序方式儲存當前區塊圖
71  return blocks
72  # 定義取樣器介面，適用於輸入資料為正、負樣本對的情況
73  def sample_from_item_pairs(self, heads, tails, neg_tails):
74  pos_graph = dgl.graph(                    # 將正樣本對轉化成同構圖
75  (heads, tails),
76  num_nodes=self.g.number_of_nodes(self.item_type),
77  ntype=self.item_type)
78  neg_graph = dgl.graph(                    # 將負樣本對轉化成同構圖
```

```
79    (heads, neg_tails),
80    num_nodes=self.g.number_of_nodes(self.item_type),
81    ntype=self.item_type)
82    # 壓縮圖，去掉多餘的節點
83    pos_graph, neg_graph = dgl.compact_graphs([pos_graph, neg_graph])
84    seeds = pos_graph.ndata[dgl.NID]# 獲得種子節點
85    # 將種子節點傳入取樣器，進行基於鄰居節點的取樣
86    blocks = self.sample_blocks(seeds, heads, tails, neg_tails)
87    return pos_graph, neg_graph, blocks
```

第 51 ～ 54 行程式呼叫 dgl.sampling.PinSAGESampler 類別實例化了
PinSAGE 取樣器物件。dgl.sampling.PinSAGESampler 類別是對 dgl.
sampling.RandomWalkNeighborSampler 介面的二次封裝，它與 dgl.
sampling.RandomWalkNeighborSampler 介面只是傳入的參數 (呼叫方式)
不同，二者所使用的取樣邏輯與返回結果完全相同。

第 64 ～ 67 行程式從取樣結果中刪除含有正、負樣本對的邊。這樣可以
使正、負樣本對中的節點相互獨立，方便模型使用邊界損失進行訓練。

第 83 行程式呼叫了 compact_graphs 函數對輸入的 pos_graph、neg_graph
進行壓縮。

compact_graphs 函數可以刪除圖中沒有邊的節點。在基於巨大圖取樣時，
在子圖中進行訊息傳播時需要用到這個函數。

如果有多個圖，它們的節點個數和節點類型完全相同，則可以用
compact_graphs 函數對圖節點同時壓縮。在這種情況下，compact_graphs
函數會對壓縮後的多個圖節點取聯集，範例程式如下。

```
g = dgl.bipartite([(1, 3), (3, 5)], 'user', 'plays', 'game', num_nodes=(20, 10))
g2 = dgl.bipartite([(1, 6), (6, 8)], 'user', 'plays', 'game', num_nodes=
(20, 10))
new_g, new_g2 = dgl.compact_graphs([g, g2]) # 對 g 和 g2 同時壓縮
```

```
# new_g, new_g2 具有相同的節點
new_g.number_of_nodes('user')            # 輸出節點個數：3
new_g2.number_of_nodes('user')           # 輸出節點個數：3
new_g.nodes['user'].data[dgl.NID]        # 輸出 user 節點：tensor([1, 3, 6])
new_g2.nodes['user'].data[dgl.NID]       # 輸出 user 節點：tensor([1, 3, 6])
new_g.nodes['game'].data[dgl.NID]        # 輸出 game 節點：tensor([3, 5, 6, 8])
new_g2.nodes['game'].data[dgl.NID]       # 輸出 game 節點：tensor([3, 5, 6, 8])
# new_g, new_g2 具有不同的邊
new_g.edges(order='eid', etype='plays') # 輸出邊：(tensor([0, 1]),
tensor([0, 1])
new_g2.edges(order='eid', etype='plays') # 輸出邊：(tensor([0, 2]),
tensor([2, 3])
```

第 84 行程式的 pos_graph 圖是經過 compact_graphs 函數壓縮後的圖，所以該圖中的節點包括正、負樣本對中的全部節點，可以直接用來當作種子節點設定值給 seeds 物件。

3. PinSAGECollator 類別的實現

PinSAGECollator 類別的實現相比較較簡單，只是對 NeighborSampler 類別做了一層封裝，使其能夠符合資料載入器中 collate_fn 函數的呼叫規範。具體程式請參考本書的書附資源 code_31_sampler.py 檔案。這裡不再詳述。

6.6.9 程式實現：架設 PinSAGE 模型

在本例中所實現的 PinSAGE 模型主要由 4 個類別組成，具體如下。

- LinearProjector 類別：將電影的原始屬性轉化為特徵向量。
- WeightedSAGEConv 類別：實現帶有邊權重的圖卷積層。
- SAGENet 類別：基於巢狀結構區塊圖的多層圖卷積，每一層圖卷積使用 WeightedSAGEConv 類別進行實現。

■ PinSAGEModel 類別：將 SAGENet 類別和 LinearProjector 類別返回的原始屬性特徵更新到圖節點上，並利用 SAGENet 類別按照區塊圖的結構進行聚合，生成每個圖節點的最終特徵。

1. LinearProjector 類別的實現

LinearProjector 類別的實現主要是透過 3 個神經網路模型將電影的類型、發行年代、標題這 3 個原始屬性轉化為特徵向量。其中，處理電影的類型屬性時，使用了全連接形式的神經網路模型；處理電影的發行年代屬性時，使用了詞嵌入形式的神經網路模型；處理電影的標題屬性時，先將標題用預訓練詞向量模型轉化成詞向量，再使用全連接神經網路模型對轉化後的詞向量進行處理。

在程式實現時，這 3 個網路模型被統一放在 module_dict 模型字典裡，由 _init_input_modules 函數生成。具體程式如下。

程式檔案：code_30_model.py（部分）

```
01  def _init_input_modules(g, ntype, textset, hidden_dims):# 初始化網路模型
02
03    module_dict = nn.ModuleDict()                    # 定義模型字典物件
04    for column, data in g.nodes[ntype].data.items():  # 遍歷電影節點的屬性
05      if column == dgl.NID:
06        continue
07      if data.dtype == torch.float32:        # 處理電影的類型屬性
08        assert data.ndim == 2                # 電影的類型屬性是二維資料
09        m = nn.Linear(data.shape[1], hidden_dims)  # 定義全連接神經網路模型
10        nn.init.xavier_uniform_(m.weight)
11        nn.init.constant_(m.bias, 0)
12      module_dict[column] = m                # 將模型加入模型字典
13        elif data.dtype == torch.int64:      # 處理電影的發行年代屬性
14        assert data.ndim == 1                # 電影的類型屬性是一維資料
```

```
15        m = nn.Embedding(                          # 定義詞嵌入模型
16          data.max() + 2, hidden_dims, padding_idx=-1)
17        nn.init.xavier_uniform_(m.weight)
18        module_dict[column] = m                    # 將模型加入模型字典
19        print("print(column):", column)
20
21    if textset is not None:                        # 處理電影的標題屬性
22      for column, field in textset.fields.items():
23        if field.vocab.vectors is not None: # 該屬性要求使用預訓練詞向量
24        module_dict[column] = BagOfWordsPretrained(   # 定義詞嵌入模型
25                            field, hidden_dims)
26        else:
27          print("wrong! please use vectors first!!!")
28
29    return module_dict
30  # 定義載入預訓練詞向量的全連接模型類別
31  class BagOfWordsPretrained(nn.Module):
32    def __init__(self, field, hidden_dims):
33      super().__init__()
34      input_dims = field.vocab.vectors.shape[1] # 輸入的詞向量維度為 100
35      self.emb = nn.Embedding(
36        len(field.vocab.itos), input_dims,
37        padding_idx=field.vocab.stoi[field.pad_token])
38
39      self.emb.weight.data.copy_(field.vocab.vectors)
40      self.emb.weight.requires_grad = False     # 設定詞嵌入部分不參與訓練
41
42      self.proj = nn.Linear(input_dims, hidden_dims)  # 定義全連接層
43      nn.init.xavier_uniform_(self.proj.weight)   # 初始化模型權重
44      nn.init.constant_(self.proj.bias, 0)
45    def forward(self, x, length):
46      # 對標題中各詞的詞向量進行平均值計算
47      x = self.emb(x).sum(1) / length.unsqueeze(1).float()
```

```
48        # 用全連接神經網路將平均詞向量 (100 維 ) 轉化為 hidden_dims 維，並返回
49        return self.proj(x)
50
51  class LinearProjector(nn.Module):          # 將電影的原始屬性轉化為特徵向量
52    def __init__(self, full_graph, ntype, textset, hidden_dims):
53      super().__init__()
54      self.ntype = ntype
55      self.inputs = _init_input_modules(  # 獲得模型字典物件
56                    full_graph, ntype, textset, hidden_dims)
57    def forward(self, ndata):                # 處理電影屬性
58      projections = []
59      for feature, data in ndata.items(): # 遍歷電影節點的屬性
60        # 忽略 ID 屬性和長度屬性
61        if feature == dgl.NID or feature.endswith('__len'):
62            continue
63        module = self.inputs[feature]        # 根據節點屬性取出處理模型
64        if isinstance(module, BagOfWordsPretrained):
65          length = ndata[feature + '__len']
66          result = module(data, length)        # 處理標題屬性時，還需要傳入長度
67        else:
68          result = module(data)
69        projections.append(result)           # 將處理後的特徵加入串列
70      # 將所有屬性特徵加和，得到最終的 hidden_dims 特徵，並返回
71      return torch.stack(projections, 1).sum(1)
```

第 15 ～ 16 行程式在定義詞嵌入模型時，設定傳入的參數個數為 data. max() + 2。其中 data.max() 是資料索引中的最大值，對該值加 1 則可以表示 data 中的參數個數。另外，還要為詞嵌入模型增加一個 padding_idx = -1。所以參數個數為 data.max() + 2。

第 40 行程式將詞嵌入模型的權重設定成不參與訓練，使系統只訓練詞嵌入輸出後的全連接網路。

> **注意**
>
> 透過將模型權重的 requires_grad 屬性設為 False 來阻止模型參與訓練的方法，只有在 PyTorch 的 1.3 版本之後才可以正常執行。如果在 PyTorch 的 1.3 或 1.3 以前的版本中執行，則會出現以下錯誤。
>
> ```
> RuntimeError: you can only change requires_grad flags of leaf
> variables.
> ```

2. WeightedSAGEConv 類別的實現

WeightedSAGEConv 類別實現了一個帶有邊權重的圖卷積層。

在節點的聚合過程中，WeightedSAGEConv 類別將鄰居節點的特徵屬性與邊的邊權重相乘，再進行節點聚合，最終對聚合後的結果按照邊的權重總和取平均值。WeightedSAGEConv 類別的計算過程如圖 6-12 所示。

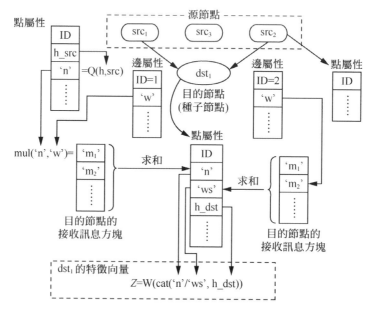

▲ 圖 6-12 WeightedSAGEConv 類別的計算過程

圖 6-12 中的符號與程式中的變數名稱一致。WeightedSAGEConv 類別的最終結果 Z 是由圖卷積後的來源節點屬性與原始的目的節點屬性 (使用 cat 函數) 連接後，經過全連接神經網路 W 處理而成的。具體程式如下。

程式檔案：code_30_model.py（續）

```python
72   class WeightedSAGEConv(nn.Module):  # 帶有邊權重的圖卷積層
73     def __init__(self, input_dims, hidden_dims, output_dims, act=F.relu):
74       super().__init__()
75       self.act = act                         # 定義啟動函數
76       self.Q = nn.Linear(input_dims, hidden_dims)# 定義全連接層
77       self.W = nn.Linear(input_dims + hidden_dims, output_dims)
78       self.reset_parameters()
79       self.dropout = nn.Dropout(0.5)
80     def reset_parameters(self):               # 初始化權重
81       gain = nn.init.calculate_gain('relu')
82       nn.init.xavier_uniform_(self.Q.weight, gain=gain)
83       nn.init.xavier_uniform_(self.W.weight, gain=gain)
84       nn.init.constant_(self.Q.bias, 0)
85       nn.init.constant_(self.W.bias, 0)
86     def forward(self, g, h, weights):
87       h_src, h_dst = h
88       with g.local_scope():
89         # 對來源節點屬性特徵做全連接處理，並更新到 'n' 中
90         g.srcdata['n'] = self.act(self.Q(self.dropout(h_src)))
91         g.edata['w'] = weights.float()          # 提取邊權重
92         # 將來源節點屬性特徵與邊權重相乘，得到 'm'，再對 'm' 求和，更新到 'n' 中
93         g.update_all(fn.u_mul_e('n', 'w', 'm'), fn.sum('m', 'n'))
94         # 對邊權重求和，並更新到 'ws' 中
95         g.update_all(fn.copy_e('w', 'm'), fn.sum('m', 'ws'))
96         n = g.dstdata['n']
97         ws = g.dstdata['ws'].unsqueeze(1).clamp(min=1)
98         # 連接特徵屬性並進行全連接處理
```

```
99          z = self.act(self.W(self.dropout(torch.cat([n / ws, h_dst], 1)))))
100         return z
```

第 93、95 行程式使用了 DGL 中的節點間訊息傳播機制進行計算。以第 95 行程式為例，該程式實現的步驟如下。

（1）將每個來源節點的 'w' 屬性沿著邊設定值給目的節點的 'm' 屬性，這樣在目的節點的訊息方塊中，就會有多個 'm' 屬性。

（2）對目的節點訊息方塊中的所有 'm' 屬性求和，再將結果值設定給 'ws' 屬性。

該實現步驟可以寫成以下程式。

```
{'m': edges.data['h']},{'h': torch.sum(nodes.mailbox['m'], dim=1)}
```

3. SAGENet 類別的實現

SAGENet 類別實現了一個帶有邊權重的多層圖卷積神經網路，該網路主要用於處理 6.6.7 小節所生成的區塊圖資料。

因為本例中的區塊圖資料是一個兩層的巢狀結構結構，所以 SAGENet 類別也需要有兩個帶有邊權重的圖卷積層。SAGENet 類別對巢狀結構區塊圖的處理過程如圖 6-13 所示。

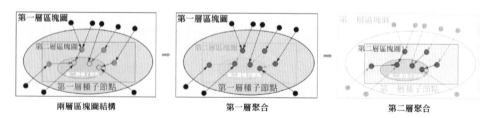

▲ 圖 6-13　SAGENet 類別對巢狀結構區塊圖的處理過程

在 SAGENet 類別的實現時，每個帶有邊權重的圖卷積層主要是由 WeightedSAGEConv 類別實現的。具體程式如下。

程式檔案：code_30_model.py（續）

```
101 class SAGENet(nn.Module):                    # 帶有邊權重的多層圖卷積神經網路
102   def __init__(self, hidden_dims, n_layers):
103     super().__init__()
104     self.convs = nn.ModuleList()    # 定義模型串列
105     for _ in range(n_layers):       # 建構多層圖卷積
106       self.convs.append(WeightedSAGEConv(
107                           hidden_dims, hidden_dims, hidden_dims))
108   def forward(self, blocks, h):
109     # 遍歷巢狀結構區塊圖，進行多層處理
110     for layer, block in zip(self.convs, blocks):
111       # 提取目的節點屬性
112       h_dst = h[:block.number_of_nodes('DST/' + block.ntypes[0])]
113       # 呼叫單層圖卷積
114       h = layer(block, (h, h_dst), block.edata['weights'])
115     return h
```

第 112 行程式利用區塊圖中節點屬性的儲存特性 (目的節點在前面儲存)，提取所有目的節點屬性。

4. PinSAGEModel 類別的實現

PinSAGEModel 類別對外提供了一個統一的介面，支援訓練和測試兩種場景下的呼叫。

- 在訓練場景中：根據輸入的正、負樣本對和區塊圖資料，計算出每個節點的屬性特徵和樣本對之間的分值，並返回正、負樣本對之間的最大邊界損失。該介面返回的損失值可以直接用於訓練。
- 在測試場景中：根據輸入的區塊圖資料，返回每個節點的屬性特徵。該介面的返回值可以直接用於計算推薦關係。

PinSAGEModel 類別生成了以下兩種結果。

- 節點屬性特徵：由 SAGENet 類別返回的屬性和節點本身的屬性連接而成。在實現過程中，對特徵結果進行了 L2 範數歸一化處理。
- 樣本對分值：由節點屬性特徵間的點積計算而成。在實現過程中，對點積結果加入了偏置權重。

具體程式如下。

程式檔案：code_30_model.py（續）

```
116 class PinSAGEModel(nn.Module): # 定義 PinSAGE 模型的統一介面
117   def __init__(self, full_graph, ntype, textsets, hidden_dims, n_layers):
118     super().__init__()
119
120     self.proj = LinearProjector(full_graph, # 實例化節點的屬性處理類別
121                                 ntype, textsets, hidden_dims)
122     self.sage = SAGENet(hidden_dims, n_layers) # 實例化巢狀結構區塊圖的
                                                   # 多層處理類別
123     n_nodes = full_graph.number_of_nodes(ntype)      # 計算圖節點個數
124     self.bias = nn.Parameter(torch.zeros(n_nodes))  # 初始化偏置權重
125
126   def _add_bias(self, edges):      # 為分值加上偏置權重
127     bias_src = self.bias[edges.src[dgl.NID]]
128     bias_dst = self.bias[edges.dst[dgl.NID]]
129     return {'s': edges.data['s'] + bias_src + bias_dst}
130
131   def scorer(self, item_item_graph, h): # 計算樣本對分值
132     with item_item_graph.local_scope():
133       item_item_graph.ndata['h'] = h
134       item_item_graph.apply_edges(fn.u_dot_v('h', 'h', 's'))
135       item_item_graph.apply_edges(self._add_bias)
136       pair_score = item_item_graph.edata['s']
137     return pair_score
138
```

```
139    def forward(self, pos_graph, neg_graph, blocks):
140      h_item = self.get_repr(blocks)                    # 獲取節點特徵
141      pos_score = self.scorer(pos_graph, h_item)        # 計算正樣本對分值
142      neg_score = self.scorer(neg_graph, h_item)        # 計算負樣本對分值
143      return (neg_score - pos_score + 1).clamp(min=0) # 計算邊界損失
144
145    def get_repr(self, blocks):                          # 計算節點特徵
146      h_item = self.proj(blocks[0].srcdata) # 計算外層種子節點的屬性特徵
147      # 計算內層種子節點的屬性特徵
148      h_item_dst = self.proj(blocks[-1].dstdata)
149      # 將內層種子節點的屬性特徵與多層圖卷積輸出的節點特徵連接
150      z =  h_item_dst + self.sage(blocks, h_item)
151      z_norm = z.norm(2, 1, keepdim=True)     # 計算特徵的 L2 範數
152      z_norm = torch.where(z_norm == 0,       # 處理範數中值為 0 的資料
153      torch.tensor(1.).to(z_norm), z_norm)
154      return z / z_norm                        # 計算 L2 範數歸一化，並返回
```

第 151 ～ 154 行程式使用了 L2 範數歸一化方法對節點的屬性特徵進行處理。L2 範數歸一化方法是將特徵向量中的每個值除以自身的 L2 範數。

> ◈ 提示
>
> 在 L2 範數歸一化處理後的向量上做相似度評估會非常方便。因為一組向量一旦都被 L2 範數歸一化處理後，它們的歐氏距離和餘弦相似度是等值的。

6.6.10　程式實現：實例化 PinSAGE 模型類別並進行訓練

對 PinSAGE 模型類別進行實例化，並定義最佳化器，訓練 PinSAGE 模型。具體程式如下。

程式檔案：code_29_train.py（續）

```
49  model = PinSAGEModel(g, 'movie', textset,  # 實例化 PinSAGE 模型類別
50                    hidden_dims, num_layers).to(device)
51  # 定義最佳化器
52  opt = torch.optim.Adam(model.parameters(), lr=0.001, weight_decay=5e-4)
53
54  num_epochs = 2                        # 定義訓練次數
55  batches_per_epoch = 5000             # 定義每次訓練的批次數
56
57  for epoch_id in range(num_epochs):   # 按照指定次數迭代訓練
58    model.train()
59    for batch_id in tqdm.trange(batches_per_epoch): # 按照指定批次數讀取資料
60      pos_graph, neg_graph, blocks = next(dataloader_it)
61      for i in range(len(blocks)):              # 將區塊圖物件複製到計算硬體上
62        blocks[i] = blocks[i].to(device)
63      pos_graph = pos_graph.to(device)      # 將正向樣本對複製到計算硬體上
64      neg_graph = neg_graph.to(device)
65      # 呼叫模型計算損失值
66      loss = model(pos_graph, neg_graph, blocks).mean()
67      opt.zero_grad()
68      loss.backward()
69      opt.step()
70    print(epoch_id, loss) # 輸出：訓練結果
```

在訓練時，使用了帶有學習率衰減的最佳化器，初始學習率為 0.001，衰減率為 5e-4。

6.6.11 程式實現：用 PinSAGE 模型為使用者推薦電影

待訓練完成之後，便可以用 PinSAGE 模型為使用者推薦電影。具體步驟如下。

（1）利用 PinSAGE 模型對所有的電影進行特徵計算。

（2）從資料集中獲取某個使用者最後一次觀看的電影，作為來源電影。

（3）利用電影間的特徵距離，計算資料集中每部電影與來源電影之間的相似度。

（4）從第 (3) 步的結果中找到與來源電影相似度最高的電影，推薦給使用者。

具體程式如下：

程式檔案：code_29_train.py（續）

```
71   model.eval()
72   with torch.no_grad():
73     h_item_batches = []                          # 定義串列，用於儲存所有的電影特徵
74     for blocks in dataloader_test:               # 遍歷資料集
75       for i in range(len(blocks)):
76         blocks[i] = blocks[i].to(device)
77       h_item_batches.append(model.get_repr(blocks))# 呼叫模型計算電影特徵
78     h_item = torch.cat(h_item_batches, 0)        # 儲存電影特徵
79
80   graph_slice = g.edge_type_subgraph(['watched']) # 獲取使用者觀看電影的子圖
81   # 尋找每個使用者最後一次觀看的電影
82   latest_interactions = dgl.sampling.select_topk(graph_slice, 1,
83                        'timestamp', edge_dir='out')
84   # 利用邊的來源節點目的節點獲取使用者最後一次觀看的電影 ID
85   user, latest_items = latest_interactions.all_edges(form='uv',
86   order='srcdst')
87   user_batch = user[:batch_size] # 取一批次使用者，用於測試
88   # 得到測試使用者最後一次觀看的電影 ID
89   latest_item_batch = latest_items[user_batch].to(device=h_item.device)
90   dist = h_item[latest_item_batch] @ h_item.t()# 計算電影間的相似度
91   # 刪除已經看過的電影
92   for i, u in enumerate(user_batch.tolist()):# 遍歷使用者
93     # 獲取使用者看過的所有電影
```

```
94      interacted_items = g.successors(u, etype='watched')
95      dist[i, interacted_items] = -np.inf    # 將使用者看過的電影的相似度設
                                                # 為負無限大
96
97  # 從相似度分值由高到低的排名中，取出前 5 個
98  scores, re_index = dist.cpu().topk(5, 1)
99
100 for i in range(batch_size):                # 為每個使用者推薦電影，並輸出結果
101     uid = user_batch[i].numpy()
102     movieid = latest_item_batch[i].cpu().numpy()
103     moviestr = item_texts['title']
104     print(" 使用者 :", uid, " 最後一次觀看的電影 :", movieid, moviestr
            [ movieid ])
105     print(" 推薦的電影標題 :", moviestr[re_index[i].numpy()])
106     print(" 推薦的電影分數 :", scores[i].numpy())
107     print(" 推薦的電影 id:", re_index[i].numpy())
```

第 82 ～ 83 行程式呼叫了 sampling.select_topk 函數來尋找使用者最後一次觀看的電影。該函數會在圖物件 graph_slice 裡，從目的節點相同的邊中，尋找 'timestamp' 屬性值最大的邊，並返回一個新的子圖 latest_interactions。

子圖物件 latest_interactions 中邊的目的節點裡有每個使用者最後一次觀看的電影 ID。

第 90 行程式用矩陣相乘的方式計算電影間的相似度。

第 92 ～ 95 行程式從相似度中刪除使用者已經看過的電影，防止推薦重複。

程式執行後，輸出結果如下。

使用者 : 0　最後一次觀看的電影 : 1727 Mulan
推薦的電影標題 : ['Little Nemo: Adventures in Slumberland'

'NeverEnding Story II: The Next Chapter, The' 'Pagemaster, The' 'Lassie'
'Condorman']

推薦的電影分數：[0.9438451 0.926263   0.9145448   0.91048294 0.9103199]

推薦的電影 id：[2595 1981   544   470 1860]

使用者：1   最後一次觀看的電影：1420 Lost World: Jurassic Park, The

......

推薦的電影 id：[506 3039 1049 2347 3029]

使用者：31   最後一次觀看的電影：2502 Arlington Road

推薦的電影標題：['Thomas Crown Affair, The' "One Man's Hero" 'Corruptor, The'
 'Patriot, The' 'Reindeer Games']

推薦的電影分數：[0.9372587 0.9267061   0.92554176 0.92404205 0.9232739]

推薦的電影 id：[2558 2045 2345 3510 3090]

6.6.12 擴充：在 **PinSAGE** 模型中融合更多的特徵資料

本例中所完成的推薦系統，其原理是利用電影間屬性特徵的相似度，為
使用者做連結尋找。其中，最核心的部分在於對電影屬性特徵的計算。
這部分工作是透過 PinSAGE 模型實現的。即利用使用者與電影間的觀看
關係做圖節點間的關聯資料，並將電影的標題、類型、發行年代一起作
為電影節點的屬性資料，對電影的屬性特徵進行計算。

在實際應用中，為了得到更好的屬性特徵，還可以向 PinSAGE 模型中加
入更多有關電影的屬性資訊，如導演、主演、片長、宣傳海報、情節描
述等。

PinSAGE 模型更像是一個通用的框架，它可以將深度學習的屬性特徵作
為推薦商品的節點屬性，利用推薦商品和被推薦使用者之間的圖結構關
係做特徵融合，從而得到推薦商品更為精確的特徵表示。

另外，在本例的鄰居節點取樣過程中，僅使用了使用者與電影間的觀看
關係作為邊，並按照隨機行走的存取次數對鄰居節點進行取樣。在這一
過程中，如果將使用者自身的屬性資訊與使用者對電影的評分當作使用

者與電影間邊的權重，則可以在對鄰居節點進行取樣的過程中，令隨機行走的路徑按照權重進行。這樣會得到更好的取樣效果。

6.7 複習

圖神經網路的出現，為多特徵融合提供便利。它使模型處理樣本的同時，還能借助樣本之間的關係；處理序列語言的同時，還能借助語法規則間的資訊；處理圖片的同時，還能借助與其相關的描述資訊……借助圖神經網路的多領域特徵融合模型，會有更好的擬合效果，也會有更大的發展空間。

從本書的部分實例來看，越來越多的模型都會同時使用歐氏空間資料和非歐氏空間資料進行綜合計算。

這種綜合資料的處理模型可以用於影像處理領域、NLP 領域、數值分析領域、推薦系統領域以及社群分析領域。它需要使用深度學習和圖神經網路兩方面的知識才能完成，同時，也反映了下一代人工智慧的技術趨勢。在未來的人工智慧應用中，會有更多的問題需要使用多領域特徵融合的方式進行解決。